U0181285

LUMINAIRE

光启

CHRIS COURTNEY

[英] 陈学仁 著

耿金 译

1931 年
长江水灾

THE 1931
YANGZI RIVER
FLOOD

THE NATURE
OF DISASTER IN CHINA

上海人民出版社   光启书局

LUMINAIRE BOOKS

本书献给魏娟和魏心悦

目 录

1931 年洪水期间武汉的街头，市民们站在水里做生意

转自《汉口水灾摄影》，武汉：真光照相馆，1931 年

致中文版读者 *

遗忘灾难的原因有很多。有时灾难发生在媒体很难报道的偏远地区；有时灾难的影响并不明显，因此人们没有完全意识到发生了什么；有时灾难的后果不够严重而无法记录；有时出于政治等目的，灾难的真相被掩盖了。以上这些原因都无法帮助我们理解为什么今天少有人记得历史上（或许）最致命的洪水。1931年，长江水灾发生在世界上人口最多的地区之一，受灾人口达数千万人。因此可怕的后果显而易见，农村和现代城市都被洪水吞噬。但是这次洪水灾情并没有被掩盖，有关这次灾难的新闻成为世界各大报纸的头条，有关这次灾难的故事在收音机播出，而有关洪水的图像被投影到电影院的银幕上。有一位试图更多了解这次洪水的历史学家很快发现了各种各样的资料，从定性到定量，从新闻到政府公告，从艺术品到音乐剧都有。这场灾难的历史并不难找，它就隐藏在人们的眼皮底下。

今天人们没有更好地记住这次洪水的原因之一，是它无法融入历史学家喜闻乐道的关于中国近代的故事。与1938年的黄河洪水（最接近的可比事件）不同，我们无法知道谁是这次洪水的

罪魁祸首。没有人炸毁堤防以淹没土地，也没有军队在洪水范围内前进。1931 年洪水的历史也被同时代的事件（例如日本对中国东北部的入侵以及中国中部的国共冲突）所掩盖。尽管这些政治事件给人们带来重要的长期影响，但对于居住在灾区的人来说，洪水的影响远大于此。洪水破坏了他们的房屋，破坏了他们的生计，造成超过 200 万人死亡。*我写这本书的主要动机之一是要记住所有在洪水中遭受苦难和死亡的人，他们的生活在很大程度上被遗忘了，因为他们无法叙述自己的经历。历史决定了他们是大自然的受害者，因此与近代中国的故事无关。

中国历史学家并没有忘记 1931 年的洪水。有许多出色的书籍和文章试图解释当年的事件，以及在这一历史阶段经常发生的其他悲剧性灾难。没有中国学者的劳动成果，这本书是不可能写成的。同时，这本书希望通过提供新的概念框架并利用以前未使用的一手史料来充实有关洪水的持续学术讨论。洪水发生在中国与世界其他地区一起经历媒体革命的时期，因此关于灾难的史料一直在不断涌现。自从这本书英文版出版以来，我发现了更多关于这次洪水的新材料，包括新发现的关于武汉洪水的许多照片。如今我们已经将这些照片作为中文版的一部分出版。这些视觉材料补充了来自中国记者、学者和政客的书面材料，以及外国传教士、外交官和救济人员的书面材料。

所有这些材料都有自己的偏见，因为每个观察者都在洪水中见证了他们自己特有的希望和恐惧。不过，这些偏见并没有阻碍

---

* 关于这次洪水的遇难人数有多种说法，参见本书附录。

我们对灾难的看法，还为我们提供了一种棱镜，可以通过其中激烈的争议来更好地观察社会。关于拯救灾难受害者的最佳方法的争议，有些人提倡慷慨地救助，而另一些人则说慈善机构将导致人们变得依赖；关于如何最好地保证洪水受害者生存的争议，有些人认为必须维护好社会和法律规范，而另一些人则同情那些能够竭尽所能找到食物和庇护所的人；关于洪水是什么也有基本的争议，地理学家和气象学家不赞同那些坚信洪水是由龙的愤怒引起的人。

这些争议缺少重要的声音。生活在陆地上的有文化的人对生活在水中的穷人提出了无数看法。洪水的受害者很少有机会表达自己的意见。使得这些人易受灾害影响的政治和经济进程，也将他们的声音排除在公共话语之外。我们只能零散地找到其他人记录的一些句子。我深深地感觉到，我们不能也不应该相信历史学家会为没有发言权的人说话。这是一种可疑的口技形式，它只会导致历史学家的声音强行进入历史演员的口中。与此同时，我们必须在可能的情况下，尽量对那些被排除在历史记录之外的人保持同情心。为此，我们可以尽可能多地了解他们的世界，尝试辨别他们行为的逻辑，并与那些经历过类似情况的人进行比较。采用这种同理心的方法，我希望提供一个考虑到幸存者视角的洪水观。

当试图通过幸存者的眼光观察灾难时，有时我们必须质疑由有权势的人撰写的叙述，这些人声称对洪水受害者负责。中国内外都有大量令人钦佩的人参与救灾。人们奉献金钱、时间，有时甚至冒着生命危险，试图帮助有需要的人。尽管这样的人应该受到我们的钦佩，但重要的是，我们不应该只关注他们的活动。否则我们会忘记在大多数情况下，是洪水受害者自己采取行动求得了生存。当他们试图以自己的方式生存时，却遭到许多人的反对。难民发现他们的活动受到乐善好施者的阻碍，后者自认为更懂得如何保障他们的安全。他们还面临着根本不关心自己的安全的人的反对，将洪水受害者视为对社会和政治秩序的滋扰和威胁。在本书中，我试图质疑这两个对立群体的动机和策略，并展示洪水幸存者的创造力。

在发生灾难之后，我们经常看到两种代表性观点出现。一种观点认为，危机引出了最好的人性——激发了慷慨和团结。另一种观点认为，危机引出了最糟糕的人性——激发了掠夺和剥削。实际上，这两个过程完全有可能同时发生。在1931年，当然可以见证人类活动的最佳和最糟糕的情况。在本书中，我试图展示灾难的两面，尊重那些助人者和批评那些害人者。同时，我试图证明，在许多情况下，人们并没有办法真正地控制自己。看似有用的行动有时会产生意想不到的后果，人们受意识形态影响来判断救助计划，无论这些救助计划成功与否。规模巨大的灾难有时是无法克服的，而且在许多情况下，生存与否取决于病原体，就跟取决于人一样。

疾病生态只是自然影响洪水结果的众多方式之一。这场灾难既有近端的环境原因，即本书描述的洪水脉冲，也有终极的环境原因，它在长江河谷中盘桓了数千年。认识到环境的影响并不意味着我们应该将洪水理解为自然灾害。相反，本书的目的是研究环境与人类之间的长期和短期互动如何造就了可能发生如此可怕

灾难的情境。我称这种互动为致灾机制。我希望这个概念将帮助
学界更广泛地了解灾难的因果关系，使我们避免环境决定论和社
会决定论。

　　幸运的是，今天的中国人并没有生活在 20 世纪 30 年代那样
的致灾机制中。粮食安全和公共卫生的变化意味着那个时代的饥
荒和流行病已成为过去。但是这并不意味着我们可以自满。随着
20 世纪中叶以来人类对环境进行前所未有的改造，致灾机制正在
演变出新的可怕形式。随着人为因素带来的气候变化和水利工程
对河流的改变，谁知道我们能抑制龙王的愤怒多久？

陈学仁（Chris Courtney）

杜伦，2023 年

致谢

这本书源自我在曼彻斯特大学的博士论文。感谢莎伦·麦克 xi
唐纳（Sharon Macdonald）在我从人类学转投历史学的蜕变过程中
所提供的无私帮助，即使在乌斯河（Ouse River）有征兆地上涨并
涌进她的花园时，她还是阅读了我的论文。郑阳文（Zheng Yang-
wen）以及亚伦·A. 摩尔（Aaron A. Moore）、阿斯特丽德·诺丁
（Astrid Nordin）、林赛·坎宁安（Linsay Cunningham）、卡尔·基
尔科斯（Carl Kilcourse）、大卫·伍德布里奇（David Woodbridge）、
巴特·范·马尔森（Bart van Malssen）、侯佳琪、欧阳东鸿为我
提供了有关中国历史的宝贵见解。科马克·奥·格拉达（Cormac
Ó Gráda）的饥荒研究给了我很大启发，非常感激他同意审读我
的论文，并与皮埃尔·富勒（Pierre Fuller）一起提出了极好的修
改建议。英国大学校际中国中心（BICC）为我的研究生学习提供
了全面的资金支持；如果没有这个组织，我和许多同龄人将不可
能谋得现在的职业。感谢我在曼彻斯特大学、武汉大学和北京大
学的中文老师，是他们让我的课程变得如此有趣。感谢在这本书
的写作过程中，北京大学的几位志同道合的朋友给予的关心和支
持。特别感谢马克·贝克（Mark Baker），他为我的几份论文草稿
提供了宝贵修改建议。还要感谢戈登·巴雷特（Gordon Barrett），

他陪我去了很多次档案馆。在写这本书的后期阶段，我得到了新加坡教育部"治理亚洲城市化进程中的复合灾难"（Governing Compound Disasters in Urbanising Asia）项目的资助。我要感谢迈克·道格拉斯（Mike Douglass）和米歇尔·米勒（Michelle Miller）促成该资助，并为我提供了一个极佳的思考灾害的学术环境。

我的博士论文在剑桥大学出版，要感谢方德万（Hans van de Ven）提出了许多睿智的建议，并感谢由周越（Adam Yuet Chau）主持的中国研究研讨会的同事们。事实证明，我在冈维尔与凯斯学院学习期间结下的友谊是无价的，尽管有太多人要单独感谢，但如果不提到苏吉特·西瓦桑达拉姆（Sujit Sivasundaram）、梅丽莎·卡拉雷苏（Melissa Calaresu）、彼得·曼德勒（Peter Mandler）、理查德·斯特利（Richard Staley）、凯瑟琳·麦克唐纳（Katherine McDonald）、罗布·普里斯特（Rob Priest）、艾玛·亨特（Emma Hunter）、约翰·加拉格尔（John Gallagher）、苏珊·雷奇（Susan Raich）、大卫·莫塔德尔（David Motadel）、汤姆·辛普森（Tom Simpson）、马特·普里查德（Matt Pritchard）和杰里米·普林（Jeremy Prynne），那我就是疏忽懈怠了。感谢李约瑟研究所的工作人员，特别是约翰·莫菲特（John Moffett），他分享了他关于中国历史的渊博知识，并帮助我获得了一些非常有用的资料。

几年前在去新加坡的一次短暂旅行中，一场倾盆大雨毁了我早期所有的田野调查笔记。一位好心的酒店经理帮我买了一台新电脑，我带着一个空硬盘和对洪水的新兴趣回到了武汉。我没有

xii

气馁，随后回到了新加坡国立大学，并在那里完成了这本书的写作。我从新加坡国立大学亚洲研究所的优秀学者那里学到了很多东西，他们分别是：杜赞奇（Prasenjit Duara）、格雷格·克兰西（Greg Clancey）、丁荷生（Ken Dean）、菲奥娜·威廉姆森（Fiona Williamson）、迪曼·达斯（Dhiman Das）、米歇尔·巴斯（Michiel Baas）、谢哈尔·克里希南（Shekhar Krishnan）、陈朗、赖荣道、黄坚立、李承俊（Lee Seung-Joon）、克雷顿·康诺利（Creighton Connolly）、岑学敏、温爽、乔纳森·里格（Jonathan Rigg）、鲍勃·瓦森（Bob Wasson）、阿鲁尼玛·达塔（Arunima Datta）、丽塔·帕达旺吉（Rita Padawangi）。

艾志端（Kathryn Edgerton-Tarpley）和格雷格·班考夫（Greg Bankoff）各自以不同的方式，启发了我处理灾害的方法，所以很高兴收到他们对我研究的意见和建议。此外，也收到了学者们对我论文的诸多反馈意见，这些学者包括伊莎贝拉·杰克逊（Isabella Jackson）、托比·林肯（Toby Lincoln）、黄学雷、拉娜·米特（Rana Mitter）、沈艾娣（Henrietta Harrison）、穆盛博（Micah Muscolino）、田海（Barend ter Haar）、叶文静（Shirley Ye）、乔·劳森（Joe Lawson）、毕可思（Robert Bickers）、詹姆斯·沃伦（James Warren）、钱继伟、汤芸、卡蒂亚娜·勒·门泰克（Katiana Le Mentec）、张原、罗汉·德索扎（Rohan D'Souza）和阿鲁皮约蒂·赛基亚（Arupjyoti Saikia）。

我要感谢剑桥大学出版社的两位匿名评审提出的宝贵建议，露西·莱默（Lucy Rhymer）以极大的耐心和热情完成了这本书的编辑，约翰·麦克尼尔（John McNeill）和埃德蒙·拉塞尔（Edmund Russell）将我的作品与一些我最喜欢的书一起列入了一套丛书。第三章中使用的资料以不同的形式发表在《二十世纪中国》（*Twentieth Century China*）上（2015 年第 40 卷第 2 期，第 83—104 页），特别鸣谢。此外，感谢密苏里州历史博物馆、三一学院图书馆、剑桥大学图书馆和联合协会允许我转载复制他们的照片。

xiii

如果没有我朋友和家人的支持，这本书是不可能完成的。我是在武汉的餐桌上开始了解洪水的，我和岳父母在白酒的刺激下相聊甚欢。感谢他们所有人如此热情地款待我，特别是魏民祥、徐运华和已故的湿地文化领军人物魏成祥。很荣幸能有这么多"九头鸟"（湖北人）朋友，尤其是张砺冰和赛梦飞（Simon Galloway）一起陪伴我经历了许多在武汉的灰暗日子。我亏欠在英国的家人很多，他们在我来中国之前很久就帮我孕育了这本书中的许多想法。我要感谢我的姐姐劳拉（Laura）和埃伦（Ellen），感谢她们的陪伴和支持，也要感谢我的父母安（Ann）和艾伦（Alan），他们不仅提供了宝贵的建议，还阅读了很多关于中国洪水的书籍，比任何人都要多。这本书献给我的女儿魏心悦，在我研究一个悲惨的话题时，她给了我无限的快乐；也献给我的妻子魏娟，没有她，这一切都是不可能的。

引 言

用不着说这是什么天灾，也不必去说什么人祸……天与人还   1
在互相诿卸责任之间。

管雪斋，1931 年 [1]

1932 年 1 月上旬，一名记者在武汉北部的中山公园散步。[2]
这座公园最初是清朝末年建造的私家花园，1928 年由新成立的国
民政府向公众开放，为纪念刚过世的国父而命名。[3]开园不到四
年，公园就呈现出惨淡景象。上一年（1931 年）夏天的洪水将
公园装饰性的大门、华丽的宝塔和迷人的茶馆夷为平地。整条林
荫道也都被冲没了。退去的水浸透了曾修剪过的草坪，并在花坛
和喷泉上沉积了厚厚的淤泥。在洪水最严重的时候，被称为"舢
板"的小船开始"统治"犹如运河般的城市街道。如今，一些
被船主遗弃的船只散落在公园的各处，破烂的船体上长满了青
草。公园的游泳池被用作临时厕所，散发出一股令人厌恶的粪便
气味。面对这些凄惨的场景，这名记者（他的名字已被遗忘在历
史中）带着激烈的情绪反应写下了报道。人们没有同情同胞的苦
难，反而充满了深深的仇恨。人们痛恨那场威胁要扼杀他们城市
生命的可怕灾难。

2 　　然而，如果人们知道去哪里寻找，就会发现生命其实仍在持续。覆盖公园的泥土在人类看来就只是泥土，然而实际上是营养丰富的冲积层，在冲积层上有可能形成新的动植物群。事实上，这名记者走过的土地就是由于几千年来类似沉积物的逐渐增加而形成的。年复一年含泥沙的江水注入，形成了平原，也培育了一个复杂的湿地生态系统，该系统因为洪水而蓬勃发展。人类排干土地的活动耗尽了该地区的生物多样性。他们建造了一个奇异的模拟自然来代替湿地栖息地。精致的花坛和草坪取代了丰富的野生水生植物和河岸植物。沼泽和泥滩让位于人工湖和假山。鱼、水禽和两栖动物被驱逐，被关在动物园笼子里的豹子、猴子和火鸡取而代之。[4] 1931 年袭击公园的洪水清除了这些外来物种，留下了一片广阔的开放领地，让当地物种可以重新占领。这种死亡和重生的循环在湿地上并不少见。这是帮助维持生态系统的重要过程之一。对大自然来说，洪水不是灾害。如果这个公园不被人类的双手触碰，它很快就会再次成为湿地。但事实并非如此。

　　野生动物的存在对这名记者来说无关紧要，因为人们最关心的是文化生活的丧失。不可抗拒的洪水摧毁了一个精致的城市空间，抹去了一个近代城市中心秩序和进步的关键象征。然而，如果仔细观察，就会发现人类文化已开始重新占领这个公园。在浸水的草坪上建起了难民收容所。衣衫褴褛的孩子们从临时搭建的小屋里出来，在泥泞的地面上玩耍。对这位记者来说，这个定居点是一片充满贫穷和苦难的令人沮丧的飞地。一座座肮脏的棚屋占据了年轻妇女曾经穿着华丽衣服漫步的地方。外部观察家几乎没有考虑到，用洪水过境后遗留的物件建造宜居房屋，需要令人敬畏的知识和技能。然而，这也是一种文化——一种在河流、湖泊和湿地占主导地位的环境中进化出来的文化，在那里与洪水打交道也是一种生活方式。近代武汉的管理者并不重视这种湿地文化，也不准备容忍丑陋的棚屋和其他帮助普通人在洪水中幸存下来的乡土技术。在接下来的几个月里，难民们被从公园里赶走，他们的小屋被拆除，以便市政府开始重建工作。当改造完成后，在扩建后的公园中央竖起了一座蒋介石骑在马上的雕像：一位正在努力应对洪水的国家元首，骑在一只非常不适应湿地环境的动物身上。[5]

本书首次呈现 1931 年中国洪水的全面历史。[6] 它描述了当地球上人口最多的地区之一被淹没时所发生的事情。洪水淹没了大约 18 万平方公里的面积，相当于英格兰和苏格兰的一半，或纽约州、新泽西州和康涅狄格州的总和。[7] 虽然本书主要聚焦长江，但灾害并不局限于长江流域。用来描述这一事件的最常用中文术语是江淮水灾。但即便如此，这也不能反映这场洪水的真实规模，洪水影响了全国各地的水道。华中八个省份受灾严重，黄河和大运河也遭受了特别严重的洪水。在这些地区之外，南至广东，北至东北，西至四川，都发生了洪灾。[8] 这是一场全国性的灾害。

在许多目击者的叙述中，反复出现一个画面：一片浩瀚的汪洋吞噬了这片土地（见图 0.1）。[9] 洪泛湖长 900 英里，有些地方宽达 200 英里。[10] 其面积是著名的 1927 年密西西比洪水淹没面积的三倍，对于许多描述 1931 年事件的人来说，密西西比洪水是一个关键的参照。[11] 一位航空乘客评论说，飞越长江感觉更像是"在中国海或太平洋上巡航"。[12] 这场洪水造成了可怕的人道

3

4

图 0.1　1931 年长江洪水的航拍照片

查尔斯·林德伯格 (charles Lindbergh) 收藏。密苏里州历史博物馆供图

主义后果。当时，据观察人士估计，可能多达 2 500 万人受到影响。[13] 最近，历史学家认为这个数字可能高达 5 300 万。[14] 多达十分之一的中国人受灾。据说洪水直接卷走淹死了数十万人。还有一些人被坠落的建筑碎片压死，或者被倒塌的土房吞没。尽管洪水带来的危害是毁灭性的，但事实证明，洪水过后的次生影响更为致命。随着夏收季节结束，洪水导致人们没有机会去种植冬季作物，一个已经极度贫困的社会又开始挨饿。数百万人离开家园，他们在被洪水淹没的土地上跋涉，寻找食物和住所，形成了大量的难民。难民经常被排斥或驱逐出城市，他们别无选择，只能聚集在拥挤不堪、卫生条件差的定居点。席卷灾民的疾病是洪水最致命的后果。在一些地区，病死者占所有死亡人数的 70%。

5

虽然这无疑是历史上同类灾害中最致命的一次，但究竟有多少人死亡仍不得而知。[15] 可信的估计在 40 万到 400 万之间。当时的政府救援人员表示，大约有 200 万人遇难。这一数字是基于对当时掌握最准确数据的人的直接观察，因此可能是最可信的估计。然而，考虑到当时民事登记系统的缺失，我们从不指望能知道真实的死亡人数。这本书既不涉及量化的死亡率，也不是为证明此次洪水的严重程度。死亡人数可能是灾害最普遍的问题之一，但它很少是最令人关注的。相反，这本书探讨的是：什么导致了这场灾害？为什么人道主义后果如此严重？经历如此巨大的灾害是一种什么样的体验？当时的政府和社会如何应对？

灾害的本质

是什么导致了 1931 年的灾害，这个问题既简单又复杂。在最基本的层面上，这是一个雨水太多的问题。1930 年的冬天格外寒冷，导致中国西部高地积雪成堆。[16] 这些积雪在 1931 年初融化，淹没长江中游，与此同时，该地区正遭遇异常大的春雨。到了初夏，地下水位已经高到危险的程度。然后，在 7 月，七场毁灭性的风暴接连席卷山谷。一个月内的降雨量达到了通常预计的一年半的降雨量。[17] 整个夏季和初秋，长江中游持续出现强降水，洪涝灾害不仅异常严重，而且持续时间异常长。洪峰——当河流水位达到最大高度时——向下游的移动相对缓慢，8 月初袭击四川，然后流经三峡，吞没了两湖平原。8 月 19 日抵达武汉，然

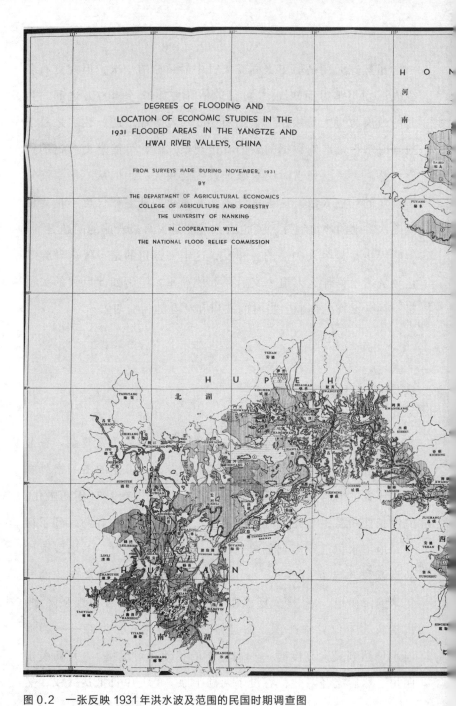

图 0.2　一张反映 1931 年洪水波及范围的民国时期调查图

卜凯:《中华民国廿年水灾区域之经济调查》,南京:金陵大学,1932 年

民國二十年揚子江淮河兩流域
水災災況經濟調查圖

金陵大學農學院農業經濟系
國民政府救濟水災委員會 製

LEGEND　　　　　例圖

LOCALITIES IN THE HSIEN STUDIED	調查地點
MOST SERIOUS FLOODING	受災最重區域
MEDIUM SERIOUS FLOODING	受災次重區域
LEAST SERIOUS FLOODING	受災較輕區域
UNCULTIVATED LOW LAND	未墾低地
AREAS OCCUPIED NATURALLY BY LAKES AND RIVERS	河流湖泊
FLOOD LINE	災區界線
PROVINCIAL BOUNDARY	省界
HSIEN BOUNDARY	縣界
BOUNDARIES OF LOCALITIES STUDIED	調查區界

SCALES　　比例尺

KILOMETERS　　　　　KILOMETER　公里
ENGLISH MILES　　　　ENGLISH MILES　英里

6　后继续到江西，吞没了鄱阳湖以南 200 英里的水域，向下流入安徽、江苏，在离开武汉近一个月后，于 9 月 16 日抵达南京。[18] 洪峰一直延伸到长江三角洲，最后流入东海。图 0.2 是描绘受洪水影响地区的地图。

鉴于环境所起的首要作用，历史学往往将这次洪水视为一场自然灾害，这是可以理解的。然而，认为任何灾害都是自然灾害的想法是有很大问题的，因为它没有认识到将环境危害转化为人道主义灾难的关键人为因素。尽管历史学家和社会科学家一再提出抗议，但自然灾害的概念仍然牢牢占据大众思维。[19] 它不仅在媒体报道中占主导地位，而且还经常渗透到历史叙述中。这不仅只是一个语义问题。"自然灾害"（Natural disaster）一词意味着没有人类的影响和责任。由于已经认定了环境是罪魁祸首，学者们的分析研究中经常不涉及灾害本身。数百万人的死亡没有得到解释，或者被从历史记录中完全删除。与战争、变革或恐怖主义暴行的受害者不同，那些在洪水、地震或干旱中死亡的人被简单地视为自然的受害者。

那些不满足于这种环境决定论的历史学家们，已经开展了一系列更宽泛的、旨在强调灾害人为因素的研究。环境史学家强调，不可持续的定居模式和资源开采加剧了洪水和干旱等灾害的程度。[20] 制度史专家认为，灾害可理解为基层构架的现实呈现。[21] 政治史学家已经展示了集权政府如何加剧甚至引发灾害。[22] 战争史学家强调冲突在引发灾害，尤其是饥荒方面的关键作用。[23] 经济史学家揭示，当人们失去了获取食物的权利，不仅仅是失

7–8　去收成时，就会发生生存危机。[24] 最后，社会史学家坚持认为，

我们要将灾害视为过程而不是事件，因为他们认识到，脆弱性早在灾害发生之前就已嵌入了社会结构中。[25]

　　尽管这些研究非常重要，但是我们要警惕研究重心逐渐转向为社会决定论。一些非常著名的研究甚至认为，环境在灾害起因上没有起到什么作用。[26] 这些研究值得肯定，因为它们打破了我们的直觉，揭示了自然只不过是人类愚蠢的一个被动的见证者。但认为所有的灾害都是由人类行为造成的，又与认为这些灾害完全是自然造成的观点一样，都是一种简单化的方法。本书不认同以上两种分析方式，而是尽力去证明人为因素在灾害中的关键作用，同时也不抹杀自然的作用，努力强调通常被认为是社会过程的环境维度——河流如何帮助设计城市，钉螺如何导致贫困以及鱼类特征如何帮助人类在洪水中生存。然而，这不应被视为对环境决定论的辩护。本书还考察了通常被认为是自然过程的社会层面——农民如何塑造河谷、社区如何培育病原体以及肉奶牛和水牛如何因经济饥荒而死亡。

　　虽然本书非常关注自然，但核心还是人类。因此，本书自始至终都以人类为中心来叙述灾害。当然，对于许多物种来说，泛滥平原的洪水并不是什么灾害。生态学家曾认为，大规模的气候和物理干扰——如风暴、洪水和火灾——会对生态系统产生破坏性影响，使其无法达到顶峰状态。但现在大多数人拒绝这种平衡模型，而认识到定期的扰动往往是生态系统的一个组成部分。[27] 在河谷区域，洪水脉冲往往有诸多益处，促使养分转移，扩大湿地物种领地并促进生物多样性。大洪水当然会杀死数以百万计的个体有机体，但它们也会给生态系统带来新生命。本书认为，要基于更宽泛的洪水生态学去理解我们这个世界。常发的洪水塑造了湖北生态系统，也塑造了当地繁荣的文化。就像某些物种在洪水中幸存下来甚至繁荣起来一样，人们也找到了利用自然禀赋的方法。不幸的是，人类并不是唯一善于从洪水中获益的物种。当洪水涌入人类居住地时，蚊子、软体动物和苍蝇大量繁殖，对人类生活造成了毁灭性的生态影响。

致灾机制

历史学家在认识灾害成因方面比生态学家慢，他们倾向于将灾害描述为不可预测的冲击，破坏了人类原本生活的平衡。然而，正如格雷格·班考夫所说，在世界的许多地方，应对灾害也一直是人类经历的正常组成部分。[28] 恶劣的环境在文化、经济和政治制度的发展中发挥了重要作用。灾害并非单纯地打断历史，而是创造了历史。这一点在中国最为明显，这个国度遭受了有史以来世界上许多尤其致命的灾害。与亚洲许多国家一样，中国一直是自然灾害多发地区，易受洪水、干旱、蝗灾和地震等冲击。然而，即使长期习惯于灾害，19 世纪中期到 20 世纪中期发生在中国的灾害，其频率和规模也是罕见的。时不时有成千上万的人死亡，死亡人数有时甚至达到数百万。长期以来，学者们只是简单地将其视为更宏大的历史叙事展开的背景，现在才开始接受灾害在近代中国的形成过程中所起的关键作用。[29]

究竟为什么中国在这个历史阶段变得如此容易受到灾害的影响，仍然是一个有争议的问题。魏丕信和王国斌认为，清朝

10

国家治理能力到 18 世纪达到顶峰，并从此开始下降，当时清朝号称拥有前近代世界最复杂的灾害治理体系。[30]迈克·戴维斯（Mike Davis）将这一下降与全球史层面更广泛的趋势联系在一起，南亚、南美和东非在 19 世纪末都出现了明显的灾害增加现象。他将这些"维多利亚晚期的大屠杀"归因于气候和政治的致命结合，即极端的厄尔尼诺现象恰逢欧洲帝国主义掠夺期。[31]虽然李明珠并没有忽视全球经济重组因素，但她强调，上层因素也是清朝衰落的原因，包括社会动荡、官僚派系斗争和环境退化。这些问题一直持续到 20 世纪，并因自相残杀的战争而加剧。[32]

大多数试图解释为什么中国会陷入漫长的世纪灾害的研究，主要关注的是治理问题。研究洪水的历史学家往往将注意力集中在人类努力的两个领域：堤坝和粮仓。他们首先问为什么水利系统会失效，其次问政府如何为臣民提供食物。尽管这两个问题都很重要，但我们可以提出更多关于洪水的问题。本书提出一种更全面的方法，去研究 1931 年的洪水是如何嵌入到一个非常特殊的"致灾机制"（The Disaster Regime）中的。[33]致灾机制这一术语旨在涵盖所有有助于将自然风险转化为灾难的基本因素，包括环境和人为因素。致灾机制概念有助于解释不同的因果关系如何在不同的时间尺度上交织在一起，产生灾难的三个主要组成部分：灾害、饥荒和流行病。与所有机制一样——无论是政治机制还是生态机制——致灾机制都会随着时间的推移而改变。虽然每一场灾害都是独一无二的，但每一场灾害也都是其所处时代的产物。在 20 世纪初中国的其他灾害中，也可以以不同的形式找到使 1931 年洪水如此致命的一系列原因。然后，致灾机制可以被

11

定义为人类—环境关系的结构，这些关系界定了特定地理区域和时间段内灾害的人为影响。这本书的中心目标之一就是将塑造近代中国致灾机制的众多因素联系在一起，好比通过脊梁将四肢连在一起。

虽然 1931 年的洪灾像那个时候所有的灾害一样是当时时代的产物，但它还是有它的独特之处。当然，那个时代最致命、研究最充分的灾害是袭击华北平原的干旱。本书考察了袭击长江中游的一场毁灭性的洪水，为发展迅速的中国灾害史研究再添新解。洪水的另一个不同寻常的特征是它对城市地区的影响程度。20 世纪初袭击中国的饥荒通常被认为是与土地密不可分的社会产物。洪水不仅淹没了农村村民的农田、村庄，还淹没了他们城市邻居的现代住宅。在这次灾害中，没有一个城市比湖北省会——一个中国内陆最发达的城市——武汉所遭受到的损失更为严重。饥饿的难民在洪水期间艰难地向城市进发的画面并不是什么新鲜事，但一座近代城市被彻底摧毁的画面多少还是有些新奇。武汉被洪水淹没的街道让人回想起其他近代城市灾难的标志性画面：1923年关东大地震后东京的废墟，1910 年巴黎时髦街道上满街的肮脏洪水，或者 1906 年旧金山地震和火灾后的建筑骨架遗迹。[34]近代城市会孕育出特有的致灾机制。武汉人不仅要应对常见的饥饿和疾病，还要应对洪水破坏城市景观时出现的新形式风险。洪水表面燃烧着化学物质，倒塌的塔架引发了电击。这些都是近代城市灾害所具有的特点。

本书不只是一部城市史，因为大量的故事叙述在农村展开。但本书的大部分注意力还是集中在武汉，这座城市在某种程度上被现代中国的历史学家所忽视。从宋代诗人陆游到维多利亚时代的旅行作家伊莎贝拉·伯德（Isabella Bird），对这个庞大城市最有名的描述往往是他们在去其他地方的途中所写的。[35] 历史学家也经常以类似的敷衍方式对待这座城市。纵观中国近代史，武汉是多次重要事件的发生地。我们发现，这座城市处于国家政治的中心。然而，在观察到这些重大事件后，历史学家又往往满足于回到更熟悉的地方，如北京、南京和上海。而那些在武汉"逗留"时间稍长的学者，很快就会发现自己被武汉迷人而丰富的城市文化所吸引。[36] 虽然这本书主要关注洪水期间发生的事件，但它也为读者提供了深入了解这个被忽视但令人着迷的城市的历史的机会。

与民国时期的许多地区一样，武汉也是一座被深深的文化鸿沟撕裂的城市。清朝的崩溃和外国新思想的涌入，激励了知识分子挑战许多被他们的同胞仍然视为神圣的信仰。这种文化分裂对人们认识环境和灾害的方式产生了深远的影响。但不管他们的文化偏好如何，几乎每个人都继续使用"天灾"这个词，从字面上理解就是"上天送来的灾难"。对于许多人来说，这个词保留了它的字面意思：他们相信自己生活在正义的天空下，上天把洪水和干旱作为对人类不道德行为的惩罚。[37]

其他人则赞同一种更科学的看法，认为灾难是气候、水文和地震学等无生命物理过程的产物。他们继续使用天灾这个词，但只是将其作为"自然灾害"的口语化表达，而自然灾害是英语中"natural disasters"一词的直译。[38] 然而，新内涵无法洗去旧概念，由于不同的群体被迫共同使用一个相同的词汇，他们不得不

12

13　在截然不同的环境观念之间协商出一条模糊路径。在考察1931年洪水的过程中，本书为理解灾害的本质提供了一个社会观察视角。

1931年洪水的六个历史画面

本书分为六章，每一章都提供了关于1931年洪水的不同历史视角。虽然个别章节可以作为对特定主题和方法的阐述而单独阅读，但作为一个整体，它们为读者提供了多维的视角，可以从不同的时间和地理尺度以及利用一系列史学方法来看灾害。第一章描绘了湖北自人类早期定居以来的洪水环境史。该地区以治水为主题的史料丰富，很大程度上阐明了人类是如何通过修筑堤坝和排干土地来改变环境的。[39] 如果我们要理解洪水问题，这种方法至关重要，但它也创造了一种水利范式。这种范式鼓励我们从堤坝建设者的角度看待洪水，从根本上将洪水视为技术失败。本章对定期洪水淹没景观如何成为区域生态与文化不可分割的一部分给出了不同的看法。过去两千年来，在湖北乃至世界大部分地区盛行的防洪风尚并非历史常态。地方群体找到了多种与水共存的方式，在适应而不是简单地抵御洪水的基础上发展出了复杂的湿地文化。随着农业的发展，自然属性的洪水成为自然灾害。农业开发不仅让河流变得更加危险，而且为洪水之后的饥荒和流行病创造条件。湖北近代灾害现象并非单纯源于自然，而是几千年来随着人类聚落与河流生态系统相互作用而出现的。

在第二章，我们缩小研究范围，考察单次洪水脉冲的生态

史。为了解 1931 年人类经历了什么，我们必须考察水是如何影
响居住在其生态系统中的其他物种的。洪水的历史研究往往集中
在单一的生态影响上——可食用植物损失。这种以营养为中心
的方法要求我们只关注农业和粮仓，而这扭曲了我们对灾难的理
解。对于洪水受害者来说，很少会死于纯粹的饥饿，而更多的情
况是由于饥饿和疾病的共同作用而死亡。1931 年的死亡危机也不
例外。可获得食物急剧减少，再加上经济权利的丧失，导致了一
场严重削弱人类个体和集体的生存危机。然而，事实证明，席卷
洪泛区的瘟疫才是最致命的。认识到疾病在灾害中所起的导源性
角色并不意味着我们需要屈服于一种病原决定论——在这种论调
中，人类只不过是细菌和病毒的不幸受害者——而是必须要认识
到自然、社会和微生物生态之间复杂的相互作用。

　　第三章探讨了在武汉被淹没街头出现的各种描绘洪水历史的
宗教和哲学解释，是当地人用来解释天气和调节自然力量的民间
气象系统。在这个系统中最强大的神灵之一是龙王：负责控制降
雨和江河的神。而洪水前不久，武汉市政府做出了重大决定，拆
除一座供奉这位神灵的寺庙。许多本地人将随之而来的洪灾解读
为对这种毁坏圣像之举的宗教报复。媒体迅速抓住这一宗教理
论，嘲笑它是老百姓愚昧迷信的表现。他们其实没有意识到，洪
水期间老百姓游行不仅仅是因为龙王。请龙王除有其特定功能
外，仪式和游行本身还充当了民众抗议的工具。宗教在致灾机制
中扮演着复杂的角色，作为一种"话语"，受灾地区通过这种话
语来呼吁他们的领导人承担责任。

　　第四章通过描绘武汉水灾的感知史（sensory history），使

我们更接近水灾的即时体验。目击者经常提到身体的创伤景象、受惊吓的难民的声音和暴露在自然环境中的不适以及无处不在的死亡和粪便的恶臭。学术研究往往会忽略这些令人生厌的细节，
15 而更喜欢根据静态的定量数据来分析灾害。本章恢复在历史研究中被剔除的感性描述，通过对灾害的感观和情感叙述，不仅能丰富对历史的体验认知，还能深入了解人们在危机中的行为方式。要了解人们在洪水期间做了什么，我们必须尽可能地尝试了解他们的感受。许多被记录下来的感观史料成为观察难民行为的关键切入口，而这些难民行为也是任何致灾机制都非常重要的组成部分。

这本书的最后两章对比了两种形式的专业知识：精英救援人员的技术知识和难民的乡土知识。第五章描绘的是应对洪水的政府机构及制度史。它描述了救援组织是如何被一种孤立的意识形态主导的，而这种意识形态的基础是关于饥荒原因和贫困性质的共同假设。这造成反对者的声音被屏蔽，并掩盖了救援工作的诸多实效。尽管他们的努力后来被誉为近代国家的胜利，但在现实中，救援机构受到财政和政治困难的困扰。随着日本的入侵，中国陷入更大的经济困境之中，国民政府开始向美国申请小麦贷款。这些贷款以慈善的形式让贷方获利，也是美国政府稳定其疲弱的农村经济的方式。这种双边救灾模式似乎预见了后殖民世界将出现的国际秩序的某些新特征。中华民国作为一个名义上的主权国家，竟运行在一个财富和权力严重不对称的国际体系中。随着粮食在中国仓库里腐烂，难民们发现自己在吃世界另一端种植的小麦。

类似的不对称界定了武汉洪水的地方经验，尽管是微观的形式。第六章介绍了这座城市发生的难民危机的社会史，关注难民自身的专业知识，而非将难民看成一个需要专家治理的问题；考察他们如何应对灾害，如何应对治理。与公认的观点相反，许多难民不想被国家收容，更愿意选择自救。而不幸的是，市政当局几乎总是将难民的自主应对策略解释为社会问题：水上拉客被认为是一种公害，乞讨导致贫穷，卖淫是不道德的，而贩卖儿童则等同于贩卖奴隶。尽管这些社会问题引起了官方的特别关注，但地方当局首要关心的还是中国共产党的威胁。由于害怕政治上的"阴谋"，军事长官对这些流离失所的难民进行残酷镇压。在武汉郊区的一个难民收容所，难民们在枪口下被仓促安置，在那里，他们有许多人死亡。像所有洪水中丧生的人一样，难民收容所中的死者不仅仅是大自然的受害者，他们被锁定在一个由水文、气象、经济、生态、文化和政治相互作用而定义的致命的致灾机制中。

16

注释

[1] 管雪斋：《水上三点钟》，《亚细亚报》，《湖北省一九三一年水灾档案选编》（以下简称 HSSDX）。

[2] 此处叙述基于该记者在 1932 年 1 月 13 日《武汉日报》上的报道。

[3] 刘思佳：《汉口中山公园百年回看》，《武汉文史资料》2010 年第 9 期，第 39—45 页。

[4] 吕学赶、唐仁民：《汉口中山公园动物园的片段回忆》，《武汉文史资料》2006年第 9 期，第 4—8 页。

[5] 刘思佳：《汉口中山公园百年回看》。

[6] 这是关于这场灾难的第一本专著。中国有几篇文章和专著的章节描述了此次洪水，包括李文海等《中国近代十大灾荒》、章博《论政府在灾荒救济中的作用——以武汉 1931 年水灾为个案的考察》、孔祥成《民国江苏收容机制及

其救助实效研究——以 1931 年江淮水灾为例》。英语世界读者可以在李明珠（Lillian M. Li）《华北的饥荒》（*Fighting Famine*）、曾玛莉（Margherita Zanasi）《拯救国家》（*Saving the Nation*）、艾睿思·布罗维（Iris Borowy）《大思维》（'Thinking Big'）、李慈（Zwia Lipkin）《于国无用》（*Useless to the State*）等论著中找到一些简单的描述，而目前为止英文著作中描述最全面的是皮大卫（David Pietz）《工程国家》（*Engineering the State*）的一章。

[7]《全国抗洪救灾委员会 1931—1932 年报告》（以下简称 RNFRC），第 7 页。

[8] 包括安徽、湖北、湖南、江苏、浙江、江西、河南和山东。有关洪水地理范围的描述，参阅李文海等《中国近代十大灾荒》，第 203 页。

[9] 参见《武汉已成沧海》，《国闻周报》1931 年第 8 卷第 33 期；F. G. 昂利（F. G. Onley）：《书信节选》，1931 年 8 月 28 日，伦敦大学亚非学院档案（以下简称 SOAS Archives），10/7/15；胡玉森：《书信节选》，1931 年 8 月 28 日，SOAS Archives，10/7/15。

[10] RNFRC，第 3 页。

[11] 同上，第 5 页。

[12]《教务杂志》（*The Chinese Recorder*），1931 年 11 月。

[13] RNFRC，第 7 页。

[14] 李文海等：《中国近代十大灾荒》，第 231 页。

[15] 见附录。

[16] 巴雷特（William E. Barrett）：《红漆门》（*Red Lacquered Gate*），第 265 页。

[17] 卜凯（John Lossing Buck）：《中华民国廿年水灾区域之经济调查》（*The 1931 Flood in China: An Economic Survey*），第 8 页。

[18] RNFRC，第 3 页；《教务杂志》，1932 年 11 月；巴雷特：《红漆门》，第 274 页。

[19] 参见一些学者的研究，如威斯勒（Ben Wisner）等人的《置身险境》（*At Risk*）、奥利弗－史密斯（Anthony Oliver-Smith）《关于危险和灾难的人类学研究》（'Anthropological Research on Hazards and Disaster'）、班考夫《灾难文化》（*Cultures of Disaster*）、菲斯特（Christian Pfister）《从自然灾害中学习》（'Learning from Nature-Induced Disasters'）等论著。

[20] 如唐纳德·沃斯特（Donald Worster）《尘暴》（*Dust Bowl*）、莫里斯（Christopher Morris）《大沼泽》（*Big Muddy*）。

[21] 李明珠：《华北的饥荒》；魏丕信（Pierre-Étienne Will）、王国斌（R. Bin Wong）：《养民》（*Nourish the People*）；魏丕信：《官僚制度与荒政》（*Bureaucracy and Famine*）。

[22] 这是研究发生在帝国主义或其他独裁政权下的灾害的普遍主题。比如戴维斯（Mike Davis）《维多利亚晚期的大屠杀》（*Late Victorian Holocausts*）、霍尔－马修斯（David Hall-Mattews）《印度西部殖民地的饥荒与国家》（*Peasants, Famine and the State*）、惠特克罗夫特（S. G. Wheatcroft）《解释苏联饥荒》（*Towards Explaining Soviet Famine*）。

[23] 参见德瓦尔（Alex de Waal）《饥荒犯罪》（*Famine Crimes*）、穆盛博《战争生态

学》(*Ecology of War*)、穆克吉(Janam Mukherjee)《饥饿的孟加拉》(*Hungry Bengal*)。

[24] 阿马蒂亚·森(Amartya Sen):《贫穷与饥荒》(*Poverty and Famines*)。有关权益法的讨论,请参见奥·格拉达《饥荒》(*Famine*)。

[25] 这种方法在社会科学研究中占据主导地位,比如威斯勒等《置身险境》、奥利弗–史密斯《关于危险和灾难的人类学研究》。有关脆弱性话语的批判性评价,参阅班考夫的《灾难文化》等。

[26] 见阿马蒂亚·森《贫穷与饥荒》等。

[27] 相关论述请参阅瑞斯(Seth R. Reice)《一线希望:自然灾害的好处》(*Silver Lining: The Benefits of Natural Disasters*)。

[28] 班考夫:《灾难文化》。

[29] 例如艾志端《铁泪图》(*Tears from Iron*)、燕安黛(Andrea Janku)《帝制中国晚期的天灾》(*'Heaven-Sent Disasters' in Late Imperial China*)、斯奈德·莱因克(Jeffrey Snyder-Reinke)《旱魃》(*Dry Spells*)、富勒(Pierre Fuller)《饥荒重现华北》(*'North China Famine Revisited'*)、穆盛博《战争生态学》、李文海等《中国近代十大灾荒》、夏明方《民国时期自然灾害与农村社会》;还可参见弋玫(Kimberley Ens Manning)、文浩(Felix Wemheuer)《吃苦》(*Eating Bitterness*),塔克斯顿(Ralph Thaxton)《灾难与争论》(*Catastrophe and Contention*)等。

[30] 魏丕信、王国斌:《养民》。

[31] 戴维斯:《维多利亚晚期的大屠杀》。

[32] 李明珠:《华北的饥荒》。

[33] "机制"(regime)一词的使用受到两方面的影响。首先,生态学家将环境中的物理危害概称为"干扰机制"(disturbance regime)[参见德尔·莫拉尔(Roger Del Moral)和沃克(Lawrence R. Walker)《环境灾难、自然恢复与人类应对》(*Environmental Disasters, Natural Recovery and Human Responses*),第123页]。其次,研究城市火灾的历史学家会描述城市物质和政治关系的配置如何有助于创建"火灾机制"(fire regimes)[见班考夫等人的《易燃城市》(*Flammable Cities*)]。

[34] 杰克逊(Jeffrey H. Jackson):《水下巴黎》(*Paris Under Water*);罗扎里奥(Kevin Rozario):《灾难文化》(*Culture of Calamity*);克兰西(Gregory Clancey):《地震之国》(*Earthquake Nation*)。

[35] 沃森(Philip Watson):《大运河、大江:十二世纪中国诗人的旅行日记》(*Grand Canal, Great River: The Travel Diary of a Twelfth-Century Poet*);伯德:《长江流域及以外地区游记》(*The Yangtze Valley and Beyond*)。

[36] 罗威廉(William Rowe)的经典两卷本汉口史仍然是研究该地区的学者和城市史学者最好的参考书之一。参见罗威廉的《汉口:一个中国城市的商业与社会 1796—1889》(*Hankow: Commerce and Society in a Chinese City, 1796–1889*)和《汉口:一个中国城市的冲突与社区(1796—1895)》(*Hankow: Conflict and*

Community in a Chinese City, 1796–1895）。最近有两本书聚焦武汉城市：拉哈夫（Shakhar Rahav）的《政治精英的崛起》（*The Rise of Political Intellectuals in Modern China*）、麦金农（Stephen Mackinnon）的《武汉·1938》（*Wuhan, 1938*）。爱德华·麦考德（Edward A. McCord）在他的战争史中经常提到这座城市，参阅麦考德《现代中国形成过程中的军事与精英力量》（*Military Force and Elite Power in the Formation of Modern China*）。当然，这座城市还有许多中文研究著作，如皮明麻的多卷本《武汉通史》和田子渝的《五四运动史》。

[37] 伊懋可（Mark Elvin）：《谁是天气的罪魁祸首》（'Who Was Responsible for the Weather?'）；燕安黛：《帝制中国晚期的天灾》。

[38] 随着天灾一词进入现代词典，它的定义也发生了变化，即经历了刘禾（Lydia Liu）所说的"关系转变"，但用法保持不变。刘禾：《跨语际实践》（*Translingual Practice: Literature, National Culture, and Translated Modernity-China, 1900–1937*），第 41 页。

[39] 刘翠溶（Ts'ui-jung Liu）：《荆州大堤的建设》（'Dike Construction in Ching-chou'）；魏丕信：《中国水利周期》（'Un cycle hydraulique en Chine'）；魏丕信：《国家干预》（'State Intervention in the Administration of a Hydraulic Infrastructure'）；濮德培（Peter C. Perdue）：《耗尽土地》（'Exhausting the Earth'）；罗威廉：《治水与清政府决策程序：樊口大坝之争》（'Water Control and the Qing Political Process: The Fankou Dam Controversy'）；张家炎：《应对灾难》（*Coping with Calamity*）；高燕：《马的撤退》（'Retreat of the Horses'）。

第一章

长　江

如果人类不试图占领洪泛区，洪水就不会成为危害。

吉尔伯特·怀特（Gilbert White）[1]

为了更清晰地呈现自然，制图师们一直在努力描绘河流。他们不得不让河流静止，把复杂的河流演变系统转变成固定的蓝色线条，将河流从源头到终点简单描绘为线状轨迹。如果可以放慢时间来审视历史——从几千年到几分钟——我们会看到，河流像生物一样在平原上蜿蜒前行，随季节的变化而扩张收缩，水位随气候的长期和短期变化而上升和下降。本章重建了一条河流——长江——的河道历史，这条河道塑造了在平原上安家的人群，当然也被人所塑造。我们特别关注位于长江中游的湖北省，该省地貌以河流、湖泊和湿地为主，因此发生洪灾的频率很高。但对于水，人类并不总认为其是一个麻烦，因为充沛的水可能是福，也可能是祸，人类与环境互动的特殊模式将自然洪水转变为人祸。本章描述了这一转变的历史过程，追溯导致1931年洪水产生的近代致灾机制的长期演变历史。

著名灾难地理学家吉尔伯特·怀特的题词，概括了本章中讨论的大部分内容。洪水，作为一种人类灾害而非水文过程，从来都不是完全自然的。当人们以特殊的方式与水互动时，灾难性

的洪水就会发生。虽然怀特的归纳言简意赅，但却没有客观反映
环境史的复杂性。洪水泛滥区不是一成不变的，河流在环境和人
类活动作用下不断变化。因此，人们会选择在干燥处定居，但随
着时间推移，这些地区也可能会变为洪泛区。同时，生活在洪泛
区并不一定就会身处险地。只有在特定的生存和定居模式下，洪
水才会泛滥成灾。湖北人构建了一种依靠防洪技术的生活方式，
当这些技术失效时，他们将面临灾难性的后果。现代世界的人们
已经开始依赖堤坝，但并不意味着这种应对水的方式是历史常
态。人们可以学会适应甚至受益于定期涨水，同时通过策略性的
疏散和使用水上漂浮技术来避免更大的洪水。[2] 因此，我们可
以用这样的观察来补充怀特的结论：如果人类能够使自己适应环
境，而不是让环境适应自己，洪水就不会造成危险。

　　湖北洪水演变成灾害的故事，可以解读为人类改造水环境
的更广泛历史的一部分。在世界各地，人们早就在排干湿地、疏
通河流、砍伐集水区的森林。湖北的大部分地区曾是一片广阔
的湿地，孕育了高度生物多样性的生态系统。随着湿地变成农
田，环境失去了复杂的生物地球化学系统。生态学家威廉·米奇
（William Mitsch）和詹姆斯·戈斯林克（James Gosselink）将湿地
描述为"地球之肾"——它们净化水源，补充含水层，吸收洪水
脉冲。[3] 失去这些肾脏对环境和人类都是一个严重的打击。在详
细描述洪水演变的过程中，本章还描述了生物多样性的下降和人
在水陆两地之间得以生存的湿地文化的丧失。然而，不应该仅仅
视此为一种衰败论的叙述。[4] 湿地物种和湿地文化从未完全消失，
只是以无声的方式为洪泛区提供重要资源。不幸的是，湖北人民

不仅要应对洪水威胁，还要应对洪水引发的饥荒和流行病。到20世纪，这些次要风险造成的死亡人数远远超过洪水本身造成的死亡人数。本章详细描述近代致灾机制的长期演变过程，不仅阐述了洪水的环境史，也呈现洪水之后的饥荒和疾病的环境史。

自然洪水

4 500万年前，印度板块和欧亚板块碰撞，喜马拉雅山脉抬升，形成了青藏高原。[5] 在数百万年的时间里，水从这些新高地流下，侵蚀形成了亚洲许多大河流域。[6] 一些水流向南流动，形成了印度河和雅鲁藏布江，水流塑造着数百万南亚人的生活。一些水流向东南流，形成了湄公河和萨尔温江，这两条河流滋养东南亚陆地上的森林和农场；一些水流向东，形成了另外两条主要河流，第一条是黄河，这是一条在黄土地貌中蜿蜒多变的河道，第二条是亚洲最大河流，也是世界第三长河流，在英语世界被称为扬子江（Yangzi River）——当地人用这个名字来指代它的东部一小段——中国人称长江。[7] 由长江冲刷而成的河谷流域面积超过一百万平方公里。[8] 当水穿过土地表面时，遇到古老的花岗岩和石英岩接缝，形成了将河谷分成不同盆地的山脊。[9] 这些盆地分割了河流的三个主要河段：长江上游源自西藏，流经云南，然后流经四川盆地独特的红色砂岩区；当长江穿过湖北西部山区时，湍急的三峡急流雕刻出了秀丽而险峻的风景；过此之后称长江中游，这段河流水道宽阔，与湍急的上游截然不同。在穿越两

湖江河冲积平原与湖泊平原的旅途中，长江在中游大量泄流，到
江西高地山脊间的狭窄处，长江江面迅速扩大；[10] 与鄱阳湖汇
合后，江水继续流向安徽和江苏，即为长江下游。下游分成多条
河流，冲刷成河口三角洲。在流经了 6 380 公里后，长江汇入东
海，结束其旅程。

　　早在人类踏足湖北之前，该地区就已经经历了自然洪水。当
河流径流量超过其渠道的泄流能力时，就会发生洪水。[11] 湖北
大部分都是逐渐向东部山地瓶颈收窄的地质洼地，江水很容易积
聚，但排出速度很慢。[12] 在该省的东部，长江与其最大的单一
支流汉江汇合。这两条大水道形成的平原交错着较小的河流，并
点缀着诸多湖泊和沼泽。在古代，这些构成一个巨大的湿地网
络，面积比温带世界上任何湿地都要大，沿长江中下游延绵不
绝。[13] 湖北境内的河流流量随季节周期变化，流域每年平均经
历三次高水位，分别在春季、夏季和秋季。[14] 地下水位在冬季
最低。每年的十月至次年五月降雨量相对较少，因为高寒地区的
降水聚集成雪。当这些冻结的"水库"在春季融化，大量水注入
河流，该地区即经历每年三波洪峰中的第一波。[15] 夏季，冷气团
与来自亚热带的潮湿气流相撞，形成最大降雨，[16] 这些夏季洪水
往往是引发大洪水的导火索。

　　长江处于"锤子"（hammer）和"钻子"（anvil）两个季风系统
相互作用的中间地带，即东亚季风决定了流域本身的降水量，南
亚季风影响长江上游的降雨和降雪，二者共同决定下游水量。[17]
这两个季风系统都受到外部气候的影响。尽管火山喷发与季风联
系的确切性尚不清楚，但火山喷发期间排放的二氧化硫会影响大

气温度，并可能对长江的水流产生影响。[18]太平洋海面温度的波动——臭名昭著的厄尔尼诺南方涛动（ENSO）——有更明显的影响。一些证据表明，大洪水，包括 1954 年和 1998 年的洪水，都是由厄尔尼诺和拉尼娜现象引起的。然而，在得出直接的因果联系之前，还是应该审慎一些。与厄尔尼诺现象和华北平原降雨模式之间早已确立的遥相关不同，厄尔尼诺南方涛动在长江洪水中扮演的角色仍然存在争议。[19]

　　河流与湖泊每年的涨落变化造就了湖北高度多样化的生态系统。与许多河流系统一样，洪水脉冲在生物地球化学循环中起着至关重要的作用，在水生、陆地和湿地之间传递有价值的营养物质。湍急的水流带走了河床和泛滥平原上数以百万计的生物，形成了一片被各种生物群落占据的"空地"（empty patches）。[20]洪水还有助于散布种子和果实，扩展本地植物范围，并清除了那些可能会变得占优势的入侵物种。正如生态学家塞斯·瑞斯所说，有规律的洪水脉冲远不是简单的破坏性作用，而是"一种重要的补给机制"，给河流和泛滥平原带来了生命。[21]自然洪水创造的 22 生物多样性对早期人类极具吸引力，人类可以利用丰富的水生、河岸和陆地的交错带。因此，从一开始，人们并不是因为洪水而定居湖北，而是因为有这些交错带。

定居冲积平原

　　在人类历史的大部分时间里，湖北看起来都与今天大不相同。在大约 11 500 年前的全新世初期，长江是一条分叉河流，分为三条支流，这些河流摆动频繁，在流域内徘徊游荡。湖北中部和东部的大部分地区都是被称为云梦泽的广阔湿地。[22]尽管今天已经很难想象，但动物学家塞缪尔·特维（Samuel Turvey）认为，长江中游是当时的"东方亚马逊"，是大量动植物群的家园。[23]河流、湖泊中盛产鱼类、海龟、鳄鱼、江豚和长江海豚。平原上覆盖着茂密的针叶林和落叶林，是熊猫、大象、巨貘、长臂猿和犀牛的家园。湿地养育了丰富的水禽和涉水鸟类，包括栖息在厚厚的芦苇荡上的五种鹤。[24]这种丰富的自然资源对狩猎采集者很有吸引力，狩猎采集是后来促进了动植物驯化的早期实验。[25]

早期定居者特别喜欢一种被称为野生稻（Oryza rufipogon）的半水生草。尽管关于该物种首次驯化的时间和地点仍存在一些争论，但我们知道，至少在公元前 7500—前 6000 年，长江中游地区就有意栽培它，而不只是简单地采集为食。[26]水稻成为该地区经济和社会的核心，尤其是因为它被证明是开拓湿地用于定居的完美生物技术。与旱地作物需要土壤通气不同，水稻可以在水下生长，这要归功于其特殊的通气组织，它将氧气沿着茎向下扩散到根部。[27]水稻的这种耐水性可能有助于解释公元前 6000 年—前 3000 年之间水稻种植的快速增长，这是一个气候特别温暖而潮湿的时期。[28]洪水脉冲是水稻农业的命脉，其将土地浸泡在营养丰富的矿物质和水混合物中，留下肥沃的氮和磷沉淀。[29]这种生物能量的自然再分配，意味着稻农需要引入的肥料比那些在旱地上种植的作物少得多。[30]

水稻驯化使农民能够最大限度地提高粮食产量，但它也创造了一个依赖于可预测的气象模式的营养系统。野生稻一粒一粒地释放种子，这最大限度地提高植株在受水位波动影响的湿地环境中持续繁殖的机会。通过刺激驯化水稻（Oryza Sativa）的种子同步成熟，人们可以更容易地收获谷物，但这一过程却降低了植株的抗洪能力。[31] 如果雨水过多，农民将失去整整一季作物和意味着大量劳动力和时间投入的营养源。在这个意义上，正如大卫·克里斯蒂安所说，在后来的时代里，生存危机使洪水变得更加危险，这也是"农业革命的一个矛盾的副产品"。[32] 后世的灾难性饥荒也深深植根于人类与植物之间的古老而悠久的互动之中。

人类改变了水稻，水稻也改变了人类。为了给选择的植物提供一个有利于成功繁殖的栖息地，人类改变了定居模式。通过这样做，人类从根本上改变了与河流的关系。早期的稻农通过实践发展出一种洪泛农业，在每年洪水消退后，将作物种植在滩地上。随着时间的推移，这种最低程度改变的耕种模式被另外一种改造景观的农耕形式所强化，即农民将水稻幼苗移植到被称为稻田的梯田上。到公元前 2500 年，这些有堤埂的农田开始遍布长江流域。[33] 稻田本质上是人工湿地，农民可以模仿洪水的脉冲，同时保证其规律性，这构成了稻作农业系列技术的一部分。这些技术最终在亚洲的一个巨大水稻区传播开来，而这一地带至今仍养活着世界上的大部分人口。到近代早期，稻田帮助殖民者改造远至密西西比河下游的湿地。在烟草和棉花等经济作物吸引种植园主抽干这一地区的土地之前，密西西比河下游被称为美国的中国。[34]

24

定居农业的兴起标志着人—水关系观念的重大转变。当有洪水威胁时，狩猎采集者和洪泛农业者可以相对轻松地撤离。这也是许多湿地动物喜欢的一种策略，它们从水里撤退到被视为避难所的栖息地。那些改变地表景观的农业生产者如果要放弃自己的家园，就会损失大量的劳动力和时间投入。被困在洪水这条路上，就是大卫·克里斯蒂安所说的"定居陷阱"的众多后果之一。[35] 后来，随着人口不断增长、社会组织模式不断变化，人们几乎不可能再回到以游动方式来解决洪水问题。到近代，洪水来袭时那些被疏散的人群就成了难民。为了一定程度地改善定居陷阱，湖北地区修建了桩子或台地，当洪水来袭时就变成岛屿。[36] 今天当地地名中常见的"台"就是这些台地存在的证据。[37] 历史上，在密西西比下游和恒河平原等不同地区，类似的桩子也被用来抵御洪水，[38] 那些无法退到自然高地避难的人们，通过这种方式建起自己的家园。

到公元1世纪，尽管环境已经明显以农业为特征，但对于那些来自相对发达的北方的人来说，长江中游仍是蛮荒之地。历史学家班固描述了当时该地区的人群仍以"饭稻羹鱼"与采集狩猎的综合农业生产方式获取食物。[39] 到此阶段，人类的捕食已严重削弱了生物多样性，把这些令人食欲大开、行动缓慢的物种，如貘和湿地鹿，推到了灭绝的边缘。[40] 在接下来的两千年里，随着人类为了满足农业需求而将生态系统同质化，物种损失急剧增加。这不仅对生态造成了破坏，也削弱了人类在洪水中幸存下来的能力，因为这一行为排挤了抗水性动植物群落。通过用种植的谷物取代湿地物种，人类失去了诸多重要的野生食物储备。[41]

然而，这些沼泽地从未被完全排干。正如我们看到的，即使在 20
世纪，遭受水灾的人类仍旧常常依赖湿地野生资源。

农业并没有抹去自然环境，而是创造了农业生态系统。[42]
稻田是生物多样性栖息地。农民们在种植水稻的同时，还培育各
种水生植物，包括莲藕和荸荠等。农民还乐见蕨类植物生长，这
有助于改善土壤质量。[43]鱼和青蛙或被动或自然地进入稻田，
它们不仅为农民提供有价值的蛋白质，还消耗有害杂草和昆虫，
粪便则给农作物施肥。这些物种反过来又吸引了包括鸟类和龟在
内的捕食者，这些捕食者为人类以及狼和老虎等大型捕食者提供
了营养来源，而狼和老虎等大型捕食者则离开了森林和山区，在
人类世界的边缘进行捕食。[44]洪水来袭时，农业生态系统的残
余物为被淹没的地区提供了宝贵的营养来源。最后，从人类生
存的角度来看，从被淹没的农田中抢救出各种野生和驯化的动植
物，可能比从野外采集它们更重要。

除了狩猎，湖北人还与动物结盟。[45]虽然驯养的猪、鸡和
鸭也能提供有用的蛋白质和粪便，但水牛、公牛和黄牛等反刍动
物被证明是最有用的。[46]这些动物太值钱了，不能吃，主要是
因为它们的能量输出令人敬畏。它们也是水稻之外的又一项重
要的生物技术，帮助农民改善环境。家畜在与人类结盟的过程
中既受益也受累。[47]农民为它们精心打造了绝佳的栖息地，保
护它们免受天敌、害虫和捕食者的伤害。然而，他们也把家畜放
在易发洪水的地区，用绳索和栅栏约束它们，限制它们的自然生
存行为。到了近代，洪水对家养动物的杀伤力比对人类的杀伤力
更大。随着动物死于溺水、饥饿或流感，人们失去了一种重要的

26

营养和能量来源。

　　并非所有物种都因人类改变环境而受到影响。病原体在农业生态系统中茁壮成长。疟疾与早期人类一起传播到了长江中游。时间的推移导致这种疾病的疟原虫被纳入洪水脉冲的生态中，随着夏季潮湿蚊子数量的增加而繁盛。湿地排水剥夺了蚊虫的自然栖息地，但它们找到了稻田和灌溉渠作为绝佳替代。[48]农业生态系统也被证明是钉螺的适宜栖息地，钉螺是水媒疾病血吸虫病（又称"钉螺热"）的传播媒介。[49]引起这种疾病的血吸虫有一个复杂的生命周期，从人类和其他哺乳动物的肠道开始，通过粪便传播到钉螺，然后返回哺乳动物宿主。血吸虫病在人类和牛长时间浸泡在充满粪便的水中的地区蓬勃发展。长江中游的湿地和水田提供了其完美的栖息地。因此，通过促进农业生态系统的发展，湖北人奠定了当地致灾机制的基础。通过鼓励人们在洪泛区定居，增强人们对脆弱植物的依赖性，以及滋生地方病和流行病，农业让洪水变得更加危险。

27　工程风险

　　对于中国北方的居民来说，南方长期以来被认为是一片沼泽遍地，丛林密布，疾病流行，有毒植物、危险动物和野蛮人广布的土地。[50]但这并没有阻止北方移民潮从公元 4 世纪开始陆续涌入长江流域。传统的说法是，这些移民带来了新的河流管理思想和技术，帮助改变了长江中游的水文地貌。最近，布莱恩·兰德（Brian Lander）发现了质疑这一说法的文献，认为湖北使用水利技术的历史可以追溯到更早的几个世纪。与北方邻居相比，当地人使用这些建筑的程度相对较低，这似乎不是因为像人们通常认为的那样，他们在技术上落后，而是因为他们可以在不改变环境的情况下充分养活自己。[51] 不过，无论他们的这种技术真正来自何处，水利技术都对湖北的人与河流关系产生了深远影响。

堤坝和垸田所塑造的人工地形阻止了江水侵占耕地，促进了农业生产力的显著提高。然而这也带来了新的风险，即水利技术结构中的潜在故障威胁，这往往比自然界中任何形式的洪水更具灾难性。突发洪水会自然发生，比如在大型风暴潮或天然冰坝坍塌时。然而，在大多数情况下，河流和湖泊的自然水位上升过程远比因堤坝破裂而决堤的过程慢得多。[52] 德尔·莫拉尔和沃克观察后认为，"控制河道的工程越多，冲破堤坝的洪水就越大——最终总是这样"。[53] 1931 年涌入各个群落的灾难性洪水就是这种形式的工程风险产物。

防止水利工程出问题是一项艰巨任务，需要定期维护堤防，河道必须定期疏浚。[54] 而忽视这些工作的地区经常被洪水淹没。伊懋可曾提出，在中国，水利工程创造了一种"技术锁定"模式，即由于建造水利工程，繁重而昂贵的区域维护任务拖累了子孙后代，而随着时间的推移，无论他们的投资回报多么有限，他们都必须继续进行维护。[55] 此外，建造堤坝能缓解自然的不确定性，生活在其保护下的人却容易受到人类不确定性的影响。经济危机和战争冲突往往导致人们无暇顾及重要的水利工程。随着人类对河流的干预，洪水不再仅仅由气候和水文决定，还由经济

28

和政治决定。人的能动性成为致灾机制中的一个关键变量。

治水农业 * 在两千年的历史中逐渐发展起来。在开始建造更大的河堤前，当地居民使用最早在构建稻田中开创的技术抵御洪水，之后逐步建造更大的堤坝来包围村落。[56] 到公元 4 世纪，人们开始在湖北中部沿长江北岸修建大堤。最终形成荆江大堤。[57]堤坝不仅是一种有用的农业工程，有时也被用作武器。防御者向迎面而来的敌人释放大量的水。[58]荆江大堤的修筑至少部分是为了抵御北方侵入。[59]正如穆盛博所说的，"河流军事化"这一古老的策略在 20 世纪仍是一项重要战术，因为近代军队继续使用洪水作为武器。[60]

筑河堤成为湖北农业垦殖的一项重要技术，使农民能够在长江以北、先前人迹罕至的地区定居。与此同时，在长江以南的湖南，人们正在长江和洞庭湖之间修筑堤坝。由于两岸都有堤坝，长江最终会合并成为一条汹涌的急流。这一过程被称为河流渠化（channelisation）。[61]它不仅改变了河流的流量，还对其生态系统产生了深远的影响。渠化在湖北已经自然发生了几千年，沉积作用和东部山脉的倾斜隆起将多变的长江支流巩固成了一条更固定的河流。同样的过程导致了主要洪泛区向南转移，这导致了云梦泽的干涸，洞庭湖的形成。[62]在被排干的湿地中形成了江汉平原，那是一片肥沃的粮仓，是湖北的经济中心。虽然名义上是一片平原，

---

* hydraulic agriculture 是德裔美籍历史学家魏特夫在《东方专制主义》中使用的术语，指称大规模利用水力的农业，与之相对的是个体或小规模利用水力的农业，他还据此提出"治水社会"理论。本书的 hydraulic agriculture 应特指湿地排水农业，循《东方专制主义》中译本（徐式谷、奚瑞森、邹如山译，中国社会科学出版社 1989 年版）先例，将其译为"治水农业"。另亦可译为"水利农业"。

但这一地区从未完全摆脱其沼泽起源的影响，且常易发生洪水。[63]

与此同时，在湖南，大自然迅速适应了新的水文环境。洞庭湖成为许多水生物种的繁殖地，包括长江海豚和江豚，它们在豆荚一样的水域中游走。[64]在接下来的2 000年里，这些物种直接与人类竞争。尽管渔民捕获了它们，使它们无法捕食，但农民对它们的伤害才是最大的，它们的栖息地被农民排干，它们的领地被堤坝瓜分。今天，长江海豚已功能性灭绝，江豚也极度濒危。[65]尽管堤坝和工业污染将鲸目动物推动至灭绝的边缘，但治水农业其实才是导致这些动物撤退的起点。

农业的扩张造就了繁荣的城市，而城市化主要发生在河流水系的主要交汇处，这为贸易提供了便利。约翰·麦克尼尔认为，在铁路修建以前，世界上没有一个国家的内陆交通系统可以与中国河网媲美。[66]而这种便利也需要付出沉重代价，因为港口城市会遭受周期性的洪水。湖北有众多在中国地理位置最好，也最容易遭受洪水灾害的城市。湖北省的东部地区是长江距离黄河最接近的地方，造就了天然的交通枢纽。帆船和舢板可在两条贸易干线之间的支流上相对容易地航行。位于洞庭湖和鄱阳湖之间的湖北东部地区，也是进入南方贸易水网体系的重要入口。[67]到宋代（960—1279），在长江与汉水交汇处发展出几个城市聚落，这些聚落最终演变成了今天的大都市——武汉。

早在12世纪士大夫范成大到访武汉时，就发现了当地繁华的集市，城里有成千上万户人家，一排排商铺"密密麻麻"，似乎天下所有的东西都在这里售卖。[68]城市商业对改造湖北环境发挥了重要作用。商人很少亲自去砍伐流域内的森林或开垦湿地，但他

30

们通过出售木材和大米赚取了巨额利润。港口城市也改变了流行病学环境。密集的人口为人群疾病的传染创造了可持续的传染链，这些疾病在较小的人类群落中无法维持其最致命的形态。[69]同时，城市贸易网络充当了病原体在大范围内快速传播的渠道。[70]城市滋生的疾病将改变致灾机制，在洪水过后往往就暴发瘟疫。

治水农业以势不可挡之势兴起，但在公元第二个千年伊始，许多湖北居民在生活中仍然保留着早期湿地文化元素。12世纪，士大夫陆游到访湖北时注意到，在地势较高的地方种植谷子和荞麦的人，与生活在沼泽和湖泊，以打猎、捕鱼和采集莲藕和菱角为生的人有明显的区别。[71]陆游描绘了一幅后一类人群的田园画卷，他们自由地生活在湖泊与沼泽间。现实中，湿地乡村无法摆脱国家监管的束缚，因为对野生资源的使用受到严格的控制。[72]

31　在接下来的几个世纪里，随着荒野被纳入财产和产权制度，狩猎和捕鱼将会减少。然而，陆游所描写的湿地社会并不是完全虚构的。许多人确实设法找到了规避定居的最差后果的方法。

一些人生活在法外之地。就像北欧的黑暗森林一样，中国的湿地一直被想象成神秘和犯罪的场所。范成大描述了他和他的船员在航行经过武汉以西一个被称为"百里荒"的地区时所感受到的恐惧。这里"皆湖泺茭芦，不复人迹，巨盗之所出没"。[73]*另外的一些人则找到了在湿地生活的合法方式。一种对常规洪水的成功适应是利用漂浮的田，这种田可以在河流和湖泊上找到。陆游描述说，他看到了编织的水草上覆盖着泥土形成的大型

---

* 出自（宋）范成大《吴船录》卷下。

建筑，它们的大小足以支撑整个乡村——包括鸡和狗、蔬菜种植地、酒馆和寺庙。[74] 漂浮农田是一种对治水农业的激进替代方案——一种适应水而不是抑制水的生活方式。

与水争地

两个相互关联的过程界定了湖北公元第二个千年的洪水历史。首先是被魏丕信描述为"水利循环"的洪泛农业重复增长和崩溃。[75] 对堤坝的大量投资，促使农业在一段时间里快速扩展和经济增长；当增长超过水利技术上限时，该地区水患加剧，经济衰退。只有当国家恢复治水投入，重新开始水利循环，阶段危机才能获得改善。水利循环在第二个千年期间发生了两次，大致对应于明清两代的兴衰。历史不会重演，但总会惊人地相似。这些循环嵌套在第二个更深刻的环境变化过程中，在这个过程中，所有可用的土地都逐渐被用于农业生产。伊懋可描述了人们如何尽可能多地将自然环境转化为农田。[76] 为了满足人类对于土地无止境的需求，人们将河流规束在河道内，排干湿地，砍伐森林。这些行为加在一起，提高了洪水发生的频率和强度。[77]

宋代的水工们将分段的河堤整合成完整的水利系统。他们精心设置了排水口和闸门，使河流可以将多余的水和泥沙排放至洪泛区。[78] 与此同时，村民开始通过修筑名为圩或垸的堤坝将乡村包围起来。[79] 这些圩子成为湖北文化和社会组织的基本单元，角色类似于其他地区的村庄。[80] 河堤和垸田——水车和脚踏提

32

水等新技术的结合——使农民能够排干湿地。[81] 这一过程在明朝（1368—1644）期间急剧加速，部分原因是从下游江西涌入的大量移民垦殖者。[82] 这一增长时期大致对应被称为"小冰期"的全球变冷时期的开端。由于寒冷时期往往会导致长江中游洪水减少，气候可能使垦殖者更容易排干湿地。[83] 很快，江汉和洞庭湖平原成为帝国最大的稻米产区，甚至超过了繁荣的东部江南地区。如果两湖丰收，那么就可以说"湖广熟，天下足"。[84] 治水农业——一个本质上有风险的行业——此时是世界上最大的区域经济体之一的重要组成部分。

33　　1465 年，湖北经历了史上最具有历史意义的洪水之一。由于汉水突然改道，在原来与长江交汇处露出了一片狭长的陆地。这里最终被命名为汉口，字面意思就是汉水之口。到了帝制晚期，汉口在中国内河河网中拥有无可匹敌的地位，是当时中国最大的内陆转口港，也是世界上最大的城市之一。[85] 像巴黎、新奥尔良、加尔各答和圣彼得堡等许多伟大的贸易中心一样，汉口也是一座由河流塑造的城市。水定义了汉口的经济生活，塑造了城市形态，影响了乡土建筑，并充实了汉口的宗教生活。城市也要为与水的这种亲密关系付出沉重代价。一座因河流的反复无常而存在的城市，在其整个历史中也都将任凭河流摆布，汉口一次又一次地被水淹没。

　　农业经济的快速增长最终被证明是不可持续的。过度的湿地开垦使河流失去了天然的蓄水池。随着沼泽和湖泊面积的减少，湿地不再能吸收多余的水。[86] 糟糕的水利治理加速了系统性衰退，宋代水工们在河堤上设置的水闸被泥沙淤塞或被人为故意堵塞。这使农民可以垦殖更多的土地，但也阻碍了河流泄水和泥沙冲刷。[87]泥沙淤积导致汉水和长江河床抬升，河流水位高出沿岸平原，将导致灾难性的溃堤。16世纪60年代，湖北遭受了一系列特大洪水。[88]这些洪水标志着更深层次的水利危机的开始。内涝和局部洪水成为常态，1592年、1593年和1600年全流域洪水袭击了湖北。虽然我们知道，这一时期在缅甸和印度等地区发生强厄尔尼诺现象，但16、17世纪的洪水模式与厄尔尼诺现象并不完全一致。[89]明朝崩溃导致水利治理失效的政局原因也一样重要，但最重要的因素是流域开发的不可持续模式。到明朝灭亡时，水患已经严重到江汉平原又恢复为人烟稀少的湿地状态。[90] 34

尽管治水农业已被证明容易受到气候和政治势力的影响，但其经济效益让人难以抗拒。因此，当清朝（1644—1912）接管湖北时，官员们开始大量投资于堤防重建。从17世纪中叶开始，湖北的湿地和洪泛区被重新开垦。这一次的推动力来自内部人口增长，而不是外部人口移民。[91]随着玉米、花生和红薯等美洲作物的种植和人体营养的相应改善，人口急剧增加。这些耐寒作物使农民能在土壤呈酸性的荒凉高地环境中垦殖。[92]随着农业"上山"，砍伐森林的速度加快。与此同时，商人们继续掠夺高地森林，将木材沿着河流、通过木筏运送到城市。[93]流域裸露加剧了洪水问题，砍伐树木和植被会导致山坡上的水分流失得更快、更多。增加的径流使不受植被根系约束的表土从地表流失。随着泥土渗入河道，河流泥沙负荷增加，意味着河床被抬高，洪水的排泄渠道被阻塞。[94]

虽然垦殖者能排干湿地，砍伐坡地森林，但管理者还是不能 35

解决河堤系统的结构性问题。清代的水工们没有疏通出水口，而是将堤坝加固成连续的网络，最终将河流与河滩完全分开。[95]农民后来在河堤旁修建堤坝，加速了这一过程。[96]长江和汉水曾经有多条支流平行游荡于平原上，现在河道被有效疏导了。由于无法有效排除积水和泥沙，沉积物抬高了长江与汉水的河床。[97]平原上的社区生活在河流水位以下，人们只有通过堤坝来保护他们的家园和生计。当堤坝溃决时——就像它们不可避免时常发生的那样——这些人为建造的景观带来的水流将涌进社区。治水农业帮助创造了一种变异形式的洪水，其破坏性远远超过任何自然洪水。

1788年，长江冲破荆江大堤，江水涌向江汉平原，将垸田变为水库。[98]这是在接下来的两个世纪里摧毁湖北的一系列特大洪水的开始。这场水灾的根本原因是人与自然的互动，但直接原因是气象因素。18世纪的最后二十年是全球极端天气时期，埃及、印度和墨西哥的干旱导致数百万人死亡。这些灾害的共同联系好像是一次强大而持久的厄尔尼诺事件。[99]这很可能导致了1788年湖北的洪水。

然而，如果不是由于人类对环境的深刻改造，气候不可能引发如此灾难性的洪水。当时的观察家并不是没有意识到这一事实。19世纪著名而博学的魏源写了一本精辟的书，讲述了过度砍伐森林和开垦荒地是如何加剧了洪水的。他注意到，当"人与水争地为利"时，洪水就不可避免。[100]魏源认为，为了防止洪水，湖北人必须为江水保留一些天然洪泛区。这种可持续的河流管理方法在中国环境思想中有着悠久的历史。尽管水利长期以来被儒家坚定的环

36

境干预学说所垄断，但也一直存在不认同这种文化的知识分子，他们更主张采用道家的方法，允许河流顺其自然。[101] 在魏源提出他的洪水分析后，他的这种不干涉主义观点渐趋边缘化。与世界任何地方一样，近代中国同样决心与水争地。[102]

湖北花了 20 年时间才从 1788 年的洪灾中恢复过来。省府最终出资对堤防体系进行了全面的修复，这为人们赢得了暂时的喘息之机，但未能阻止正在酝酿的水利危机。[103] 在接下来的一个世纪里，洪水的频率和强度都大大提高。这在一定程度上其实是一个认知问题。正如爱德华·弗米尔（Eduard Vermeer）所观察到的那样，只是当晚清农业垦殖者垦占边缘土地时，以前不起眼的潮起潮落才突然在当地的地方志上被记录为洪水。[104] 这种观察者的偏见无法解释长期处于官方监控之下的江汉平原等成熟农业区洪水增加的事实。1831 年，湖北发生了 19 世纪最具破坏性的一次洪水。十万难民涌入汉口，在那里，这些难民依靠米粥救济生存了几个月。后来，武汉也被洪水淹没，大型船只可以在街道上航行，而这一幕在一个世纪后又重演。[105]

张家炎认为，湖北在 19 世纪中叶到 20 世纪中叶经历的水利危机在很大程度上是由于治理不善导致的。比如管理者挪用专款、忽视堤防管理、建材上以次充好。[106] 这些区域性的问题其实是普遍性危机的一部分。今天的历史学家们正确地回避了晚清宿命论观点，该观点将晚清描述成一个软弱无能、必然灭亡的政体。由于受到严重的国内国际压力困扰，地方官员经常以灵活而创新的方式作出回应。然而，不可否认国家治理能力确实下降了，这不仅为长江中游的水利危机埋下了隐患，也为更频繁而漫

37

长的世纪灾害奠定了基础。这使状况不佳的政府不仅难以维持其水利基础设施，还无法保障支撑庞大的粮食网络体系的充裕资金。这意味着洪水不仅破坏性强，而且其引起的饥荒也明显更为严重。政治和经济促成了让人们长期处于危险之中的近代致灾机制的形成。

与洪水共生

19世纪40年代，古伯察（Évariste Huc）写下了最早的欧洲人的湖北游记之一。在众多不同寻常的景象中，他描述了当地整个村庄都生活在漂浮的农田上。这个地方在陆游到访后的七个世纪里似乎没有什么变化。整个村庄坐落在覆盖着泥土的竹筏上，悠闲地漂浮在湖泊与江水之间。古伯察将生活其上的人描述为过着"和平而富足"的生活。这些湿地人群以种植水稻和捕鱼为生，"在文明中间为自己营造了一块孤地"。[107]并不是只有这些人通过漂浮在水面上来与水相处，河流上的商人和渔民经常一生都居住在舢板和帆船上，这些帆船在船尾有厨房和睡觉的地方。[108]这些流动人口过着与大多数定居人群截然不同的生活。

正如历史学家张家炎所描述的那样，尽管农民更容易遭遇洪水，但他们也找到了与洪水共处的方法。对于那些生活在容易淹没的土地上的生态边缘地区的人来说，水的威胁比市场更为迫切。他们放弃了有利可图的经济作物，转而青睐深水水稻和高粱等耐水品种。他们也还在延续旧的湿地文化形式，通过采集和狩猎来补充营养。虽然栖息地丧失和人类掠夺已严重耗尽了本地的生物多样性，但正如 19 世纪末外国旅行者和猎人的描述所证明的那样，湖北远不像华北平原那样正在形成生态荒地。[109] 托马斯·布莱基斯顿（Thomas Blakiston）在 19 世纪 60 年代沿着长江逆流而上，他看到了各种各样的动植物，包括成群的江豚"在依旧浑浊的长江中游荡"，这些动物在他旅行的大部分行程中都跟随着他。[110] 大量的水鸟仍聚集在该地区，以捕食种类繁多的鱼类，包括鳊鱼、鲤鱼、鲶鱼、鲈鱼，这些鱼在当地许多河流、湖泊中都可以找到。[111]

　　鱼仍然是当地居民饮食的重要组成部分。日本外交官水野幸吉（Mizuno Kokichi）在 20 世纪头十年对武汉的市场进行了详细的研究，他谈到了当地消费者可以买到种类繁多的商品。[112] 虽然许多鱼是在池塘里养殖的，但水产养殖仍然严重依赖自然环境，因为大多数鱼的鱼卵都是从野外获取的。[113] 渔民将鱼线或抄网投入河流和湖泊，或者使用石灰捕鱼，石灰使鱼在水里缺氧。[114] 一些人甚至利用湿地动物的捕鱼特长，像鸬鹚和白鹭就被驯养来捕鱼，它们的喉咙被绑住，以防止吞咽捕获的鱼。[115] 在湖北西部，人们训练水獭将鱼赶进网里。[116] 由于捕鱼时节恰值农闲，农民就下水捕鱼添补家用。[117] 鱼类资源也足以养活大量的职业渔民，他们或生活在湖岸，或生活于江边，或生活在船上。渔民往往很穷，但他们的生活方式高度适应了他们所处的危险环境。[118]

　　除了鱼类，人们还开发了湿地的许多其他自然禀赋。人们觅食莲藕、荸荠和野生稻等食用植物，以及贩卖浮萍、大麻和靛蓝等经济作物。[119] 人们在森林覆盖的上游地区猎杀陆生哺乳动物，如野猪、鹿、獾和黄鼠狼。鸟类的蛋和肉，是除鱼外以外最重要的野生蛋白质来源。猎人们使用拖网、竹笼、陷阱和枪来捕捉和射杀野鸡，以及大量的水禽，包括鹅、鸭、青鸟、天鹅、鹈鹕和鹤。[120] 图1.1显示了湿地文化的创新特质。捕鸟人穿着油布，用草把自己伪装起来，然后脖子上系着大木板，漂向成群的水鸟。他们用驯服的鸭子做诱饵，徒手抓住毫无戒心的猎物。[121]

在武汉，狩猎是一项利润丰厚的业务，足以支撑一个专门销售猎

图1.1　19世纪末长江中游地区的捕鸟人

阿扬·库姆：《中国射击和诱捕狩猎的一些方法》（'Some Chinese Methods of Shooting and Trapping Game'），载《探险长江流域》（*With a Boat and Gun in the Yangtze Valley*），上海：上海水星出版社（Shanghai Mercury），1910年。剑桥大学图书馆供图

禽肉和羽毛的市场。[122]这些为人们提供野生食物的湿地沼泽可能并不足以长期维持大量人口的生计，但这些食物可以帮助人们在正常年份增加营养摄入，并在洪水期间提供重要资源。

如果处理得当，洪水对农民来说不一定是麻烦。在孟加拉国，农村社区区分了博尔沙（*borsha*）洪水和邦纳（*bonna*）洪水，前者是他们赖以进行正常农业生产的洪水，后者导致广泛的农作物和生命损失。[123]那些在湖北低地耕作的人也有类似的区分。他们被吸引到像湖边这样的地方，正是因为这些地方容易被洪水淹没，因为他们知道定期的湖水（江水）涨落会沉积出肥沃的土壤。[124]20世纪10年代，诗人罗汉描述了在武汉以北围垦湖泊的人如何从这片营养丰富的土壤中获得了巨大财富。[125]这一农业策略并非没有风险，因为如果水过多，整个收成都可能被毁。然而，只要有相当的技巧和一点点运气，在好年景积累的利润很容易就能弥补偶尔的损失。[126]

对于那些无法维持这种微妙平衡的人来说，湖岸农业可能会成为一个贫困陷阱。农作物的定期损失意味着一些社区仅靠野生植物为生。据地方史志记载，当地的湖滨社区十分贫穷，以至于居民变得无法生育。[127]19世纪80年代，当阿奇博尔德·利特尔在湖北农村旅行时，他目睹了这种赤贫现象。"没有什么比我们经过的几个村庄更糟糕的了——10到20间芦苇小屋坐落在一个陡峭的土堆上，土堆上满是水牛的粪便，直到水边。"[128]洪水往往既是经济窘迫的原因，也是经济窘迫的后果。人们唯一能存活下去的地方恰好是那些让他们贫穷的地方。[129]这并非湖北独有。在印度北部易发洪水的地区，在沿海的高处居民点边缘，经

41

常可以发现数量高得不成比例的低种姓人群。[130]

长期的水患问题对人类健康产生严重影响，进而引发了进一步的经济问题。到 20 世纪初，血吸虫病非常猖獗，全国约 1 000 万人被感染，导致每年约 40 万人死亡。[131]居住在疫区的人们别无选择，只能离开，这意味着大片肥沃的土地被抛荒。在汉阳县，血吸虫病导致几十个村庄消失，不再被标记在地图上。那些拒绝离开的人很快就出现虚弱症状，这进一步降低了他们的经济生产力。晚期血吸虫病患者会出现严重的腹胀，这种症状臭名昭著，以至于当地人将其称为"大肚子病"。血吸虫病在东西湖周围的村庄尤为普遍，每 10 人就有 8 人感染。据说，这个地区的居民很容易认出来，因为他们的肚子比身体的其他部分先进入房间。[132]对于那些生活在这种条件下的人来说，洪水只会放大持续存在的问题——这些问题导致地方性贫困的迅速爆发。

很少有比 1849 年那场灾难性的洪水造成的地方性贫困更严重的了。从某些方面来说，这场灾难符合该地区的典型灾难模式，即由湖北、湖南和四川的夏季暴雨造成。然而，这场洪水也与 6 月一段极不寻常的寒冷天气同时发生，而且可能是由这种天气促成的。武汉的居民平时在初夏的闷热潮湿中会汗流浃背，而现在他们却穿着皮草。[133]奇怪的是，与此同时，美国南部的人们也经历了类似的情况，在密西西比河的一条支流，*湿冷春天引发了新奥尔良历史上最严重的洪水。[134]

---

* 应指红河（Red River），位于美国中央大平原的北部，主要流经北达科他州的东南部和明尼苏达州的西北部地区，总体流向为自南向北流动，注入加拿大的温尼伯湖，最终往北注入哈德孙湾。

随着湖北各地的农村社区陷入饥荒，在武汉，洪水的另一致命的次生效应似乎正在抬头。地理学家欧森南认为，1849年的洪水导致当地霍乱流行。[135]复原这种疾病在中国的流行历史是比较困难的。霍乱一词在近代主要用来指由霍乱弧菌（Vibrio cholera）所引起的一种特定疾病，而几千年来，霍乱一词一直被作为各种急性肠胃不适的通用术语。[136]外国人认为中国是一切传染性疾病的源头，他们经常认为中国古代医学文献中提到的霍乱就是近代出现的霍乱，是霍乱自古以来就在这个国家存在的证据。[137]但事实并非如此。霍乱很可能是外国人在19世纪20年代传入中国的，霍乱弧菌从这些外国人位于印度三角洲的住所沿着航运路线向外传播。[138]

霍乱很快在长江中游城市找到了生存空间，当人们在夏季接触到被感染的水时，霍乱就开始流行起来。事实证明，霍乱与其他肠道疾病一起，对缺乏任何卫生措施的洪水难民的拥挤居住点特别致命。这样一来，霍乱就成为近代致灾机制的一个决定性组成部分。它已确实加剧了1821年黄河水害的影响。[139]与斑疹伤寒、疟疾和痢疾一样，霍乱成为19世纪饥荒期间的人口死亡的主要原因之一。[140]历史学家较少关注近代疾病在灾难中的作用。这个时代的流行病学转变对疾病分类学危害谱产生了深远的影响。人口众多但卫生条件差的城市之间通过快速的交通体系而联系在一起，这为病原体的传播创造了新的可能性。[141]事实证明，这些新的疾病生态系统对大量难民来说是致命的，大大加剧了致灾机制的人道后果。

即使以19世纪的标准来看，1849年的洪水似乎也是毁灭性

43

的。诗人叶调元描述了数以百万的房屋被洪水冲走，大量贫穷的难民饿死街头，妇女被迫卖淫。在他的诗歌中，一个常见的主题就是灾后的不平等。富人逃到了安全区，而穷人只能等死；富人将同伴的尸体运到当地的山坡上埋葬，而穷人只能将尸体遗弃在洪水中；那些住在大房子里的人搬到了更高的楼层，而穷人住的底层房子变成了瓦砾废墟。[142]当武汉的居民正在经历灾害造成的不平等时，新奥尔良的居民也发现洪水期间家庭收入受到严重影响。即当城市被淹没时，富人"垂直撤离"到自家的上层，而他们贫穷的邻居则被迫从单层棚屋逃到地势更高的地方。[143]

文化史学家安德列斯·伯纳德（Andreas Bernard）将近代都市人群住在高层的愿望与电梯的发明联系在一起。在巴黎和纽约等近代城市，机械升降机（电梯）将不方便的阁楼改造成了令人向往的顶层公寓。[144]然而，在武汉和新奥尔良等易发洪水的城市，高度一直是一种优势，这表明存在不止一种形式的建筑现代化。在湖北，城市景观的文学和形象层面有明显的趋同。富有的市民在坚固的石头或泥土地基上建造大型木结构建筑，墙壁由包括砖、石、木材和竹子在内的各种材料建造。[145]那些占有资源较少的人只能使用廉价的木材或竹子建造房屋框架，并用夯实的泥土、茅草或编织的芦苇建造墙壁。洪水期间，简陋的房屋要么被洪水消融，要么被从景观中撕毁，只剩下木头框架。[146]在城市景观的文字与形象描述中，穷人居住在棚子或矮屋里，而这些建筑几乎不能提供任何防洪保障。[147]

没有什么地方比城市的江岸边更能明显地体现出字面意义上和社会意义上的分层。在这里，河商们住在吊脚楼里，即使在潮

44

图 1.2 20世纪初的武汉江岸（作者个人收藏）

湿的夏季，这些吊脚楼也会留在河面上。在低处的河岸上，穷人住在棚屋里，在那里，他们不仅要对抗善变的河道，还要对抗从吊脚楼上抛下来的污水和垃圾。[148] 一些棚屋是用城市的废弃物搭建的——诸如废弃的木板、废旧金属或任何可从城市高处收集到的东西。[149] 其他小屋是用芦苇编织而成的，这些芦苇生长在江岸和湖岸上，通常高达四五米。[150] 矗立在武汉江边的芦苇小屋俗称"鸭蛋"。[151]

在自然力面前，这些小屋几乎没有防护能力，很容易被山洪冲走，但它们的优势是便宜且可移动。这些小屋的主人可以使用最古老的技术——撤离——来应对洪水威胁。"鸭蛋"的居住者过着半游居的生活，夏天江水上涨时，他们把家搬到高地避难所。在这种小屋里居住，虽很难令人满意，但却是对危险环境的务实适应，人们能够因此在潮汐区及城市的经济边缘生存。为了

45

能在这种生活中生存下来，人们必须敏锐地适应细小的环境变化。在江边的社区都知道，当长江呈现出铜色时，就是搬家的时候了，因为上游四川红砂岩盆地一定下过了大雨。[152] 这些信号作为穷人们的自然预警系统，是帮助他们与洪水共处的湿地文化的关键组成部分。

江岸之外还有一座城市——一座漂在水面上的城市。在长江和汉水之间没有堤坝隔离，拥挤的街道和小巷延伸到江面上。许多人在漂浮的居民区工作、睡觉和吃饭。海关官员夏士德*估计，到 20 世纪，有 25 000 艘帆船往返于武汉市镇之间。"在（武汉）后方五英里的汉水两岸并排着 10 到 12 只船，这些船挨得很近，汉语用'鳞次栉比'来描述此景并非不合理。"[153] 这些船只形状各异，大小不一，从在港口附近疾驰而过的简陋舢板，到被称为花船的豪华漂浮妓院，不一而足。[154] 正如江岸街区随着水位的涨落而进退，这座漂浮的城市也是如此。当武汉被洪水淹没时，在水上生活和工作的人经常侵占江岸以外的地方；他们的舢板就变成了水上出租车和流动市场。对那些习惯了在水上生活的人而言，洪水不仅仅是灾难，还是机会。

水灾肆虐的土地

在 19 世纪后期，一波新的移民浪潮开始占据武汉江岸。根

---

* 夏士德（1890—1969）是中国旧海关英籍雇员，曾任中国海关海务部门巡江事务长。

据 1858 年的《天津条约》，英国被授予在这条江上航行的权利，并在新指定的通商口岸汉口建立定居点。许多新来的人认为，他 们在新家看到的毁灭性洪水只是当地环境的一种病态特征。地理学家欧森南声称，地貌的自然倾斜加上持续不断的降雨，一同将湖北变成了一片"水患之地"。[155] 国外观察家误认为这是由环境决定的，但实际上是水利危机的病症。清代水利基础设施的衰败在太平天国战争期间（1851—1864）进一步加剧，当时湖北经受了一波又一波的战争。这导致本已陷入衰败的水利系统完全崩溃。堤坝决口连续多年未得到修复，1856 年，清军指挥官又将汉水支流军事化，打开水闸水淹太平军。[156] 这些策略或许有助于赢得战争，却付出了巨大的人道主义代价。在太平天国政权被击败之前，大约有 2 000 万人在战争中丧生，这可能是中国历史上最具杀伤力的内战。[157] 这场战争促使中国的很多地方变成水患之地，位于黄河与淮河流域的聚落社区遭受一系列的特大洪水，洪水造成的人道灾难仅次于旱灾。[158] 通过破坏基础设施和消耗资源，战争帮助促成了一个致命的致灾机制，而且还将在下个世纪继续。

太平天国运动并不是 19 世纪中期爆发的唯一冲突，在早期，以英国为首的外国列强屡次侵犯中国主权，而远离滨海的湖北很少成为这些冲突的中心，但即使如此，湖北还是受到了这些战争的影响，特别是当汉口被指定为通商口岸时。英国高级专员詹姆斯·埃尔金（James Elgin）驾驶他的炮艇沿着长江前去侦察汉口，在阅读了对这个伟大的商业转口城市的引人入胜的描述后，他发现这是一座被太平天国战争"几乎完全摧毁"的城市，这让他非常失望。武昌要稍微好一些。尽管那里还保留着"一些引以为傲的建筑遗迹"，但大多数地区都"不幸地遭到了叛军的摧残"。[159] 在接下来的几十年里，武汉在恢复的同时，继续受到城市洪水和毁灭性的跨省洪水的困扰。1869 年至 1872 年，湖北遭遇了三次几乎全部被淹没的情况。

47

事实证明，这些洪灾十分严重，以至于管理者最终决定听从魏源等人不干预的建议，允许河流堤坝系统中的两个自然缺口维持不修复。[160] 当时洪峰向南流向洞庭湖，这缓解了荆江大堤的压力而不至于坍塌，直到 1931 年。[161] 然而，许多生活在洞庭湖周边的人对这个解决方案并不满意。人们发现了防止洪水泛滥的最有效方法之一，就是让水淹没邻居的土地。这种治水的零和属性（zero-sum）导致水利系统始终是政治冲突的根源所在，不仅引发了与邻近省份的紧张关系，还导致了激烈的村际争端。这并不罕见。在奥斯曼帝国治下的埃及，邻居们经常诉诸法庭解决灌溉渠道纠纷，而在路易斯安那州，种植园主则卷入了围绕堤坝的旷日持久的争执。[162] 湖北的纠纷大多集中在大坝和水闸建设问题上。众所周知，这些纠纷会引发整个地区的暴力冲突，而这种冲突可能会持续数十年。在某些情况下，官方会派兵拆除非法修建的水坝，以平息民众骚乱。[163]

在此期间，通商口岸汉口的英国人生活在诸多无法保障水上安全的社区。为此他们在长江边建了一个独立的租界，以避开他们认为本土城市带来的不安全感。在最初的几十年里，这一考量未能符合他们的远大期望。在 19 世纪 80 年代，阿奇博尔德·利特尔来过这里，他注意到这个地方"毫无生气、令人沮丧"，很像"淡季的海边水乡"。[164] 1895 年，随着《马关条约》的签署，情况发生了戏剧性的变化。法国、德国、俄国和日本都可以依据条约建立自己的租界。最终，这些租界连成一片，在租界的前面是一条被称为外滩的江岸。实际上，这片外滩阻止了江水上涨至租界，也让租界占据了成为码头和仓库的便利位置。外滩也允许这些外国人在这座城市打上他们的印记。[165] 抵达武汉的游客在修剪整齐的花园和林荫大道后面，看到了雄伟壮观的领事馆和银行组成的天际线。外滩是汉口英国租界创建神话的中心，他们想象着自己在一座充满异国情调的城市边缘，在一片疟疾肆虐的沼泽中挣扎着维持一小片稳定和文明。[166] 这与英国人喜欢讲述的上海租界的故事惊人相似，故事中的天才外国工程师被描绘成令中国的一片水乡荒原变得开化的形象。虽然这种说法在上海歪曲了事实，但在汉口却似乎完全合适。[167] 江岸地区几个世纪以来就有人居住，外滩就建在湖北人几千年来一直使用的避水台地上。[168]

48

外滩对武汉水利安全的贡献微乎其微。洪水一般不是从河流涌入市区，而是从湖泊和湿地由西北流入。每年夏天，湖泊、湿地中就积满了大量积水，在多雨年份，积水流到城市街道上。从 1887 年到 1889 年，湿地中的积水就三次造访了武汉，最终促使当地政府采取果断行动。[169] 当时担任湖北巡抚的是清朝著名政治家张之洞，他下令修筑了一套大型堤坝系统来护卫这座城市。[170] 虽然武汉将继续遭受内涝，但这些城市防洪设施也确实为防御大洪水提供了几十年的喘息机会。1931 年洪水过后，传教士欧文·查普曼（H. Owen Chapman）观察后发现，武汉的防御工事修建得如此之好，以至于许多市民似乎已经忘记了他们生活在类似荷兰的水文条件下，他们生活的地平面比江水的平均水位低数英尺，比长江夏季最高水位低 12 英尺。[171]

防洪设施让人们产生一种错误的安全感。很快，人们开始在湿地中间建造一座旱地城市。使用木材和芦苇等材料，在洪水过后容易修复的乡土建筑，如今却被用砖瓦、石头为材料的僵硬建筑所取代。这些新的建筑材料让武汉披上了现代化的外衣。在城市周围，砖砌的购物中心、银行和公寓如雨后春笋般地涌现，很快就让曾经占据天际线的木制吊脚楼和行会寺庙相形见绌。武汉的砖瓦化是定居的终极表现——一种持久的建筑，它是由一种对自身保持干燥的能力充满信心的文化所创造的。新堤坝阻止了武汉北部在夏季几个月的时间里成为一个巨大湖泊，而武汉的湿地化却越来越显著。到 20 世纪 20 年代，它形成了如图 1.3 所示的大都市。新土地为建设新形式的城市空间创造了条件，例如商人刘歆生在城市北部建造的大型私家花园，市政府后来将其改造成中山公园。[172] 外国人把这片沼泽地变成了闲适的精英们的游乐场，配有赛马场、高尔夫球场和游泳池。[173] 在这个新开垦的地区，最重要的发展无疑是连接汉口和北京的铁路线。路堤将火车抬高到平原之上，同时也起到了抵御洪水的又一屏障作用。[174]

城市的扩张对当地环境产生了巨大影响。1910 年，一位名叫布赖恩（E. G. Bryrne）的外国猎人描述了这座近代城市产生的生态阴影，是如何导致周边内陆地区的野生动物减少的。尽管新的堤坝阻止了夏季的洪水，但他也指出：

　　……这带来大量草地的开垦，但也制约了狩猎场地。在法国领事馆附近（现在是定居点的中心）或汉口的城墙周围，人们已经没法有太大的狩猎收获。在更远的地方，铁路仓库、石油设施和工厂占据了曾经针尾鸭出没的区域……不幸的是，人们已不能对汉口附近的狩猎抱有任何希望。[175]

　　这些石油设施和工厂是 19 世纪 90 年代席卷武汉的工业化浪潮的一部分。而张之洞再次扮演了主要角色，促成了这一巨变。虽然武汉已经有了一些小规模的外国企业，最著名的是俄国的砖茶厂，但是清政府资助的钢铁厂和汉阳兵工厂开启了武汉的城市产业转型。[176]工厂的烟囱很快在城市中拔地而起。它们生产从火柴、香烟到机械零件和鸡蛋粉的各种产品。[177]这些新的工业产品与其他各类产品一起出售，包括当地农产品，如大米、芝麻、烟草和糖；还有来自上游省份更奇特的物品，如药用植物、皮毛、麝香和鸦片；以及外国进口商品，如煤油、石油和碾磨面粉。[178]如果上海是东方的巴黎，那汉口就是东方的芝加哥——一个有着繁荣码头的港口城市，在这里，人和产品从未停止流动。[179]

　　随着混凝土和钢铁取代夯实的泥土和石头，工业化最终将彻底改变人类与河流的关系。国民党领导人孙中山对中国如何利用这些新材料来开发水力有一个清晰的愿景。20 世纪 10 年代后期，他颁布了一项计划，通过在长江上筑坝来防洪和发电。[180]尽管这些雄心勃勃的设想最终在一个世纪后实现了，但在当时，这显然是不切实际的。当政治家们梦想着在河流上筑坝时，他们却无力维护从他们的王朝前辈那里继承下来的简单夯实的土堤。

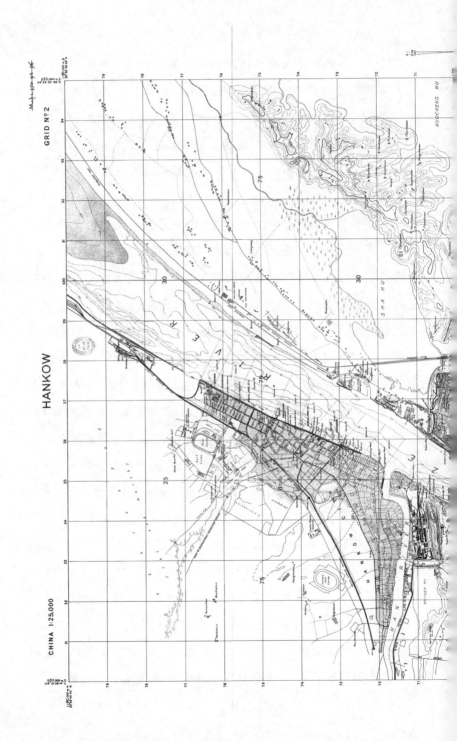

HANKOW

GRID Nº 2

CHINA 1:25,000

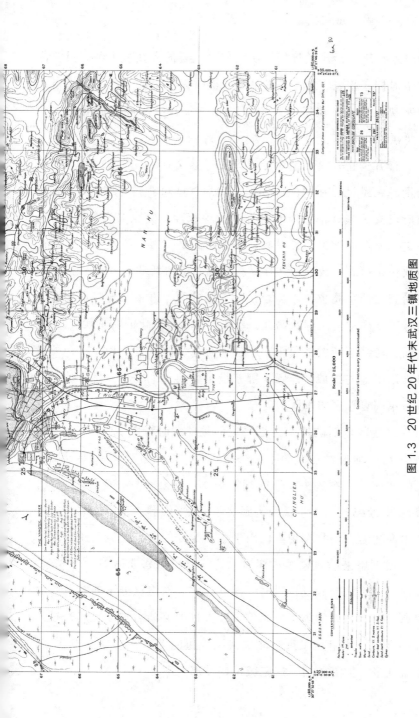

图 1.3　20 世纪 20 年代末武汉三镇地质图

英国陆军部：《汉口地质图》，1946〔1927〕。剑桥大学图书馆供图

1910 年，汉江沿岸的堤坝溃决，成千上万的人在整个冬天只能住在临时棚子里。[181]清王朝在第二年即灭亡了，这也没有给当地带来喘息机会。民国的开始却以 1912 年长江和淮河流域发生的严重洪水为标志。[182]

52　官方禁止开垦土地命令的失效，引发了人们对湿地的新一轮开垦。农民只要在河流和湖岸边定居，即可获得产权。[183]北洋政府设立的农林部被当时的许多批评家斥为完全是在装腔作势。历史学家邓拓评论说，具有讽刺意味的是，当其他地方的森林正被砍伐殆尽时，政客们却在举行特别的植树活动。[184]民国初年，统治湖北的军阀也并不完全是一无是处的。萧耀南曾对水利系统进行了一次意义深远的调查，旨在解决日益恶化的防洪状况。[185]然而，持续不断的战争阻止了任何有意义的恢复。1921 年，吴佩孚展示了他的权威，炸毁了鄂东最重要的一个堤坝，目的是淹死敌对军阀夏斗寅的军队。[186]

比这些个别破坏行为更严重的是"战时经济"（economics of war）给当地环境造成的不可持续负担，这是爱德华·麦考德所说的"掠夺性军阀主义"的特征之一，这是一种寄生治理模式，曾在 20 世纪一二十年代为害湖北。[187]军阀们为了筹得军费，以及中饱私囊，经常挪用专门用于水利维修的资金。他们还砍伐种在堤坝上用来防止侵蚀的树木，这样就可以售卖木材。[188]1927年国民党军队向武汉推进时，湖北的水利网络已处于非常危险的状态，湖北各地的堤坝开始倒塌。大量的劳动力被动员起来投入抗洪之中，才阻止了洪水冲破武汉周边的堤坝。[189]这一次，灾难避免了。但五年后，这座城市就没那么幸运了。

经受风暴

1931 年的洪水并非孤立事件。在 20 世纪 20 年代末 30 年代初，世界各地经历了一系列由天气引起的灾难。1928 年至 1930 年，卢旺达东部干旱，导致多达 4 万人死亡。[190] 大致在同一时间段，一场严重的干旱袭击了中国北方地区，造成 1 000 万人死亡。[191] 1930 年，法属印度支那（French Indochina）*陷入了一场由干旱引起的饥荒，而越南的饥荒尤其致命。美国南部大平原的干旱诱发了沙尘暴，这是那个陷入困境的时代最具标志性的现象之一。[192] 与此同时，在苏联，1932 年至 1933 年，干旱和农作物病害导致了可怕的人道灾难，乌克兰可能有多达 600 万人丧生。

气候在这些灾害中所起的作用仍然既令人困惑又充满争议。对于 18 世纪 70 年代和 19 世纪 80 年代，我们可以很自信地追踪灾害与厄尔尼诺事件之间的联系，而对于 20 世纪二三十年代，灾害与气候之间的联系还是呈现为复杂而零碎的状态。尽管一些气候学家在 1928 年至 1933 年间发现了厄尔尼诺和拉尼娜事件的交替序列，但这并不是一个连贯的厄尔尼诺南方涛动活动时期。[193] 即使有可能一定程度上精准地重建这一时期的气候历史，我们在确定气候异常与人道主义灾难之间的因果联系时，仍需谨慎行事。历史学家经常被厄尔尼诺南方涛动所吸引，这为灾害提供了一个简洁的解释，但同时也将灾害与一种具有独特名人地位的气

---

* 法属印度支那是法兰西殖民地在东南亚的一部分，实行联邦制，其组成包括今越南、老挝和柬埔寨三国，兼领从清政府手上获得的广州湾租界。

候过程捆绑在一起。

更重要的是，上述灾害没有一次纯属自然灾害。干旱可能摧毁了卢旺达和越南的粮食收成，但随后的饥荒是由比利时和法国的殖民政策造成的，这些政策本身也受到了大萧条（Great Depression）时期整体经济不景气的影响。[194] 同样，干旱导致中国北方的农作物死亡，而自相残杀的战争导致数百万人挨饿，更广泛的系统性衰退过程——与本章详细描述的过程类似——使他们长期处于脆弱状态。[195] 导致苏联陷入饥荒的不仅仅是干旱和小麦锈病，还有斯大林式的农业集体化。[196] 最后，尽管严重的水资源短缺可能助长了沙尘暴，但美国农民遭受的灾难是由数十年不可持续的农业扩张所导致的。[197] 在每个案例中，气候都是灾害的直接原因，但不是唯一的决定因素。1931 年的华中水灾也是如此。

1930 年的寒冬导致长江上游地区积雪严重，这可能是受到了当年厄尔尼诺事件的影响。[198] 同样，1931 年全年的暴雨可能是由拉尼娜事件造成的。[199] 无论是什么气候原因，总之我们知道 1931 年非常潮湿。年初，融化的冰雪从西藏顺流而下，与一场大雨同时到达长江中游。通常中游地区会一年内经历三波高水位，分别在春季、夏季和秋季，但 1931 年只有一次持续性的洪水。在 6 月，那些住在低洼地带的人已经被迫背井离乡。[200] 该区域平均一年中可能会经历两次气旋风暴，但在 1931 年，仅 7 月份就发生了七次。[201] 流经长江的水量很快就达到了自 19 世纪中期有记录以来的最高水位。[202] 湖北的河道难以通过人为控制的渠道排出如此巨量的水。已显病态的防洪系统也无法承受极端的水压力。进入初夏，荆江大堤发生六十年来的首次决堤。从多处决口的江水继续危及江汉平原 90% 的堤坝。[203] 尽管如此,降雨还是没有停歇。它持续了整个夏天,在初秋的另一系列风暴中达到顶峰。狂风席卷了被淹没的地表,将洪水卷成了一系列毁灭性的巨浪。[204] 直到中秋,洪水才开始退去,但即便如此,仍有大片土地被淹没,原本为挡水而开辟成的垸田现在变成了水库。

如果不是大自然,这场洪水是不会发生的。然而,这场降雨"改变"了这片几千年来被人类活动所改变而形成的景观。雨水降落后流过裸露的山坡和开垦的湿地,流入渠道化的河流。雨水的力量被人们为保持干燥而建造的水利工程所放大。动植物被驯化出了抵抗力,并被安置在容易被洪水淹没的地区,农民们创造了一个依赖可预测气象的生存系统,同时又生活在不可预测的天空下。农业、城市化和贸易滋生了疾病,这些疾病在洪水期间上升到了流行的程度。所有这些动态相互作用的累积效应构建了一个致命的致灾机制。早在开始下雨之前,灾害的所有要素就已经就位了。

注释

[1]怀特:《自然灾害》(*Natural Hazards*),第 3 页。

[2]学会适应洪水并从洪水中受益的例子还包括:密西西比河下游的前殖民文化和莫桑比克赞比西河上的洪水消退农学家。参见莫里斯(Christopher Morris)《大沼泽》(*Big Muddy*)、艾伦·F. 艾萨克曼(Allen F. Isaacman)和芭芭拉·S. 艾萨克曼(Barbara S. Isaacman)《大坝、流离失所与发展的错觉》(*Dams, Displacement, and the Delusion of Development*)。

[3]米奇·戈斯林克:《湿地》(*Wetland*),第 4 页。

[4]威廉·克罗农(William Cronon)正确地批评了环境史学家偏爱悲剧叙事的倾向,他们描绘人类对自然造成无法弥补的损害。参见克罗农《故事之地》('A Place for Stories')。

[5]傅罗文(Rowan K. Flad)、陈伯桢(Pochan Chen):《古代中国内陆》(*Ancient*

Central China），第 19 页。

［6］霍奇斯（K. V. Hodges）：《两个角度的喜马拉雅与西藏南部构造》（'Tectonics of the Himalaya and southern Tibet from two perspectives'）。

［7］傅罗文、陈伯桢：《古代中国内陆》，第 19 页。

［8］德尔·莫拉尔、沃克：《环境灾难、自然恢复与人类应对》，第 116 页。

［9］范力沛（Lyman P. Van Slyke）：《扬子江》（*Yangtze*），第 9—10、30—31 页。

［10］傅罗文、陈伯桢：《古代中国内陆》，第 27—28 页。

［11］怀特：《人类对洪水的适应》（*Human Adjustment to Floods*），第 36 页。河流或溪流有基本流量，基本流量是源自地下水的流量，不包括降水和融雪的径流。还有一个平滩流量，指溪流在不超过堤岸的情况下流动的水位。一条河流的平均流量将介于基本流量和平滩流量之间。参见瑞斯《一线希望》，第 108 页。

［12］殷鸿福、刘广润等：《论长江中游河湖关系》（'On the River-Lake Relationship of the Middle Yangtze Reaches'）；另见罗威廉《治水与清政府决策程序：樊口大坝之争》。

［13］李惠林（Li Hui-lin）：《中国本土植物》（'The Domestication of Plants in China: Ecogeographical Considerations'），第 40 页。

［14］杰默（Marco Gemmer）等：《长江流域汛期降水季节变化及其对水旱灾害的影响》（'Seasonal Precipitation Changes in the West Season and their Influence on Flood/Drought Hazards in the Yangtze River Basin, China'）；张家炎：《应对灾难》，第 30 页。

［15］欧森南（E. L. Oxenham）：《长江洪水》（'On the Inundations of the Yang-tse-Kiang'）；王建柱等：《陆地对长江中游水生食物网的贡献》（'Terrestrial Contributions to the Aquatic Food Web in the Middle Yangtze River'），第 2 页。

［16］于世永、朱诚、王富葆：《中国长江下游地区宁镇山全新世洪水沉积物的放射性碳约束》（'Radiocarbon Constraints on the Holocene Flood Deposits of the Ning-Zhen Mountains, Lower Yangtze River area of China'）。

［17］殷鸿福、刘广润等：《论长江中游河湖关系》。

［18］阿特韦尔（William S. Atwell）：《东亚与世界历史中的火山活动与短期气候变化 1200—1699》（'Volcanism and Short-Term Climatic Change in East Asian and World History, c. 1200—1699'）。

［19］厄尔尼诺南方涛动和长江洪水之间的确切遥相关仍然是一个有争议的问题。一些人认为，在厄尔尼诺期间，西北太平洋副热带高压增强了夏季东亚季风，给长江流域带来了比常年更多的降水。见余凤玲、陈中原、任宪友《长江历史洪水分析》（'Analysis of Historical Floods on the Yangtze River, China'），第 210 页。另见张强等《ENSO 对中国长江年最大径流量的可能影响》（'Possible influence of ENSO on Annual Maximum Streamflow of the Yangtze River, China'）；江彤、张强等《长江水旱灾害（中国）及其与 ENSO 活动的遥相关（1470—2003）》（'Yangtze Floods and Droughts (China) and Teleconnections with ENSO Activities (1470-2003)'）；高夫（W. A. Gough）等《长江中游洪水变化及其与

厄尔尼诺事件的遥相关》（'The Variation of Floods in the Middle Reaches of the Yangtze River and Its Teleconnection with El Niño Events'）。

[20] 各种生态模型被用来描述洪水期间河流与平原之间的动态相互作用。包括河流连续体概念（river continuum concept）、洪水脉冲概念（flood pulse concept）和河流生产力概念（river productivity concept）。参见阿尔辛顿（Angela H. Arthington）《环境流动》（Environmental Flows），第50—52页。最近的证据表明，长江中游的河流生态更符合洪水脉冲概念，因为养分的横向转移比河流连续体概念中强调的源头转移更重要。参见王建柱等《陆地对长江中游水生食物网的贡献》。

[21] 瑞斯：《一线希望》，第120页。另请参见米德尔顿（Beth A. Middleton）《湿地的洪水脉冲》（Flood Pulsing in Wetlands）。

[22] 殷鸿福、刘广润等：《论长江中游河湖关系》。

[23] 特维：《见证灭绝》（Witness to Extinction）。

[24] 吕烈丹（Tracey Lie Dan Lu）：《从牧业到农耕的转变以及中国农业的起源》（The Transition from Fraging to Farming and the Origin of Agriculture in China），第75—82页；李惠林：《中国本土植物》；特维：《见证灭绝》。

[25] 克里斯蒂安（David Christian）：《时间地图》（Maps of Time），第238页。

[26] 斯塔克编（Miriam T. Stark）：《亚洲考古学》（Archeology of Asia），第83—84页。关于水稻起源于东南亚的理论现在已经被基因证据证明是错误的。参见安德森（E. N. Anderson）《早期及中古中国的食物与环境》（Food and Environment, in Early and Medieval China），第39页。

[27] 凯尔曼（Margaret Kelleher）、塔克伯里（Rosanne Tackaberry）：《热带环境》（Tropical Environments），第232页。

[28] 于世永、朱诚、王富葆：《中国长江下游地区宁镇山全新世洪水沉积物的放射性碳约束》。

[29] 关于洪水脉冲期间的养分流动，见德尔·莫拉尔、沃克《环境灾难、自然恢复与人类应对》，第100、115页。

[30] 瑟布贾纳森（John Thorbjarnarson）、王小明：《扬子鳄》（Chinese Alligator），第144页。为了增强肥力，农民将允许田地休耕一年，然后烧掉杂草和植被，留下一层肥沃的草木灰，最后用水淹没田地。参见陆威仪（Mark Edward Lewis）：《早期中华帝国：秦与汉》（The Early Chinese Empires），第106页。

[31] 关于野生稻和驯化稻的区别参见斯塔克《亚洲考古学》第78页。人类通过重新种植特定的种子来改变驯化谷物性质。例如，人们倾向于采集和重新种植那些更密集的种子。参见克里斯蒂安《时间地图》，第217页。

[32] 克里斯蒂安：《时间地图》，第223页。

[33] 张德兹（T. T. Chang）：《栽培稻的驯化与传播》（'Domestication and Spread of Cultivated Rices'）；马立博：《中国环境史》（China: Its Environment and History），第86页。

[34] 莫里斯：《大沼泽》，第121页。

［35］克里斯蒂安：《时间地图》，第 235 页。

［36］马立博：《中国环境史》，第 26 页。

［37］高燕：《水政变迁》（*Transformation of the Water Regime*），第 59 页。关于 19 世纪的描述，参见布莱基斯顿（Thomas Blakiston）《在长江上的五个月》（*Five Months on the Yang-Tsze*），第 65—66 页。

［38］莫里斯：《大沼泽》，第 20 页；威斯勒等：《置身险境》，第 136 页。

［39］转引自欧森南：《汉阳与汉口史》（'History of Han Yang and Hankow'），第 367 页；马立博：《中国环境史》。

［40］吕烈丹：《从牧业到农耕的转变以及中国农业的起源》；特维：《见证灭绝》。

［41］伊懋可：《大象的撤退》（*Retreat of the Elephants*）。

［42］马立博：《中国环境史》。

［43］李惠林：《中国本土植物》；戈尔曼（Hugh S. Gorman）：《氮的故事》（*Story of N*），第 37 页。

［44］马立博：《中国环境史》，第 116、136—137 页。

［45］关于驯化，参见克里斯蒂安《时间地图》，第 216—217 页。

［46］斯米尔（Vaclav Smil）：《中国的过去，中国的未来》（*China's Past, China's Future*），第 29—30 页。

［47］班步夫：《海滩上的尸体》（'Bodies on the Beach'）。

［48］马立博：《中国环境史》，第 116、130 页；韦伯（James L. A. Webb）：《人类的负担》（*Humanity's Burden*），第 42—43 页。

［49］血吸虫在人类和其他哺乳动物的肠道产卵，虫卵沉积在粪便中，变成感染钉螺的幼虫。成熟的幼虫留在钉螺的黏液中，钻进哺乳动物的皮肤，然后到肠道产卵，开始新的生命周期。高敏（Miriam Gross）：《永别了，瘟神》（*Farewell to the God of Plague*），第 3—4 页；马立博：《中国环境史》；伊懋可：《三千年不可持续增长》（'Three Thousand Years of Unsustainable Growth'）。

［50］陆威仪：《分裂的帝国：南北朝》（*China between Empires*），第 13 页。

［51］兰德：《古代中国的河堤治理》（'State Management of River Dikes in Early China'）。

［52］例如 12000 年前，密苏里湖发生了一起冰坝决口事件。参见德尔·莫拉尔和沃克《环境灾难、自然恢复与人类应对》，第 24 页。

［53］德尔·莫拉尔、沃克：《环境灾难、自然恢复与人类应对》，第 115 页。

［54］有关疏浚河道预防灾害的经典论述，见邓拓《中国救荒史》，第 386—388 页。

［55］伊懋可：《三千年不可持续增长》；另见纽威尔（Barry Newell）、瓦森（Robert Wasson）：《社会体系对太阳系》（'Social System vs Solar System'）。

［56］兰德：《古代中国的河堤治理》。

［57］荆江大堤是一座历史上被称为万城堤的建筑物的现代名称。用于描述水利建筑的英语术语中，存在着地区差异。英国人称"堤坝"dykes，美国人称之为 dikes 或 levees。在这里，我将圩堤（polder dykes）与河堤（river dykes）区别开来，与中文描述保持一致，这两个词中都有"堤"。单词"dadi"字面意思是"大堤"，我翻译为河堤（river dyke），否则就可能被翻译成堤防

（embankment），而堤防在本书中只作为特定术语，指有围栏的铁路路基（embanked railways），令人困惑的是，有围栏的铁路路基有时也被用作堤坝（dykes）。

[58] 菲利普·鲍尔（Philip Ball）:《水王国》（*Water Kingdom*），第 180 页。

[59] 魏丕信:《国家干预》，第 300 页。

[60] 穆盛博:《战争生态学》。

[61] 布鲁克斯（Andrew Brookes）:《渠化的河流》（*Channelized Rivers*）。渠化与运河化不可混为一谈，运河化不是为了防洪，而是为了把河流变成通航水道，就像人工运河一样。湖北的许多河流都被渠化和运河化了。

[62] 殷鸿福、刘广润等:《论长江中游河湖关系》。

[63] 濮德培:《耗尽土地》。

[64] 张先锋等:《长江豚或白鳍豚：中国长江的种群状况和保护问题》（'The Yangtze River Dolphin or Baiji'）。这些生物曾分布于宜昌至长三角洲的长江水域。

[65] 特维:《见证灭绝》。

[66] 约翰·麦克尼尔:《世界视角中的中国环境史》（'China's Environmental History in World Perspective'）。

[67] 夏士德（G. R. G Worcester）:《长江的帆船与舢板》（*Junks and Sampans of the Yangtze*），第 18、145—158 页。

[68] 何瞻（James M. Hargett）:《乘河而归》（*Riding the River Home*），第 147 页。

[69] 克劳福德（Dorothy H. Crawford）:《致命的伴侣》（*Deadly Companions*）；伊懋可:《三千年不可持续增长》。

[70] 马立博:《中国环境史》，第 130 页。

[71] 沃森:《大运河、大江：十二世纪中国诗人的旅行日记》，第 124—135 页。

[72] 伊懋可:《三千年不可持续增长》，第 25—27 页。

[73] 转引自何瞻:《乘河而归》，第 146 页。

[74] 沃森:《大运河、大江：十二世纪中国诗人的旅行日记》，第 147 页。

[75] 魏丕信:《中国水利周期》，第 261—288 页。濮德培在邻近的湖南洞庭湖地区也证实了类似的模式。参见濮德培《耗尽土地》。

[76] 伊懋可:《三千年不可持续增长》。

[77] 参见余凤玲、陈中原、任宪友:《长江历史洪水分析》。

[78] 魏丕信:《国家干预》。

[79] 高燕:《水政变迁》；濮德培:《耗尽土地》；张家炎:《环境、市场与农民选择》（'Environment, Market, and Peasant Choice'）。

[80] 高燕:《水政变迁》。

[81] 伊懋可:《中国的过去模式》（*Pattern of the Chinese Past*），第 126—127 页。

[82] 魏丕信:《国家干预》，第 307—308 页。

[83] 刘翠溶指出，公元 1470—1520 年是特别寒冷期，参见刘翠溶《气候变化回顾》（'A Retrospect of Climate Change'）；卜正民（Timothy Brook）指出，在小冰期转变过程中，中国经历了九次气候恶劣期，可谓"九重深渊"，参见卜正民

《挣扎的帝国》(*Troubled Empire*)，第 6—24 页。

[84] 迪雷：《新中国伟大的建筑事业——荆江分洪工程》；张家炎：《应对灾难》，第 101 页。

[85] 罗威廉：《汉口：一个中国城市的商业与社会（1796—1889）》；罗威廉：《汉口：一个中国城市的冲突与社区（1796—1895）》。

[86] 殷鸿福、刘广润等：《论长江中游河湖关系》；魏丕信：《中国水利周期》。

[87] 在大多数情况下，水闸被堵住是为了便于垦殖者开辟新的土地，但也有一些是出于风水原因被故意封住的，因为官员们希望防止帝王陵墓被洪水淹没。见魏丕信《国家干预》，第 311—313 页。

[88] 魏丕信：《中国水利周期》。

[89] 里克莱夫斯（M. C. Ricklefs）等：《东南亚新史》(*A New History of Southeast Asia*)，第 96 页。卜正民编制的一份年表列举了 15 世纪 60 年代的 5 次厄尔尼诺事件和 15 世纪 90 年代的 3 次厄尔尼诺现象，参见卜正民《九渊：元明时期气候史概述 1260—1644》('Nine Sloughs')。

[90] 欧森南：《长江洪水》，第 175 页；魏丕信：《中国水利周期》；濮德培：《耗尽土地》。

[91] 张家炎：《应对灾难》。1750 年帝国人口为 2.25 亿，到 1870 年已增至 4.2 亿。参见马立博《中国环境史》，第 170 页。

[92] 奥斯本（Ann Ostorne）：《高地与低地》('Highlands and Lowlands')。尽管从 18 世纪的帝国后期开始剧增的森林砍伐是迄今为止最激烈的，但在中国历史上已经发生过几次大规模的森林砍伐浪潮。森林的流失在公元第一个千年开始产生明显的影响，在公元第二个千年开始时迅速加剧，大约与湖北的堤坝水利体系发展演变的时间相同。这是一个气候和经济相对稳定的时期，被称为中古经济革命。参见伊懋可《大象的撤退》。在近代早期，中国并不是唯一一个砍伐森林资源的国家，参见理查兹（John F. Richards）《无尽的边疆》(*The Unending Frontier*)。

[93] 夏士德：《长江的帆船与舢板》，第 420 页。

[94] 关于砍伐森林和洪水之间的联系，水文学家之间仍然存在一些争论。支持这种联系的观点见布拉德肖（C. J. A. Bradshaw）等《发展中世界森林滥伐扩大洪水威胁的全球证据》('Global Evidence that Deforestation Amplifies Flood Risk and Severity in the Developing World')；拒绝这种简单因果关系的论点，见戴克（Van Dijk）等《依旧微弱的森林—洪水关系》('Forest-Flood Relation Still Tenuous')。像魏源这样的清代学者似乎对这种联系深信不疑。见魏源《湖广水利论》。

[95] 殷鸿福、刘广润等：《论长江中游河湖关系》。民国时期，荆江大堤进一步加长，1954 年终于延伸到监利县，总长达 182.35 公里，参见张家炎《清至民国江汉平原的水灾与堤防管理》，第 70 页。

[96] 魏源：《湖北堤防议》；魏源：《湖北水利论》。

[97] 张家炎：《应对灾难》，第 30 页。

［98］魏丕信：《国家干预》，第 342 页。

［99］格罗夫（Richard Grove）：《1789—1793 年强厄尔尼诺及其全球影响》（'The Great El Niño of 1789-93 and Its Global Consequences'）；另见格罗夫、查佩尔（John Chappell）：《厄尔尼诺——历史与危机》（El Niño—History and Crisis），第 17 页。

［100］魏源：《湖北堤防议》，第 399 页。

［101］皮大卫：《黄河》（Yellow River）；菲利普·鲍尔：《水王国》。

［102］约翰·麦克尼尔：《太阳底下的新鲜事》（Something New under the Sun），第 150 页。

［103］魏丕信：《国家干预》，第 342 页。

［104］弗米尔（Eduard B. Vermeer）：《清代边境的人口与生态》（'Population and Ecology along the Frontier in Qing China'）。

［105］《武汉市志：民政志》，第 141 页。

［106］张家炎：《环境、市场与农民选择》；张家炎：《清至民国江汉平原的水灾与堤防管理》，第 97 页。

［107］古伯察：《中华帝国纪行》（第二卷）（A. Journey Through the Chinese Empire, Vol. II），第 95—97 页。也可参阅张家炎《应对灾难》。

［108］夏士德：《长江的帆船与舢板》，第 466—467 页。

［109］外国猎人威廉·斯宾塞·珀西瓦尔（William Spencer Percival）说，冬天的几个月里，水鸟会成群结队地出现在这条河上。斯宾塞·珀西瓦尔：《龙之地》（Land of the Dragon），第 76 页。另见布莱基斯顿《在长江上的五个月》，第 98 页。

［110］布莱基斯顿：《在长江上的五个月》，第 61、73、119 页。关于它们后来的灭绝，参见特维《见证灭绝》。

［111］王建柱等：《陆地对长江中游水生食物网的贡献》；罗威廉：《治水与清政府决策程序：樊口大坝之争》。

［112］水野幸吉：《汉口》，第 139—140 页。

［113］夏士德：《长江的帆船与舢板》，第 136 页。

［114］余恩思（Bernard Upward）：《汉人》（The Sons of Han），第 56 页；布莱基斯顿：《在长江上的五个月》，第 137 页；夏士德：《长江的帆船与舢板》，第 138 页。

［115］《国际水产展览会中国馆藏展品特别目录》（Special Catalogue of the Chinese Collection of Exhibits for the International Fisheries Exhibition），第 46 页；劳弗（Berthold Laufer）：《中国日本鸬鹚的驯化》（The Domestication of the Cormorant in China and Japan）。有关湖北鸬鹚捕鱼的描述，参见高葆真（William Arthur Cornaby）《一串中国核桃》（A String of Chinese Peach-Stones），第 4—5 页。

［116］《国际水产展览会中国馆藏展品特别目录》，第 6 页。

［117］关于捕鱼季节参见水野幸吉《汉口》，以及张家炎《应对灾难》。

［118］罗威廉：《治水与清政府决策程序：樊口大坝之争》。

[119] 张家炎：《应对灾难》；罗威廉：《治水与清政府决策程序：樊口大坝之争》。

[120] 韦德（Henling Thomas Wade）：《探险长江流域》（*With Boat and Gun in the Yangtze Valley*），第 19、24、29 页；库姆（Ayean Kum）：《中国射击和诱捕狩猎的一些方法》（'Some Chinese Methods of Shooting and Trapping Game'）；杰尼根（Thomas Jernigan）：《中国狩猎》（*Shooting in China*），第 212 页；夏士德：《长江的帆船与舢板》，第 48 页。

[121] 有关水鸟的描述，参见利特尔（Archibold Little）《穿越长江三峡》（*Through the Yang-tse Gorges*），第 22 页；布莱基斯顿《在长江上的五个月》，第 93 页。

[122] 水野幸吉：《汉口》，第 141 页。

[123] 扎曼（Mohammed Q. Zaman）：《生命之河》（*Rivers of Life*）。

[124] 德尔·莫拉尔、沃克：《环境灾难、自然恢复与人类应对》，第 130 页。

[125] 罗汉：《民初汉口竹枝词》，第 8 页。

[126] 张家炎：《应对灾难》。

[127] 皮明麻主编：《武汉通史：民国卷（上）》，第 222 页。这样的说法很可能是杜撰的，说的是一种文化习语，在这种习语中，无法生育后代被认为是一种非常可悲的命运。然而，严重的营养不良加上血吸虫病等地方病的影响，可能会导致生育率急剧下降。奥·格拉达：《饥荒》，第 108 页；高敏：《永别了，瘟神》。

[128] 利特尔：《穿越长江三峡》，第 53 页。

[129] 在一些地区，土地的高度与其价值存在直接对应关系。张家炎：《应对灾难》，第 153 页。

[130] 威斯勒等：《置身险境》，第 136 页。

[131] 高敏：《永别了，瘟神》，第 17 页。

[132] 皮明麻主编：《武汉通史：民国卷（上）》，第 220—223 页。

[133] 欧森南：《汉阳与汉口史》，第 175 页。

[134] 关于红河流域的气候请参阅布莱尔（Danny Blair）和兰尼（W. F. Rannie）《涉水到彭比纳》（'Wading to Pembina'），新奥尔良洪水参见莫里斯《大沼泽》。

[135] 欧森南：《长江洪水》，第 175 页。

[136] 关于霍乱的传统中医观念，参见罗芙芸（Ruth Rogaski）《卫生的现代性》（*Hygienic Modernity*），第 96 页。

[137] 比如 19 世纪 90 年代，J. C. 汤普森（J. C. Thompson）发表了一篇文章，称"霍乱在中国自古以来就为人所知"，并指出其早在 2000 年前就被文献记载。引文载于《中华医学杂志》，1927 年 7 月（*The China Medical Journal XLI*, no. 7, July 1927）。

[138] 麦克弗森（Kerrie MacPherson）：《中国的霍乱》（'Cholera in China, 1820—1930'）；马立博：《中国环境史》，第 227 页。

[139] 李明珠：《华北的饥荒》，第 264 页。

[140] 奥·格拉达：《食人有错》（*Eating People Is Wrong*），第 145 页。

[141] 克劳福德：《致命的伴侣》；哈里森（Mark Harrison）：《疾病与现代世界》

（*Disease and the Modern World*）。

[142] 叶调元：《汉口竹枝词校注》。这场灾难过后没有喘息之机，洪水退去后，太平军又来了。见罗威廉《汉口：一个中国城市的冲突与社区（1796—1895）》。

[143] 莫里斯：《大沼泽》，第 71、106—107 页。

[144] 伯纳德（Andreas Bernard）：《升降机：电梯的文化史》（*Lifted: A Cultural History of the Elevator*）。

[145] 克纳普（Renald G. Knapp）：《中国的老民居》（*China's Old Dwellings*），第79 页。

[146] 同上；卜凯：《中国农家经济》（*Chinese Farm Economy*），第 401 页；余恩思：《汉人》，第 73 页。

[147] 谢倩茂：《1931 年汉口大水记》，第 141 页。

[148] 伯德：《长江流域及其以外地区》，第 67 页。

[149] 黎霞：《负荷人生：民国时期武汉码头工人研究》。

[150] 伦斯勒（Catharina Van Rensselaer）：《历史搜集的遗产》（*A Legacy of Historical Gleanings*），第 341 页；利特尔：《穿越长江三峡》，第 21—22 页。

[151] 黎霞：《负荷人生：民国时期武汉码头工人研究》，第 55—57 页；或参见对这一地区生活的当时描述，见介山《汉口之苦力》，《生活》，1926 年。

[152] 欧森南：《论长江洪水》，第 177 页。

[153] 夏士德：《长江的帆船与舢板》，第 354 页。

[154] 叶调元：《汉口竹枝词校注》，第 193 页。

[155] 欧森南：《长江洪水》，第 183 页。

[156] 高燕：《水政变迁》，第 244 页。

[157] 史景迁（Jonathan D. Spence）：《上帝的中国儿子》（*God's Chinese Son*，中译本译为《太平天国》或《"天国之子"和他的世俗王朝》——译者注）。

[158] 皮大卫：《工程国家》；道根（Randau A. Dodgen）：《驾驭黄龙》（*Controlling the Dragon*）；鲍尔：《水王国》。

[159] 埃尔金（Elgin）：《书信和日记》（*Letters and Journals of James, Eighth Earl of Elgin*），第 294 页。

[160] 魏丕信：《国家干预》，第 343 页。

[161] 张家炎：《应对灾难》，第 123 页。

[162] 米哈伊尔（Alan Mikhail）：《奥斯曼埃及的自然与帝国》（*Nature and Empire in Ottman Egypt*）；莫里斯：《大沼泽》，第 61—62 页。

[163] 罗威廉：《治水与清政府决策程序：樊口大坝之争》，第 353—387 页；高燕：《水政变迁》，第 279—285 页。

[164] 利特尔：《穿越长江三峡》，第 44 页。

[165] 泰勒（Jeremy E. Taylor）：《外滩》（'The Bund'）。

[166] 余恩思：《汉人》，第 34—38 页。

[167] 关于上海外侨定居的故事，参见毕可思（Robert Bickers）《帝国造就了我》（*Empire Made Me*）。关于外滩，参见毕可思《英国人在中国》（*Britain in China*），

第 141 页。

[168] 迪恩（Britten Dean）:《19 世纪 60 年代的中英外交》（'Sino-British Diplomacy in the 1860s'）。

[169] 关于这些洪水，见《武汉史志·民政志》，第 141 页。

[170] 罗威廉:《汉口：一个中国城市的冲突与社区（1796—1895）》，第 92 页。

[171] 欧文·查普曼:《中国抗洪救灾》（'Fighting Floods and Famine in China'），SOAS Archives，10/7/15。

[172] 刘思佳:《汉口中山公园百年回看》，关于刘歆生可参阅麦金农《武汉·1938》。

[173] C. S. 阿彻（C. S. Archer）对战时武汉生活的虚构描述捕捉到了这类俱乐部的气氛。阿彻:《汉口归来》（Hankow Return）。

[174] 麦金农:《武汉·1938》，第 10—11 页。

[175] 布赖恩:《长江记——汉口 1910》（'Yangtze Notes—Hankow 1910'），第 199—200 页。

[176] 皮明庥主编:《武汉通史：晚清卷（下）》，第 16 页；田子渝:《五四运动史》。

[177] 关于外国企业名单，参见袁继成《汉口租界志》；水野幸吉《汉口》，第 93—132 页；阿诺德·赖特（Arnold Wright）《20 世纪中国香港、上海和其他条约口岸印象：历史、人民、商业、工业和资源》（Twentieth Century Impressions of Hongkong, Shanghai and Other Treaty Ports of China: Their History, People, Commerce, Industries, and Resources），第 701—723 页。

[178] 夏之时（Louis Richards）:《中国坤舆详志》（Comprehensive Geography of the Chinese Empire and Dependencies），第 127 页。

[179] 对武汉这种称呼（东方芝加哥）的起源尚不清楚。水野幸吉在 1907 年使用了这个词组，见水野幸吉《汉口》，第 1 页。我找到的第一个英文参考文献是韦尔（Walter E. Weyl）《中国的芝加哥》（"The Chicago of China"），第 716—724 页。今天的武汉地方史中经常提到这种比较，如皮明庥主编《武汉通史：晚清卷（下）》，第 315 页。

[180] 孙中山:《实业计划》（The International Development of China）。

[181]《北华捷报》，1911 年 3 月 17 日。

[182] 魏丕信:《中国水利周期》，第 286 页。

[183] 魏丕信:《国家干预》，第 347 页（注释 126）。

[184] 邓拓:《中国救荒史》，第 388—393 页；陶直夫:《一九三一年大水灾中中国农村经济的破产》，《新创造》1932 年第 1 卷第 2 期。

[185] 萧耀南:《湖北堤防纪要》。

[186] 罗威廉:《红雨》（Crimson Rain），第 236 页。

[187] 麦考德:《现代中国形成过程中的军事与精英力量》，第 16—49 页。

[188] 陶直夫:《一九三一年大水灾中中国农村经济的破产》；张家炎:《应对灾难》。

[189] 托德（Oliver J. Todd）:《在华二十年》（Two Decades in China），第 51 页。

[190] 佩德森（Susan Pedersen）:《守护者》（Guardians），第 243—250 页。

[191] 燕安黛:《从自然灾难到国难》（'From Natural to National Disaster'）。关于

这场干旱与厄尔尼诺的关系，参见马立博《中国环境史》，第 254—256 页。

[192] 最近的观点将大尘暴与拉尼娜联系起来，请参看舒伯特（S. D. Schubert）等《关于 20 世纪 30 年代尘暴的原因》（'On the Cause of the 1930s Dust Bowl'）。

[193] 根据奎因（Quinn）和尼尔（Neal）的经典分析，1930 年和 1931 年分别发生了中度和强烈的厄尔尼诺事件。见奎因、尼尔《厄尔尼诺事件的历史记录》（'The Historical Record of El Niño Events'）。迪亚兹（Diaz）和基拉迪斯（Kiladis）认为 1928 年和 1931 年是拉尼娜年，1930 年和 1932 年是厄尔尼诺年。参见迪亚兹、基拉迪斯《与南方涛动极端阶段有关的大气遥相关》（'Atmospheric Teleconnections Associated with the Extreme Phase of the Southern Oscillation'），第 18 页。www.el-nino.com 网站提供的合并数据集可以支持这种交替说法（2015 年 10 月 7 日访问）。

[194] 关于卢旺达的情况，见佩德森《守护者》，第 243—250 页；关于越南的情况，见斯科特（James C. Scott）《农民的道义经济学》（The Moral Economy of Peasants），第 128 页。

[195] 冲突在引发华北这场饥荒方面发挥了如此重要的作用，以至于一些外国援助机构认为不应该提供救济，因为提供食物会阻止交战各方达成政治解决方案。参见黎安友（Andrew James Nathan）《中国华洋义赈救灾总会史》（A History of the China International Famine Relief Commission）。

[196] 环境在多大程度上促成了苏联的饥荒，仍然存在很大争议。有关争论的要点，参见惠特克罗夫特《解释苏联饥荒》。

[197] 关于美国南部平原的环境史，可参阅唐纳德·沃斯特的《尘暴》。

[198] 关于 1930 年寒冬，参见巴雷特《红漆门》，第 265 页。关于 1930 年厄尔尼诺现象，参见迪亚兹、基拉迪斯《与南方涛动极端阶段有关的大气遥相关》，第 18 页；www.el-ineo.com（2015 年 10 月 7 日访问）。

[199] 迪亚兹、基拉迪斯《与南方涛动极端阶段有关的大气遥相关》，第 18 页；www.el-ineo.com（2015 年 10 月 7 日访问）。

[200] RNFRC，第 1 页。

[201] 卜凯：《中华民国廿年水灾区域之经济调查》，第 8 页。

[202] 斯特罗贝（George Stroebe）：《洪灾救济的普遍问题》（'The General Problem of Relief from Floods'）。

[203] 张家炎：《应对灾难》，第 123 页。

[204] F. G. 昂利：《书信节选》，SOAS Archives，10/7/15。

第二章

洪水脉冲

紊乱（Disturbances）是自相矛盾的。我们所看到和害怕的是　　56
它们的破坏力，但这些相同的紊乱也有助于创造和维持有益于生
态系统和我们自身的生物多样性。

　　　　　　　　　　　　　　　　　　　　　塞斯·瑞斯[1]

　　到 1931 年 8 月，一个巨大的洪泛湖淹没了湖北的大部分地
区。在城市，混合了动物尸体、化工品和人类排泄物的有毒污染
水流漫过街道。城市以外的情况则有所不同。武汉北部的平原被
一大片清澈的绿水淹没，树梢和屋顶露出水面。成群的小鱼在这
个水下陆地世界的遗迹之间游来游去，寻找平时难以接近的猎
物，绿色的水蛇在湖面上游动。[2] 对于耐水物种来说，此次洪
水的规模超乎寻常，但并不是一场灾难。数以百万计的生物被洪
水从河床和平原上卷走，埋在厚厚的沉积物中，因缺氧而死。然
而，对于那些侥幸逃过一劫或适应了环境而幸存下来的人来说，
顺应河流水位的变化是有显著好处的。

　　被洪水脉冲（flood pulses）杀死的生物与其他形式的生物质
（biomass）融合在一起，通过水生和陆地食物网传递营养链。[3]
在此过程中产生的大量肥料，有利于那些没有被洪水冲毁或连根
拔起的植物生长。食草鱼类、软体动物和两栖动物以茂盛的植被　　57

为食，反过来它们又为包括许多鸟类、爬行动物和哺乳动物在内的捕食性物种提供额外的营养。养分的再分配并不是洪水脉冲的唯一积极影响。随着洪水退去，被携带生物群的洪水冲刷过的空旷地带为这些随机的动植物提供了新的栖息地。水流将流域内的植物种子和果实带到了这片新的土地上，从避难所返回的动物也是如此。栖息地的频繁变动和重新繁殖有助于防止某些物种成为优势物种，并清除有害的入侵物种。定期的洪水脉冲有助于促进生物多样性。考虑到这一系列的有益影响，生态学家彼得·贝利认为，我们应该停止将洪水描述为紊乱，当人们建造导致"显著偏离正常水文机制"的建筑时，河流生态系统遭受的损失要大得多，[4] 对于大自然来说，往往是人类控制洪水的努力造成了灾难性的后果。

当历史学家研究洪水时，他们倾向于关注单一的生态维度。他们研究了洪水对人类消费的可食用植物的影响。[5] 这种研究在很大程度上受制于文献记录的局限性。文化精英中的亲历者在描述洪水时往往主要关注洪水对农业系统的经济影响。我们从这些文献中继承的过去洪水的图景，受到界定其成因优先层级的营养范式的影响。然而，可食用植物继续主导历史分析的事实，并非因为它们的缺失是人类死亡的唯一决定因素，而是因为这些植物具有最大的经济价值和文化意义。营养范式不仅削弱了我们对历史上洪水期间生态系统发生了什么的理解，还扭曲了我们对人类发生了什么的看法。它延续了一种错误的假设，即受灾人口面临的主要挑战是缺乏食物。事实上，饥饿只是洪灾的众多有害影响之一，而且通常不是最致命的。

本章呈现 1931 年洪水更全面的生态史。虽然仍受文献记录 58
的限制，但使用现有的证据仍可以去研究巨大的水流是如何影响
生态系统中的一系列物种的。本章还展示这种生物反应如何有助
于调整致灾机制。洪水的一些生态影响对人类有益。存活下来并
苗壮成长的水生植物和鱼类为人类提供了重要的食物来源。但这
不足以弥补数百万家养动植物的损失，许多地区陷入了饥荒。尽
管营养损失是有害的，但与致命的流行病环境相比，它对人类人
口的影响就相形见绌了。与认为洪水是破坏性事件的观念相反，
本章提出洪水对人类如此致命的原因之一，正是在于洪水在生态
方面如此丰产。蚊子和软体动物在这片新的湿地上繁衍生息，苍
蝇则贪婪地吞食着未经处理的人类粪便。这些媒介携带的致病微
生物很快就寄生在营养不良的人群身上。不久之后，生存危机和
健康危机变得难以区分，因为人类社会受到饥饿和疾病的致命协
同作用。从社会生态学的角度来看，洪水脉冲的危险不仅在于它
摧毁了有用的物种，还在于它让有害物种得以繁衍。

水

洪水的冲刷力对很多生物都是致命的。强大的水流席卷河床
中的藻类、植物、鱼类和水生昆虫，只留下一片荒凉和死气沉沉
的遗迹。[6] 随着洪水涌入洪泛平原，陆地动植物被冲进河流，淹
死或埋在泥沙之中。河流涌入人类世界时，同样具有破坏性。一
位 19 世纪汉水洪灾的目击者如此描述："巨大的水流……带着大

量的舢板、船只、房屋、树木、牲畜，我不敢说有多少人，因为一切都混杂在一片混乱之中。"[7]1931年流经湖北的洪水也造成了类似的灾难性后果。洪水冲走房子、棚屋、粮仓和商店，几乎就像冲走表土和松散的岩石一样容易。湍急的水流让卷入的人永远消失；或把他们的家变成砂石瓦砾，将他们活埋。大约15万人在最初的洪水中丧生。[8]洪水对所有受害者是同等的。洪水随着地势前进，扫除所有障碍。鉴于这种破坏是无差别的，人们可能会认为溺水者只是不幸的受害者，是在错误的时间碰巧出现在错误地方的人。然而，在一个反复遭受水灾的地区，人们出现在错误的地方绝非偶然。第一章所述的水、土和人的长期相互作用所造成的差异，可以有助于确定脆弱性的形式。

洪水这个通用术语实际上包含了各种各样不同的水灾。1931年，中国经历了多次洪灾。首先是极具破坏性的山洪（mountain floods）。[9]在整个春季的大部分时间里，强暴雨的雷鸣一直在高地隆隆作响。当7月份天空放晴时，强大的新径流沿着山坡支流席卷而来，冲走了那些住在河边的人。[10]在低地的山谷中，灾害不是始于剧烈的山洪暴发，而是随着内涝渍灾的缓慢发生而开始的。这些灾害可能没有山洪暴发那样的破坏性，但对农业社区来说却是灾难性的。最致命的洪水还没有到来。当水压导致堤坝溃口时，就会发生致命性洪水，其后果如图2.1所示。水利失败的最直接原因是降雨量过多，但降雨过多所引发的洪水效应还具有人为因素。人类所建造的水利景观放大了水流的侵蚀作用，使水流高速通过狭窄的溃口。8月下旬，从大运河河堤决口的洪水对江苏扬州造成严重的破坏。附近的高邮市在最初似乎是被充当堤

图 2.1 1931 年洪水期间堤坝溃口鸟瞰图

查尔斯·林德伯格收藏。密苏里州历史博物馆供图

坝的城墙拯救的。但不幸的是,这些城墙在夜深人静时倒塌,倾泻而下的洪水造成约 2 000 人死亡,其中许多人仍在睡梦中。[11] 同样,在四川南部,洪水淹没了富顺的防洪堤,估计有 10 000 名 60 居民被冲到河里。[12] 这些只是这场更大灾难中发生在局部地区的众多悲剧的几个例子。

社区的位置及防洪能力是决定其脆弱程度的关键因素。汉口最后一个被淹没的区域是日本租界,这并非巧合。日本人在治理这片狭长土地时,能够调动大量资源,用沙袋建造屏障,并将街道抽干。[13] 对于那些住在东西湖附近的人来说,情况就大不相同了,他们几乎没有资金来投入防御。洪水袭击这个地区时,有

40 户人家丧生。[14] 位于武昌长江边的一个特别贫困的社区也陷入了类似的困境。这是一个非常不安全的地区，本地制作筷子的家庭手工业也并未提供足够的资金来修筑防洪堤防。当武昌的外堤坍塌时，该社区即被淹没在 3 米深的水中。[15]

　　建筑是另一个因经济边缘化而转化为实物风险的领域。许多人住在用廉价而脆弱的材料建造的低矮住宅里。即使他们的房子在最初的洪水中幸存下来，也会因为洪水侵蚀地基而倒塌。[16] 洪水发生后，国民政府委托以著名农业经济学家卜凯为首的金陵大学学者，对灾害影响进行了广泛的调查——以下简称"南京调查"。报告详细描述了洪泛区近一半的房屋被完全摧毁，超过三分之一的村庄因消失而被从地图上抹去。尽管强大的水力发挥了关键作用，但报告也指出，建筑标准不达标导致许多家庭长期处于濒危状态。[17] 在武汉，那些住在小茅屋的人在洪水初期受影响最严重。[18] 这不仅反映了这些社区的建筑的脆弱性，也反映了这些建筑极其廉价、分布在洪水最易发生之地的事实。

　　即使在贫困地区，脆弱性也是有等级的。那些住在用芦苇、竹子和回收材料建造的茅屋里的人是最不安全的。不过，他们也有一些优势，因为他们习惯了被洪水或警察驱赶，所以善于快速地拆除他们的房子。当洪水泛滥时，他们只是把小屋搬到地势较高的地方。条件稍微好点的家庭居住的土制房屋的便携性要差得多，但也不那么脆弱。整个街区轻易就被洪水淹没了，街区的居民淹没在泥水中。[19]

　　那些住在更高的房子里的人情况要好得多。记者陈兵在武汉住在一间二楼的房间。虽然楼下被淹的邻居不得不住在木板上，但他的家仍然是一个干燥的避难所。[20]那些足够有钱，可以住多层住宅的人能垂直疏散到他们房子的顶层。[21]洪水中水面上的生活可能会"格外"舒适。一位医疗传教士描述说："在难以名状的污秽上，在木筏和木板上保持平衡，在漆黑中爬过栏杆，最后来到保存完好的顶层地板上呼吸空气，那里有电风扇和人们所希望拥有的一切舒适条件。"[22]在另一个例子中，一个小巷公寓的住户用木板堵住房门，防止水从楼梯向上涌，从而在洪水中幸存下来。[23]即使在被淹没的地区，也有可能打造安全的飞地。

洪水风险不能用粗暴的社会经济决定论来解释。1931年，也并不是所有富裕家庭都能幸免于洪水泛滥。怡和洋行庄园的居民即使按外国标准衡量也很富有，他们是武汉的首批洪水难民之一。当他们居住的郊区被洪水淹没时，他们不得不逃到市中心。[24]然而，在很大程度上，生活在不安全地区和简陋房屋的贫困人口受到的影响最严重。这一脆弱的社会阶层面临的挑战并没有随着堤坝的坍塌而结束。地理学家迈克尔·瓦茨（Michael Watts）和汉斯·博尔（Hans Bohle）警告学者们，不要认为脆弱性只是一种预先存在的状况——在整个灾难过程中，新形式的脆弱性不断产生。[25]1931年的情况就是这样。那些因住房不足或房子位置不好而无家可归的人后来发现，自己很容易暴露在户外，从多雨高温的夏天到寒冷的冬天都是这样。他们失去粮仓和其他食物储存，这意味着他们更容易遭受饥荒。[26]最糟糕的是，他们背井离乡，被关进拥挤而不卫生的难民收容所，很容易感染一系列疾病。

无家可归的风险可以通过金钱或社会关系缓解。很多有钱的中国市民干脆离开这座城市，挤上轮船前往上海等地。与他们身

63　份相当的日本人将妻子和孩子送离武汉，英国人则选择前往江西的山区避暑别墅。[27]那些留下来的人不得不寻找其他住所。很快，干燥土地的居住成本开始飙升，一些房东和酒店经营者甚至将价格提高了一倍。[28]不择手段的业主试图通过招揽尽可能多的房客来实现利润最大化。由于较低楼层被淹没，过于拥挤的建筑很快就结构受损。8月中旬，武汉火车站附近的一家酒店倒塌，导致许多在里面避难的人死亡。[29]在发生一系列类似事件后，市政府征用了当地的一些酒店，以便难民避难。[30]对于在洪水期间无家可归的记者谢茜茂来说，同胞们的经济盘算简直让人无法忍受。他若有所思地说："人心如斯，无怪乎天灾至如此也。"[31]

栽培植物

　　湍急的河流杀死了数以百万计的植物，把它们从地表冲走，或埋在淤泥中，或淹死。这是1931年夏天爆发但持续至少一年的生存危机的主要原因。到了初秋，许多地区陷入了全面饥荒。在整个长江流域，水稻和小麦减产15%。[32]在洪水灾区，这些损失要高得多。据南京调查估计，每个家庭付出的经济总成本相当于一年半的纯收入。[33]数百万人损失了他们整个夏季的收成，以及他们为将来所储备的所有粮食。[34]在季风地区，如中国、印度北部和孟加拉国，不仅洪水的大小，洪水的时间也决定了其

64　人道主义后果。发生在丰收季节的洪水是最具破坏性的，因为这个季节与前一年的主要收成间隔最长，此时农民们最渴望补充

他们的粮食储备。[35]1931年春末夏初的洪水剥夺了中国农民的主要收成，这意味着许多家庭不得不指望依赖1930年夏天收获的粮食储备来撑到1932年的夏天。毫无疑问，很多人根本无法做到。

　　洪水并没有将作物完全摧毁。当江苏中部的水位开始上升时，村民们迅速赶到自己的田里，尽可能多地收割水稻，不管水稻是否成熟。当水位再次上升达一米多时，他们划船穿过被洪水淹没的农田，用耙子收割更多的庄稼。[36]南京调查估计，农业人口能够利用这种技术挽回多达17%的收成。[37]为了弥补抢收粮食的不足，农村社区消费"半可食用"的农业副产品，如稻壳和谷壳。[38]在这些匮乏的资源之外，他们又添加了采来的植物，如莲花和野生水稻。[39]另外一些人找到了从陆地植物中获取最低限度营养的方法，他们从树上剥下树皮和叶子，挖出草根。[40]即使是这种复杂的应对策略也不能弥补巨大的营养短缺。到仲夏，许多地区的生活水平已跌至最低标准以下。[41]在接下来的一年里，华中大部分地区遭受了饥荒，其中河南、安徽和湖北尤为严重。[42]即使在武汉等供应相对充足的地区，很多难民也处于近乎饥饿的状态。[43]那些到达难民营地的人常常因饥饿而虚弱，以致无法靠营地提供的大米口粮生存。[44]

　　在一些农村地区，饥饿变得如此严重，以至于人们采取了在饥荒下生存的终极行为——自相残杀。在安徽，一位名叫博斯托克牧师的传教士声称目睹了受洪水影响的社区成员吃人肉。[45]历史学家欧阳铁光在政府报告中提到了人相食的证据，湖北一名老妇杀死并吃掉了自己的儿子。当她的罪行被发现时，她的儿子

65

只剩下腿了。在另外的地方，一个农民为了食物杀死了他的小儿子，并承认他后来打算吃掉他的大儿子。[46]艾志端告诫历史学家不要轻易相信中国文献记录中关于食人的报道，认为它们有时更多是比喻性的说明，而不是真实描述。[47]然而，关于 1931 年吃人的报道来自多个领域的目击者——包括政府官员、救援人员和传教士——这一事实表明，至少在这次事件中，真的有人吃人。饥荒揭示了一种残酷的生态现实，人们在社会关系过程中常否认这一点：在极端情况下，人类有时会杀死同类来作为食物。

尽管农作物的实际损毁是受灾家庭的营养摄入量耗尽的重要因素，但饥荒也有一个重要的经济要素。阿马蒂亚·森（Amartya Sen）的著名论点是，饥荒的发生并不仅仅是因为没有食物，而是因为某些群体无法获得可用的食物。[48]缺乏营养被认为是一种"权利失败"（entitlement failure）。* 洪水加速了以生产为基础的权利和交换权利的崩溃：随着庄稼被毁，人们无法收获自己种植的粮食，也无法利用市场经济购买别人种植的粮食。表 2.1 表明了受灾家庭面临的经济困境。他们赖以生存的一切商品都昂贵得令人望而却步，而他们仍然拥有的少数商品也迅速变得一文不值。最具毁灭性的打击可能是劳动力价值的急剧下降。这意味着，即使在有工作的地方，人们也很难挣到足够的钱来购买食物。

---

* "权利失败"是诺贝尔经济学奖得主阿马蒂亚·森提出的观点，他认为贫穷和饥荒并非源于粮食短缺，而是源于获取粮食的权利的失败，包括贸易、生产、劳动、继承和转移等直接权利，以及通过交换获得粮食的间接权利。

表 2.1 洪水期间前三个月重要商品价格变化指数
江淮地区 81 个县在 1931 年洪水泛滥前一段时间的水平比 =100。

| 省份 | 大宗商品价格上涨 | | | | 大宗商品价格下跌 | | | | | |
---	小麦	燃料、饲料	利率	建筑材料	地价	役畜	其他家畜	家庭年收入	家庭日收入	工具
湖南	138	146	152	114	68	84	90	81	80	100
湖北	117	125	111	98	74	82	101	85	82	97
江西	117	118	101	123	74	74	106	86	77	104
安徽（南）	121	148	128	127	67	75	79	77	81	119
江苏（南）	104	126	112	105	79	83	92	89	81	103
安徽（北）	124	142	149	112	51	49	70	80	86	80
江苏（北）	117	133	161	106	61	59	98	70	71	88
平均 *	120	130	133	113	63	70	88	80	80	99

* 按县而不是按省平均。

即使在没有发生重大危机的情况下，农村就业的压力也已经显著地向那些购买劳动力的人倾斜了。在洪水期间，由于劳动力市场上充斥着难民，本已岌岌可危的农工的地位受到削弱。工资下降了 20%，而粮食价格上涨了 20%。这 40% 的差距意味着，很快农工就不得不为了一顿小餐而工作一整天。由于仍有大量耕地被淹没，即使是这些微不足道的机会也很快没有了。[49] 洪水造成的经济冲击在洪水退去后持续了很长一段时间，大米价格至少持续上涨了一年。[50] 随之而来的饥荒被很好地诠释为对社会某些阶层生存的双重打击：生态冲击导致粮食供应量迅速下降，经

67

济冲击导致权利严重失效。这是历史上大多数饥荒中都具有的普遍情形。[51]

就像饥荒期间经常发生的情况一样，一些人找到了从其他人的饥饿中获利的方法。洪水造成了经济学家所说的流动性危机——在这种情况下，这是恰当的——数百万人无法实现其商品的价值变现。在这种经济环境下，那些控制资产流动的人直接或通过信贷市场获得了经济回报。债务是当时中国农村经济生活的一个地方性特征。由于现金收入是季节性的，信贷作为一种延期付款的形式，在维持生产方面发挥了至关重要的作用。[52]

信贷安排长期以来一直是农村经济的支柱，但正如杜赞奇所说，债务的后果在20世纪恶化。肆无忌惮的商人控制了农村信贷市场，取代了倾向于采取家长式放贷方式的乡村精英。[53]比如在20世纪30年代的江苏，60%至70%的农村家庭负债。[54]灾害强化了信贷的必要性，但同时也降低了偿还能力。[55]这使得债权人能够以极低的价格获得贫困人口的土地和财产。

典当行是农村穷人的另一个常见信贷来源。许多人每年都会放弃重要资产，包括农具、衣服、家具，甚至是屋顶梁。[56]由于放债人和典当行倾向于利用灾难，他们成为各种政治派别、进步改革者共同的反对目标。[57]然而，尽管信贷市场无疑加剧了长期的不平等，但它可能有助于减轻危机的直接影响。[58]在农村地区，其他形式的信贷明显缺失，往往是备受嘲讽的放债人或当铺老板帮助了抑制严重的饥荒。[59]这并不是说信贷投机者是被误解的慈善家。他们剥削性的放贷不仅加剧了眼下受灾民众的贫困，还加剧了人们可能在受灾后面临的贫困。

68

在洪水期间，放贷和典当都很普遍。资金需求的增加，使得债权人将利率提高 50%。与此同时，最常用的抵押品土地的价值下降了 50%。由于长期的洪水延误了农业复苏，许多贷款的农民无法支付利息。这导致大量抵押的土地没法被赎回。[60]与此同时，当铺提供的危机条款意味着，遭受洪灾的家庭往往为了很低的回报即交出财产。[61]洪灾过后，如果他们没有设法获得其他形式的贷款，就无法赎回重要资产，尤其是农具，如果没有这些资产，重建就不可能实现。[62]洪水本身可能只持续了几个月，但在未来几年里，洪水的影响将继续波及整个经济领域。南京的调查简明扼要地总结了情况，指出在灾难期间，"富人越来越富，穷人越来越穷"。[63]

家畜

人们常认为动物有着惊人的本能，能提醒人注意危险，并使人得以生存。格雷格·班考夫批评了这种有点感性的观点，他观察到动物在灾害中死亡的数量往往比人类还多得多。[64]在这方面，驯养动物和野生动物之间有重要区别。家畜受灾时的脆弱性 69 在一定程度上取决于它们与人类的关系。例如，我们将在后面的章节中看到，1931 年，马和狗都受益于它们与人的社会联系。动物的脆弱性还取决于危害的性质和特定物种的恢复力。由于显而易见的原因，洪水对家养鸭、鹅的影响不像对猪和鸡那么严重。在最初的洪水中，成千上万的猪和鸡被淹死，再后来就是数百万猪和鸡饿死、死于疾病或成为人类捕食的牺牲品。[65] 湖北超过三分之一的家庭失去了猪，一半的家庭失去了家禽。[66] 尤其是鸡的命运，揭示了与人类的联系可能会提高动物脆弱性的程度，因为作为驯养鸡的祖先，未驯化的丛林禽类可以很容易从洪水中飞走。

毫无疑问，对农民来说最沉重的打击是役用动物的损失。在非机械化农业社会中，公牛、水牛、驴和奶牛等动物构成了约翰·麦克尼尔所说的"体能系统"（somatic energy regime）的支柱。它们将植物吸收的太阳能转化为肌肉力量，用于各种农业劳作。[67] 反刍动物特别有价值，因为它们能够获得储存在不可食用的植物（如草和作物残渣）基质中的能量，而人类无法直接获得这些能量。[68] 正如高万桑（Vincent Goossaert）所观察到的，牛在中国农村非常重要，它们被赋予了很高的社会地位，甚至宗教地位。虐待这些动物被认为是非常不道德的（图 2.2）。虽然不像在印度那样众所周知，但在中国食牛肉也是一个敏感的禁忌，这种禁忌一直持续到 20 世纪。[69] 一种文化赋予动物的价值不应该被简化为一种幼稚的功能主义形式——宗教禁绝不是物质需要的简单表达——中国牛肉禁忌有很多影响因素，尤其是从印度传入的佛教素食传统。然而，文化不能完全脱离其生态和经济背景。人类学家马文·哈里斯（Marvin Harris）认为，那些把印度教徒描述为崇拜牛的"东方神秘主义"的受害者的人，没有意识到"一个贫穷的农民无法为因疾病、衰老或事故而死去的牛找到替代品"时面临的可怕命运。[70] 1931 年，数百万农民被迫与这样的命运作斗争。

图 2.2　虐待役用动物的道德禁忌

这张图收集于 20 世纪初的湖北，清楚地表明牛具有很高的文化和道德价值。文字被排列成牛的形状，讲述着想象中的牛的自传。这张图描述了一种持续辛劳的生活，牛拉着沉重的犁，只有少量的草吃。这段话还警告人们，如果虐待牛，可能会带来严重的精神、经济和社会后果。[71] 高葆真：《一串中国核桃》，伦敦：查尔斯·H.凯利（Charles H. Kelly），1895 年，第 9 页

洪水期间有近 200 万头牲畜损失，约占当地牲畜总量的一半。这包括水牛、公牛、黄牛、驴和骡子。这是在农作物和房屋遭到破坏后，洪水造成的最大经济损失。[72] 这些牛一部分被水淹死，一部分饿死，还有一部分被人杀了吃掉。对于农村家庭来说，杀牛意味着牺牲重要的能源和声望。亚历克斯·德瓦尔观察到，20 世纪 80 年代饱受饥荒困扰的苏丹农民往往宁愿忍受数月的饥饿，也不愿放弃牲畜。[73] 20 世纪 30 年代中国的情况也类似。美国小说家赛珍珠在一篇为抗洪救灾而写的短篇小说中，捕

71

捉到了一位农民被迫杀死他珍贵的水牛时所承受的痛苦。

> 如果有人告诉他，他应该吃掉他的水牛，他会说这个人是白痴，因为他的水牛为他犁地，年复一年地拉着石碾碾谷，到了收获的时候再去打谷。然而，他真的这么做了……但是，在那个黑暗的冬日里，当他最后的粮食储备耗尽，当树木被砍去卖掉，当他把所有的东西都卖了，他还能做什么呢……此外，牲畜也在挨饿，因为连草地都被水淹没了……当他这样做的时候，即使是在绝望中，他也会叹息，因为这就像是他杀了自己的兄弟一样。对他来说，这是最后的牺牲。[74]

赛珍珠在中国长大，对农村人口面临的问题有着深刻的认识。即便如此，人们很可能会认为她的描述过于伤感。然而，其他描写也佐证了这一点。在20世纪50年代末的困难情况中，即使牛唾手可得也不能吃。[75]

在洪水中幸存下来的役畜现在与它们的主人一起面临经济危机。不幸的是，植物残渣的价格与人类食品一样受到快速通货膨胀的影响，在某些地区涨幅高达46%。不久，黄牛和水牛也遭遇了属于它们形式的权利失败，它们劳动的价值已不足以匹配它们的禀赋。由于人类现在准备食用稻壳、牛饲料和谷壳等动物饲料，导致牛的饥荒也更加严重。[76]随着经济危机的持续恶化，许多农民没有宰杀他们的役畜，而是试图出售。成千上万的人同时决定把他们的牲畜送到市场上，这导致牛的价格暴跌。政府试图为控制牛的屠宰和销售立法，但收效甚微。[77]在饥荒最严重的安徽北部，牛的售价不到正常价格的一半。[78]经济算计再次放大了这场危机。

72

野生动物

与家畜相比，湿地的野生动物对洪水的耐受性往往要强得多。那些在洪水初期幸存下来的动物可以开发新的栖息地和食物来源。这些动物为具有捕捉和提前储备它们的必要知识的人提供营养"横财"。这些动物与野生植物一起提供的东西，我们可以称之为洪水脉冲的生态禀赋（ecological endowments）。* 这些资源对于人类的价值无法具体量化。虽然行政人员和慈善家留下了详细的记录，列举了分发给难民的粮食数量，但对那些狩猎者和采集者的珍贵活动痕迹却几乎没有记录。更糟糕的是，由于野生食物的使用受到复杂的产权和使用权制度的制约，多数情况下，狩猎者和采集者会主动地隐瞒自己的活动。[79]我们对他们使用野生食物的唯一了解来自外部观察者的描述，外部观察者记录这种行为，主要是为了说明人群所遭受苦难的程度。这种基于关于环境的深刻本土知识的古老对策，通常被视为人类的绝望之举。尽管目击者的描述只为我们提供了一个片段，但这些描述还是为我们掌握当地社区如何利用本土知识和技能来开发洪水的生态禀赋

73

---

* 下文中也译为"生态资源"。

图 2.3　武汉难民捕鱼
转自《汉口水灾摄影》，武汉：真光照相馆，1931 年

提供了最好的证据。

　　毫无疑问，最有用的技能是捕鱼。湍急的水流会冲走无数孵化中的鱼卵和幼鱼，那些幸存下来的鱼会以水生植物和无脊椎动物为食。此外，人们还能开发平时难以获取的陆上猎物资源。[80]许多目击者都描述了人们在 1931 年捕鱼的场景，即使在城市地区也会出现。[81]武汉受困的住户从下垂的屋顶上探出身子，用小网捕捉"从河里侵入城市"的鱼。[82]可能鱼类的自然求生行为导致它们更容易被捕获，它们会在水流最平缓的溪流边缘寻找栖身地。[83]生活在水边的人会发现躲避洪水的鱼就在眼前。很快，洪水区就有大丰收的报道。[84]在一些地区，渔业的可靠性促使

很多人彻底改行。在湖北松滋地区，洪水过后，登记在册渔民的数量从数百人增加到数千人。[85]

　　人类并不是唯一利用鱼类的物种。湿地鸟类是洪水的最大净受益者之一。由于能够飞翔，它们可以轻松地避开洪水的最坏影响，可以自由地在大地上搜寻泥滩和浅水池，在那里它们可以食用搁浅的鱼类和无脊椎动物。湖北人当然是捕鸟能手，此前我们已讲过，但在1931年，关于他们捕鸟的记载很少。例如，武汉的一名护士描述了她的本地同事如何抓住并煮了两只在教会医院的场地筑巢的野鹅。[86]从其他目击者的描述中，我们知道水禽在人类活动区域的附近游动。[87]除了捕鱼，冬天也是捕捉野鸡、鹬等野禽的最佳季节。[88]事实证明，这对饥饿的社区来说是很及时的，因为到了深秋，这些社区的粮食储备已经低到危险的地步。[89]其他鸟类如鹬、蓝鸭、野鸭和鹤，在春夏湿润时会在湖北安家。饥饿的人很可能利用了这些生态禀赋，但他们的具体利用程度如何仍不清楚。

　　尽管证据零碎且令人沮丧，但可以肯定野生食物的利用对遭受洪水灾害的人仍然相当重要。这些生态资源的可用性可能有助于解释为什么在中国历史上，尽管洪水造成了更大的物质破坏，但其导致的死亡人数往往比干旱导致的少。[90]历史学家们对这种差异给出了各种解释，包括洪水的地理范围大和持续时间长，以及干旱易发地区是相对贫困的。[91]令人惊讶的是，很少有人注意到洪水和干旱之间的生态差异。干旱给动植物带来了巨大压力，它们只有通过休眠才能生存。[92]随着土地变干，昆虫寻求避难所，因而减少了鸟类和两栖动物的食物。随着水量减少和

74

75

水位下降以及温度的升高，水生物种也受到影响。鱼失去了栖息地，被困在孤立的水池中。随着水生动物群落的枯竭，它们的食物供应减少。[93] 干旱对受其影响的生态系统内的生物群造成的巨大压力，限制了人类可获得的营养机会——生态资源很少。[94] 到了 20 世纪，中国遭受旱灾的社区往往靠玉米芯、花生壳、稻草根和棉籽等农业副产品为生。唯一能提供少量营养以维持生存的可食用植物就是树木和一些甘薯类的块茎作物。[95]

相比而言，洪水的生物反应截然不同。洪水提供了一系列的生态资源，包括鱼类、水生植物和水禽。这种最根本的生态差异，可能有助于解释人类对洪水和干旱的不同体验。记载洪水应对行为的文献不如记载旱灾应对行为的文献丰富。在 1938 年的黄河洪水期间，灾民吃野味，依靠走私来补充收入。[96] 孟加拉国历史上受洪水影响的社区有捕鱼和食用黄麻叶的情况。[97] 海产品可能也帮助爱尔兰沿海地区渡过了 19 世纪 40 年代的灾难性饥荒。[98] 很重要的一点是，对于饥荒期间食用野生食物，既不能浪漫化，也不宜过分强调其作用。狩猎和采集几乎只是一种辅助策略，配合其他一系列应对策略一起使用。例如，在 1931 年，一些渔民将妇女、儿童留在城市，而男人们则依靠野生食物和慈善救济在河流上寻求生存。[99] 生态资源显然不是彻底解决饥荒问题的办法，但能够利用这些生态资源表明在长江中游的人们仍然拥有令人敬畏的环境知识。在官方对洪水的描述中，本土知识技能几乎完全没有得到认可，因为政客和救荒人员将他们的慈善努力视为应对饥荒的唯一变量。

76

微生物环境

尽管粮食严重短缺，但灾害致死率的主要驱动因素并不是饥饿。南京调查统计数据清楚表明，在洪水发生后的前100天，只有1%的农村社区有人饿死，而在难民收容所甚至没有出现饿死的情况。随后，政府就会用这些统计数据来宣称饥荒已被成功遏制。[100]卫生部长刘瑞恒说，武汉人死于疾病，主要是疟疾、伤寒和痢疾，而不是饥饿。[101]这种说法是基于对灾害致死率的性质的普遍误解——或者也许是一种省事的误解。他们将死亡简单归咎于饥饿或者疾病。事实上，这一假设深深植根在对灾害的普遍理解中，在这种理解中，英语语境中的famine和中文对应的"饥荒"都被认为是指全体人口饿死事件。[102]很少有人在饥荒期间真正饿死。大多数人是传染病的受害者，至少传染病是这些人的直接死因。[103]奥·格拉达和乔尔·莫基尔发现，在饥荒期间，饥饿和疾病以复杂的方式相互作用，其中一些通过人体发挥作用，另一些通过人类社会结构发挥作用。[104]营养不良抑制了个体和群体免疫系统，使个体和人类社区更容易受传染病的影响。[105]因此，我们不应将饥饿与疾病分开，而应努力理解它们之间形成的致命协同效应。在1931年的洪水中，疾病无疑是导致死亡的主要直接原因，导致了农村地区70%和难民收容所87%的死亡率。然而，那些死于传染病的人都经历了营养不良导致的极度虚弱。疾病很可能掩盖了饥荒的真实强度。在洪水过程形成的致命微生物环境中，灾民往往是病死而非饿死。

77

表 2.2　1931 年洪水期间的死亡原因

	信　息　来　源	
	87 个县 245 个地区的 11 791 户农户	武昌、上海、南京难民收容所中的 3 796 户农户
死亡原因	百分比	
溺水	24%	10%
疾病	70%	87%
饥饿	1%	0%
其他因素	1%	—
缺乏信息	4%	3%
死亡率（洪水期间的前 100 天）	2.2%	6.3%

　　大规模流民是所有饥荒中最危险的因素，这会导致免疫系统较弱的营养不良人群接触致命的病原体，削弱人群对于感染病毒的原有抵抗力。因此，迁徙作为应对灾害最广泛采用的应对措施之一，往往是极不成功的生存策略。表 2.2 数据显示，城市难民收容所的死亡率几乎是农村地区的三倍。以上讨论的样本可能有限，无法确定这种情况是否在整个洪泛区普遍存在，但它无疑表明，那些留在农村，靠打捞农作物、鱼类和水生杂草等勉强维持生活的人，比那些前往供应相对充足的城市的人活得更好。当然，许多人其实是别无选择，只能迁徙，因为他们的家园已被洪水淹没，另外一些人则只是无法应对食物的匮乏而迁徙。饥饿可能不是最致命的因素，但肯定是最令人信服的因素之一。政治也起到了作用。洪水泛滥地区的冲突迫使许多人沦为难民，同时促使地方政府将无家可归的人关进大型难民营。无论难民离开家园

的原因是什么，他们都是人群中最脆弱的。

即便在没有发生灾害的年份，传染病也是导致人口死亡的主要原因，在 20 世纪 30 年代的中国，传染病致死人口占所有死亡人数的一半以上。[106]而有助于降低一些城区感染率的公共卫生运动和医疗进步，在农村和城市里的贫困区基本上还没有发生。[107]随着富裕人群加强对疾病传染的防控，疾病的易感性越来越与贫困相关。[108]这种贫富差异在灾难期间被放大了。从全球角度来看，通过有选择地降低精英阶层的脆弱性，医疗和卫生状况的改善往往会强化灾害死亡率与经济不平等之间的联系。[109]这在一定程度上解释了为什么在 1931 年，某些人群似乎对与洪水相关的疾病相对免疫。

武汉的外国租界相对安全，就是这种状态的一个特别明显的例子。虽然有少量单独的痢疾和麻疹病例，在外国社区周边正在发生灾难性的健康危机，但大多数外国人都在洪水中幸存了下来。即使是看似高危的群体，如传教士医生，似乎也没有较多人死亡。[110]导致这种情况的原因在于他们的生活条件相对卫生、他们更容易获取化学品来净化饮用水，更重要的是，他们事先接种了应对霍乱和天花等疾病的疫苗。[111]不过上层精英也并不能免受所有的感染。仍有一些疾病导致救援人员和难民无差别地死亡，最典型的就是斑疹伤寒。人们可能会认为洪水造成的社会生态条件会有利于虱子传播斑疹伤寒，但幸运的是，这种疾病在1931 年没有出现。[112]

另一方面，农村难民抵达城市后往往被置于致命的微生物环境中。当武汉也被淹没时，他们在武汉的处境就十分危险了。这

78

79

些难民被迫在洪水形成的孤岛，如堤坝顶上、山坡上、铁路路堤上，尽其所能以求生存。而这些洪水孤岛上拥挤的环境为麻疹病毒提供了完美的栖息地，麻疹病毒是难民的宿敌。[113] 在一个难民收容所，仅在 12 月，麻疹就感染了 1 491 人，导致 682 人死亡，其中大部分是儿童。[114] 麻疹疫情证明了饥饿与疾病之间的复杂互动关系，因缺乏维生素而免疫系统受损的人更容易受到病毒感染，因人口过度拥挤而集体免疫系统受损的社区，更容易受到流行病的影响。同样的情况，数千营养不良、集聚的难民也导致了天花疫情。[115] 大多数人还没有接种极具破坏性的天花的疫苗，而天花仍然是导致难民死亡的主要原因之一。[116]

卫生设施几乎完全缺位大大增加了疾病风险。由于缺少用以煮开水的干燥燃料，那些被困在酷暑中的人只能被迫饮用被人类和动物的粪便污染的河水。痢疾和伤寒等胃肠道感染疾病很快成为人口死亡的最主要原因。[117] 当河流将下水道的污水排入城市街道时，像苍蝇这种食粪昆虫贪婪地吞食着人类排泄物。这些排泄物的碎片会附着在它坚硬的毛发上，然后沉积在人类的食物上，这扩大了胃肠道疾病的流行范围。[118] 洪水脉冲与建筑环境的相互作用，为苍蝇创造了极好的生态条件，而那些无法处理粪便和尸体的人群吸引了成群结队的苍蝇。武汉的人口很快就被大量的蝇群困扰，这些蝇群会落在没有盖好盖子的食物上。[119] 从理论上讲，有翅昆虫是没有偏向的传染媒介，它们可以在分隔人类的物质和社会阻隔之间穿梭，感染富人和穷人。[120] 然而，无家可归的难民没有隔离蚊虫的房子和炉火，这二者是人可以用来驱蚊的最基本技术，因此他们几乎无法避免这些害虫不必要的关注。[121]一个爱尔兰传教士报道了一个特别可怕的场景：一位住在小屋里的老年妇女身上布满了蓝头型蠕虫苍蝇。[122]

遭受洪水的社区可能有一系列令人印象深刻的技术来缓解饥饿，但面对胃肠道疾病的流行却相对无能为力。[123]由于洪水带来的疾病危害经常超出医生的应对能力，大多数人不得不采用治疗和饮食的土方。一些农村社区在面粉和麸皮中混入一种被称为"观音土"的白色黏土，加工成饼。[124]这是饥荒期间的一种常见做法。[125]历史学家倾向于将吃土描绘成绝望的终极象征——饥饿的人们吃土以产生一种短暂的饱腹感。然而，在整个人类历史上，各种文化中都发现了吃土的现象。[126]观音土是否能提供有价值的营养是值得怀疑的，但胃肠道中有黏土可能会保护胃肠道免受毒素和病原体的伤害，还可能缓解饥饿之苦。[127]换句话说，泥土可能更多被用作药物而不是食物。

泥土的健康属性在中国是众所周知的，至少从明代开始就受到医学理论家的推崇。[128]我们知道，一些饥饿的社区专门为了药用而食用泥土。[129]近代生物医学实践中甚至利用过某些这种类型的土壤。1934年，由陈永汉带领的一队医师试验用高岭土治疗霍乱症状。[130]这被证明确实是有效的，因为高岭土是抗恶心和腹泻药物的关键成分。[131]被饥饿人口食用的观音土是否是纯高岭土，这无法确定。即使观音土是纯高岭土，过度食用也会引起危险的胃肠道疾病。然而，认识到吃土可能有一定的医学功效，有助于丰富受灾社区行为的形象。与其说吃土是一种绝望的行为，不如说它是一种饮食技巧，它可以让人们治疗灾荒中的常见病症。不幸的是，这些技巧只是治标不治本。当胃肠道疾病大

81

流行时，就像1931年那样，大多数人基本上没有抵抗力。

难民也无法保护自己免受蚊子叮咬。这些寄生昆虫不仅受益于拥挤的营地中现成的人类血液供应，还受益于可供繁殖的大量地表水。飞跃武汉的蚊虫"就像蝗虫大军……袭击可怜的光着膀子的人"。[132]这些蚊子很快引起了疟疾的流行。[133]国联疟疾专家米哈伊·丘卡（Mihai Ciuca）在报告中说，他在洪水期间检查的711人中，有166人感染了疟疾。[134]后来估计，60%的人口因洪水感染了疟疾，造成多达30万人死亡。[135]疟疾并不是平等地影响所有人。一些人因为生物特性而天然具有免疫力，而社会经济优势也起了作用。生活在死水附近、没有驱蚊技术的饥饿难民非常脆弱。在武汉，疟疾很快成为人口死亡的主要原因。[136]值得庆幸的是，当地疟疾的主要寄生虫物种是间日疟原虫，不是其他地区社区感染的更致命的恶性疟原虫。[137]对于武汉居民来说，这算是不幸中的万幸了。

演替与重建

生态学家将生态系统发生在扰动后的自然恢复过程称为演替。在自然条件下，生物繁殖和自然风化修复了极端气候和地球物理事件造成的大部分损害。[138]如果在1932年让长江中游自然恢复，随着时间的推移，湿地动植物群落将重新分布在该流域。相反，通过人类的重建，社区将再次建立人们所熟悉的人为环境。有些人选择去适应新的水文环境。沔阳的一个社区把洪水淹没的垸田变为鱼塘。[139] 在大多数情况下，堤坝被修复，圩田被排干。这使得人类能够主导演替过程，利用河流沉积中的生物，并在空旷的土地上种植作物。

　　洪水对土壤肥力的影响有好有坏。洪水有时会留下沙子和石子沉积物，使种植几乎不可能实现。1938 年洪水后，这成为河南民众面对的主要问题。[140] 在其他情况下，淹没期间沉积的泥土有助于植物生长。长期以来，这种自然肥力一直被关注洪水消退的农学家所珍视。[141] 众所周知，中国农民在 1932 年获得了丰收，这表明洪水总体上有助于改善土壤质量。[142] 不幸的是，这场灾害带来的经济后果使许多农民无法从洪泛"福利"中获利。为了在洪水中幸存下来，许多家庭向高利贷者寻求贷款，因此不得不将很大一部分收获用于偿还债务。类似的模式也发生在那些受雇为救济劳工的人身上，他们有时不得不将本来就微不足道的工资的 60% 支付给在粮库等待的债权人。[143] 当数百万人在努力重建他们的家园时，债权人却从大丰收带来的生态禀赋中获利。即使许多家庭设法保住了土地的所有权，也不能保证可以耕种土地，因为许多家庭都失去了劳力、牲畜和农具。恢复重建期间最令人印象深刻的画面之一，是农民被迫自己拉犁耕地。[144]

　　城市人口也无法免受洪水带来的经济影响。武汉的出口市场长期处于混乱状态。洪水摧毁了棉花等大量经济作物。在洪水过后的一年里，棉花的出口量下降了 70%。[145] 1931 年被洪水淹没的城市工厂在 1932 年面临棉花紧缺。[146] 家畜的损失也是一个严重的经济打击，这摧毁了蛋粉和皮革工业。[147] 对于许多在工厂被洪水淹没时失去工作的城市工人来说，最具破坏性的困难是食

83

物价格的上涨。[148] 这种情况至少持续了一年。尽管来自美国的大笔小麦贷款产生了通货紧缩效应，但主食仍然非常昂贵，下文将对此进行讨论。表 2.3 显示了洪水对城市经济的长期影响。与仅被轻微淹没的南京相比，汉口的苦难至少持续了两年。

表 2.3　1930—1933 年汉口与南京物价比较

（年份）	食物	衣物	燃料和电	建筑材料	杂项	总指数
汉口批发价格指数 *						
1930	100	100	100	100	100	100
1931	109.6	114.1	121.7	126.7	109.2	114.5
1932	108.5	109.4	120.9	125.7	103.9	112.4
1933	94.0	95.9	101.8	116.2	95.5	98.7
南京批发价格指数 *						
1930	100	100	100	100	100	100
1931	99.0	109.6	112.9	108.9	112.4	106.1
1932	93.0	102.5	104.8	109.3	115.7	100.8
1933	85.9	83.3	95.7	102.8	96.7	92.1

* 数据为简单几何平均值。

　　在计算洪水造成的损失时，人们很少考虑树木的损失。然而，树木在重建阶段十分重要。洪水将灾区三分之一的树木连根拔起并淹死。还有五分之一被用作燃料或木材出售。由于木料是主要的建筑材料，这些树木的严重损失延长了住房危机。在洪水中幸存下来的建筑物往往结构受损。武汉的整个街区都在摇摇欲坠，随时可能崩塌。[149] 当社区成员开始重建家园时，他们发现木材的价格已变得非常昂贵。[150] 与水稻和小麦等草本植物生长快速不同，林地的演替更新需要数年甚至数十年的时间。尽管南

84

京调查的主要建议之一是所有房屋都应该建在坚固的地基上，但由于长期缺少木材，许多人别无选择，在重建时只能重蹈覆辙，再次依赖低耐水性的廉价材料。[151]树木的缺乏也意味着农民们难以更换必要的农具，如犁、手推车和独轮车，甚至缺乏最基本的家具，如床和椅子。[152]桑树被毁导致蚕农无法饲养桑蚕，对丝绸行业造成严重的损失。[153]

农业重建速率通常胜过自然的生态演替。因为在大多数地区，野生动植物没有机会利用洪水带来的丰富沉积物。不过，武汉以北的平原是例外，在这里，外国旅行者杰拉尔德·约克描述了在大片未开垦的土地上，野草和灌木丛生长茂盛。[154]而这并不意味着当地居民萌发出了某种潜在的生态意识。相反，这是因为国民党和共产党之间持续不断的冲突影响了农民的土地开垦。在这种情况下，地方生态的自然演替就代表着人类正遭受苦难的程度。穆盛博认为，战争应该被理解为一个生态过程，在这个过程中，军队以人力和自然资源的形式提取能量，投入到新陈代谢之中。[155]这个生态模型当然有助于解释人类冲突和环境灾害是如何对鄂北的人口构成威胁的。

早在洪水来袭之前，由于战争的蹂躏，民众的生计系统已不不堪重负。1931年初，国民党在湖北、河南和安徽交界的山区发动了第一次"围剿"，目的是将共产党从苏区驱逐出去。[156]随着战事进行，军队消耗了可供应350万民众的日益减少的营养和能源。随后，在春末，山洪暴发，洪水冲下山坡，又卷走了大量庄稼。[157]饥荒与疾病紧随其后。[158]随着该区域的资源耗尽，张国焘下令向南进军，扩大了军队的新陈代谢范围。[159]当然，与国

85

民党采取的焦土政策所造成的破坏相比，共产党融入当地并与当地共生的影响无疑是微不足道的。1932年，当湖北大部分地区仍在努力应对饥饿和疾病时，湖北省主席夏斗寅却命令他的部队去征粮，并在水井里投毒，企图让共产党根据地不再适合生存。[160]很快，鄂北的许多地区沦为"无人区"。[161]约克估计，有多达三分之一的人被杀，大多数幸存者逃往城市。[162]政府救援工作负责人约翰·霍普·辛普森（John Hope Simpson）表示，武汉的大多数难民实际上是为了逃离战争，而不是洪水。[163]事实上，这二者是密不可分的。鄂北的草地和灌木丛茂盛，要归因于洪水和战争冲突的共同作用。

这些不是唯一在灾后环境中茁壮成长的物种。霍乱弧菌也在饥饿和拥挤的难民中找到了有利的生存环境。霍乱爆发的谣言自洪水初期就一直在流传。伍连德在9月份代表检疫部门调查后的报告说，霍乱的情况被"夸大"了。[164]这位著名的马来亚华人流行病学家，当时可能正确诊断出这是一起集体偏执狂的病例，但到了冬季，霍乱真的开始在这座城市蔓延。[165]霍乱以可怕的速度带来死亡，正如一名护士所说，"人们晚上开始腹泻，第二天就死了"。[166]除了注射生理盐水来对抗这些症状外，医生们几乎没有什么办法，他们很容易就被瘟疫传播的范围与程度所击败。[167]检疫部门后来估计，与洪水有关的霍乱已在武汉造成800多人死亡，受感染的难民随后将疫情传播至各地。[168]后来，霍乱向鄂北的山区传播，夺走了数千名红军的生命。[169]看来，似乎环境也能消耗军队的力量。

1932年夏天，中国爆发了可能是20世纪最致命的霍乱疫情。

86

87

疫情蔓延到 20 个省的 300 多个城市，感染了 10 多万人，造成约 3 万人死亡。[170] 将疫情的发生归因为任何单一因素都应该十分谨慎。正如大卫·阿诺德所指出的，霍乱和饥荒可能经常同时发生，但两者之间并没有必然的关联。[171] 国民政府极力淡化洪水与疫情之间的联系。[172] 然而，毫无疑问，洪水为霍乱的流行创造了条件。洪水破坏卫生系统和中断供水，降低了群体免疫力。还在努力从洪水中恢复过来的宜昌和武汉等城市，遭受了最严重的感染。[173] 洪水造成了广泛的食物短缺，降低了个体免疫力，弧菌在营养不良的身体里大量繁殖。[174] 洪水可能不是霍乱流行的原因，但它肯定有助于营造一个有利的流行病环境。

　　洪水与随后的霍乱流行之间的复杂联系，说明了社会生态学的观点有助于加深我们对人道灾难的驱动力的理解。通过摆脱狭隘的以营养为中心的方法，我们可以开始理清楚促成致灾机制的各种因素的关系。这种转变迫使我们直面仍渗透在史学中的许多假设。我们不仅要探讨国家和社会如何滋养人民，还必须研究一系列社会生态互动如何帮助滋养病原体。认识到水对非人类物种的影响也迫使我们重新构建对灾害时间性的理解。洪水对牛、树和霍乱弧菌的影响表明，突发性的气候冲击可能会产生长期持续的后果。这反过来又提出了我们如何量化灾害影响的问题。在有限的时间范围内确定过高死亡率的通常做法，没有认识到人道灾难从来都不是离散事件——它们是在各种时间尺度上展开的复杂过程。[175] 我们对计算和比较灾害致死率的盲目渴求，在混乱、碎片化和漫长的过程中，创造出一种虚幻的秩序。

　　如果我们围绕洪水划定时间界限，并在规定的时间段内考

88

察其影响，我们就永远不可能了解洪水在血吸虫等地方病中的作用。当地历史文献记载，洪水过后，这种通过水传播的疾病的案例急剧增加。[176] 但这到底意味着什么呢？洪水似乎为病原体和中间宿主创造了良好的栖息地。大量难民被迫生活在受污染的水域附近，血吸虫卵和钉螺都在那里繁衍生息。然而，与痢疾或霍乱等以可怕的速度席卷全身的疾病不同，血吸虫病感染是一个复杂而长期的过程。急性期的血吸虫病非常危险，症状很像疟疾。那些幸存下来的人进入慢性阶段，在此期间他们通常会呈现为无症状。最终，一些人的血吸虫病发展到晚期，引起特有的腹胀和虚弱症状。[177] 血吸虫病患者可能会因各种形式的身体负担（包括营养不良），从慢性疾病发展到晚期疾病。[178]

考虑到血吸虫病的复杂性和周期性，事实上，许多在1931年出现症状的人很可能已经被感染，营养不良和其他压力导致他们处于血吸虫病晚期。而潜入难民皮肤的血吸虫卵会使许多人处于无症状感染的状态。许多人可能在多年甚至几十年后才因洪水而感染的疾病而死亡。血吸虫病在灾情中扮演着极其复杂的角色，涉及水文、生态、流行病和生物之间的动态相互作用。这还没有考虑到血吸虫病感染黄牛和水牛后带来的经济后果。这个单一因素的复杂性表明，用高死亡率这一僵化模式来考量一场灾害所造成的影响是多么困难，这种量化方式没有充分考虑到生态社会系统已经存在的脆弱性和长期影响。它还表明，如果我们要从社会生态学的角度来看待洪水，我们必须考虑单一事件如何与社区及其环境的更广泛历史相适应。在江水退去、难民返回家园很久之后，洪水脉冲的影响仍在人类的肠胃生态系统中徘徊。

注释

[1] 瑞斯:《一线希望》,第 ix 页。

[2] 欧文·查普曼:《中国抗洪救灾》,SOAS Archives,10/7/15。

[3] 以下部分借鉴了一系列生态学家的观点。洪水脉冲的概念最早是在容克（Wolfgang Junk）、彼得·贝利（Peter B. Bayley）和斯帕克斯（Richard E. Sparks）的《河流—漫滩系统的洪水脉冲概念》（'The Flood Pulse Concept in River-Floodplain Systems'）一文中提出的,参见彼得·贝利《理解大型河流—漫滩生态系统》（'Understanding Large River-Floodplain Ecosystems'）。研究表明,该模式最适用于长江中游地区,参见王建柱等《陆地对长江中游水生食物网的贡献》。关于河流生态学家对这一概念的辩论,参见阿尔辛顿《环境流动》,林肯（Gene E. Likens）《河流生态系统生态学》（*River Ecosystem Ecology*）,第209 页。关于干扰生态学的分析,参见瑞斯《一线希望》、德尔·莫拉尔和沃克《环境灾难、自然恢复与人类应对》。关于前面讨论的一些生态模型的有趣的历史案例,参见莫里斯《大沼泽》,特别是该书第 205 页。

[4] 彼得·贝利:《理解大型河流—漫滩生态系统》,第 154 页。

[5] 穆盛博《战争生态学》和莫里斯《大沼泽》这两项研究是例外。

[6] 莱克·菲利普（Philip S. Lake）:《水流引起的扰动和生态反应:洪水与干旱》（'Flow-generated Disturbances and Ecological Respenses'）,第 75—92、78 页;戴思（R. G. Death）:《洪水对水生无脊椎动物群落的影响》（'The Effect of Floods on Aquatic Invertebrate Communities'）。

[7] 托德船长引用珀西瓦尔《龙之地》第 59 页中的话。

[8] 卜凯:《中华民国廿年水灾区域之经济调查》,第 35 页。

[9] 本段中使用的洪灾类型借鉴自 1954 年洪灾期间进行的灾害调查。见《湖北灾情简况》,1954 年 9 月 6 日,HFKDX,第 225—227 页。

[10] 严仪周主编:《麻城县志》,第 44 页。

[11] RNFRC,第 8 页;《汉口先驱报》,1931 年 8 月 30 日。

[12]《汉口先驱报》,1931 年 8 月 23 日。

[13] 陶直夫:《一九三一年大水灾中中国农村经济的破产》;柯乐博（O. Edmund Clubb）:《中国洪水》（'The Floods of China, a National Disaster'）。

[14] 皮明麻主编:《武汉通史:民国卷（上）》,第 220—223 页。

[15] 谢楚珩:《汉口水灾实地视察记》,《新民报》,1931 年,HSSDX;《汉口先驱报》,1931 年 8 月 18 日。

[16]《汉口先驱报》,1931 年 8 月 23 日。

[17] 45% 的房屋倒塌,37% 的村庄被彻底摧毁,另有 15% 的村庄部分受损。见卜凯《中华民国廿年水灾区域之经济调查》,第 15 页。

[18] 有许多报道描述了小屋居民被淹的情况。见谢楚珩:《汉口水灾实地视察记》;《北华捷报》,1931 年 8 月 11 日;F. G. 昂利:《书信节选》,SOAS Archives,10/7/15。

[19]《论土房的脆弱性》，见卜凯《中华民国廿年水灾区域之经济调查》，第 15 页；《论洪水对武汉土质材料的影响》，见《北华捷报》，1931 年 9 月 1 日；《时代杂志》，1931 年 8 月 31 日。

[20] 陈鹤松：《武昌灾区实地视察记》，《亚细亚报》，HSSDX。

[21] 关于垂直疏散，参见戈德沙尔克（David R. Godschalk）、布劳尔（David J. Brower）、比特利（Timothy Beatley）《灾难性海岸风暴》（Catastrophic Coastal Storms），第 38 页。

[22]《教务杂志》，1932 年 1 月。

[23] 谢茜茂：《一九三一年汉口大水记》，第 144 页。

[24]《北华捷报》，1931 年 9 月 1 日。

[25] 瓦茨（Michael J. Watts）、博尔（Hans G. Bohle）：《脆弱的空间》（'The Space of Vulnerability'）。

[26] 卜凯：《中华民国廿年水灾区域之经济调查》。

[27]《汉口先驱报》，1931 年 8 月 18 日；《北华捷报》，1931 年 9 月 1 日。

[28] 谢茜茂：《一九三一年汉口大水记》，第 54 页。

[29] 谢茜茂：《一九三一年汉口大水记》，第 108 页；《北华捷报》，1931 年 8 月 11 日；《汉口先驱报》，1931 年 8 月 20 日。估计死亡人数从 15 人到 1 000 人不等。

[30]《北华捷报》，1931 年 8 月 11 日。

[31] 谢茜茂：《一九三一年汉口大水记》，第 55 页。

[32] 郭益耀（Y. Y. Kueh）：《中国农业的不稳定性 1931—1990》（Agricultural Instability in China, 1931-1990），第 178 页。有关经济损失的实时讨论，参见《水灾后之粮食问题》，《南京市政府公报》1931 年第 95 期。

[33] 卜凯：《中华民国廿年水灾区域之经济调查》。

[34] 估计损失了价值 7 960 万美元的存储粮食。同上，第 10—12 页。

[35] 威斯勒等：《置身险境》，第 129 页。

[36] 李怀印：《乡村中国纪事》（Village China under Socialism and Reform），第 12—13 页。

[37] 卜凯：《中华民国廿年水灾区域之经济调查》，第 12 页。

[38]《武汉日报》，1932 年 1 月 15 日。

[39] 柯乐博：《共产主义在中国》（Communism in China），第 105 页。

[40]《武汉已成沧海》；RNFRC，第 62 页；《约翰·霍普·辛普森爵士致鲍迪龙先生的信》（Sir J. Hope-Simpson to Mr. F. B. Bourdillon）节选，1932 年 1 月 16 日，美国国家海洋局档案馆，2015 年 10 月 7 日；柯乐博：《中国洪水》。

[41] 卜凯：《中华民国廿年水灾区域之经济调查》，第 45 页。

[42] 李明珠在她对 1931 年洪水的简短讨论中断言，当时并没有出现严重的粮食短缺（李明珠：《华北的饥荒》，第 306 页）。她的评价——在一本研究精湛而深入的书中的一处简短旁白——完全基于救援人员出版的文献。这种相对乐观的评估甚至在她自己引用的史料来源中也相互矛盾，这些来源证明了几个地区都存在饥荒（见 RNFRC，第 68 页）。对洪灾的其他几项研究表明，当时曾发

生过一场饥荒，包括岳谦厚、董媛《再论 1931 年鄂豫皖三省大水》，李文海等《中国近代十大灾荒》，皮大卫《国家工程》。本书描述的普遍营养不良、放贷增加、资产流失、犯罪和骚乱、买卖儿童，以及最引人注目的同类相食，都代表了典型的饥荒症状。若使用豪威（Howe）和德弗罗（Devereux）设计的定性指数来衡量生存危机的强度，这种行为似乎表明了相当严重的饥荒，参见豪威和德弗罗《饥荒强度》（‘Famine Intensity and Magnitude Scales’）。

[43]《武汉已成沧海》;《北华捷报》，1931 年 8 月 4 日;《北华捷报》，1931 年 8 月 25 日; 德怀特·爱德华兹（Dwight Edwards）:《1932 中国对外关系与合作中心报告》（‘The CIFRC Report’1932），《德怀特·爱德华兹档案》（以下简称 DEP），12/14/153。

[44] 伊迪丝·S. 威尔斯（Edith S. Wills）:《汉阳 1931》（‘Hanyang 1931’），SOAS Archives，10/7/15。

[45] 引自柯乐博《共产主义在中国》，第 105 页; 皮大卫还引用了救援人员提供的证据，称他们目睹人们吃自己的孩子，参见皮大卫《工程国家》，第 68 页。

[46] 欧阳铁光:《灾难与农民的生存危机》，《怀化学院学报》，2006 年第 7 期。

[47] 艾志端:《铁泪图》。

[48] 阿马蒂亚·森:《贫穷与饥荒》。

[49] 卜凯:《中华民国廿年水灾区域之经济调查》。

[50] 城山智子（Tomoko Shiroyama）:《大萧条时期的中国》（China During the Great Depression），第 94 页。

[51] 戴森（Tim Dyson）、奥·格拉达:《饥荒人口统计学》（Famine Demography），第 14 页。

[52] 城山智子:《大萧条时期的中国》，第 103 页。

[53] 杜赞奇:《文化、权力和国家》（Culture, Power and the State）。

[54] 城山智子:《大萧条时期的中国》，第 103 页。

[55] 魏丕信:《官僚制度与荒政》，第 53 页。

[56] 他们在夏天典当庄稼，在冬天典当农具，在全年典卖他们的家当。见理查德·托尼（Richard Henry Tawney）《攻击与其他论文集》（The Attack And Other Papers），第 44—45 页; 亦见城山智子《大萧条时期的中国》。

[57] 见曾玛莉《拯救国家》，第 151 页。理查德·托尼指出，中国放债人收取的利率高得可怕; 25% 到 50% 的利率很常见; 50% 到 100% 的利率也不是没有。就较贫穷的农民而言，长期负债是常态而非例外。见《攻击与其他论文集》，第 44—45 页; 另见陶直夫《一九三一年大水灾中中国农村经济的破产》。

[58] 奥·格拉达:《饥荒》，第 78—81 页。

[59] 关于 20 世纪 30 年代初期中国农村信贷市场的状况，参见拉西曼（Ludwik Rajchman）《拉西曼报告书》（Report of the Technical Agent of the Council on His Mission to China）。

[60] 卜凯:《中华民国廿年水灾区域之经济调查》，第 38 页。

[61] 城山智子:《大萧条时期的中国》，第 36 页。

［62］谢茜茂：《一九三一年汉口大水记》，第 132 页。

［63］卜凯：《中华民国廿年水灾区域之经济调查》，第 38 页。

［64］班考夫：《从动物理解灾难》（'Learning About Disasters from Animals'）。

［65］谢茜茂：《一九三一年汉口大水记》，第 41 页。

［66］在湖北，家庭失去的生产性动物占比情况如下：鸡 52%，猪 34%，鸭 10%，鹅 1%。卜凯：《中华民国廿年水灾区域之经济调查》，第 23 页。

［67］麦克尼尔：《太阳底下的新鲜事》；也可参见穆盛博《战争生态学》。

［68］斯米尔：《中国的过去》。

［69］高万桑：《帝制中国晚期社会的牛肉禁忌与祭祀结构》（'Beef Taboo and the Sacrificial Structure of Later Imperial Chinese Society'）；西蒙斯（Frederick J. Simoons）：《别吃这种肉》（Eat Not This Flesh）。

［70］哈里斯：《文化生态学》（Harris, 'Cultural Ecology'），第 56 页。

［71］大约在 20 世纪初，汉口的一个西瓜小贩给了高葆真这幅插图。

［72］卜凯：《中华民国廿年水灾区域之经济调查》，第 15—17 页。

［73］德瓦尔：《致命的饥荒》（Famine That Kills）。

［74］赛珍珠（Pearl S. Buck）：《原配夫人》（The First Wife and Other Stories），第 235—236 页。

［75］杨继绳：《墓碑》。

［76］《武汉已成沧海》。

［77］谢茜茂：《一九三一年汉口大水记》，第 76 页。在 1954 年长江洪水期间，尽管政府对农村经济实施了更为严格的计划，仍然存在关于牛的投机问题。《月下旬溃口分洪地区情况》，HFKDX，第 239—240 页。

［78］《北华捷报》，1931 年 8 月 11 日。

［79］讨论中国饥荒时期食物利用的历史学家经常提到，至少到明代就有学者撰写了植物百科全书，如《救荒本草》。这种官方知识有时会贴在饥荒地区的告示墙上，普通民众在多大程度上参考了这些文本尚不清楚。鉴于饥荒风险最高的农村贫困人口识字水平相对较低，对大多数人来说，饥荒食物的知识似乎更有可能是通过口头教育传播的，这构成了安德森所说的中国文化"食物途径"的一部分。参见安德森《中国食物》（The Food of China）。关于中国的植物学百科全书，见李约瑟、鲁桂珍、黄兴宗《中国科学技术史》第 6 卷第 1 分册，第 331—333 页；李约瑟、罗宾逊、黄兴宗《中国科学技术史》第 7 卷，第 192 页。

［80］关于洪水对鱼类种群的影响，参见瑞斯《一线希望》，第 120 页；罗斯（Stephen T. Ross）《北美淡水鱼的生态学》（Ecology of North American Freshwater Fishes），第 320 页；贝利《理解大型河流—漫滩生态系统》，第 155 页。

［81］《武汉日报》，1932 年 1 月 15 日；陈鹤松：《武昌灾区实地视查记》；欧文·查普曼：《中国抗洪救灾》，SOAS Archives, 10/7/15；伊迪丝·S. 威尔斯：《汉阳 1931》，SOAS Archives, 10/7/15。

［82］《汉口先驱报》，1931 年 8 月 28 日。

［83］戴思：《洪水对水生无脊椎动物群落的影响》。

[84]《北华捷报》，1931 年 9 月 22 日。

[85] 张家炎：《应对灾难》，第 178 页。

[86]《斯蒂芬森小姐来信》（Letter from Miss Stephenson），SOAS Archives，10/7/15。

[87] 谢茜茂：《一九三一年汉口大水记》，第 341 页。

[88] 布赖恩：《长江记——汉口 1910》，第 199—200 页。

[89] 卜凯：《中华民国廿年水灾区域之经济调查》。

[90] 皮大卫：《黄河》，第 74 页。

[91] 清代学者王凤生从地理影响的差异来解释这一点："水灾一条线，旱灾一大片。"正如魏丕信所指出的那样，这是一种过于简单化的粗略说法。见魏丕信《官僚机构与饥荒》第 25 页。1931 年的洪水泛滥到河流之外数百英里，当然没有什么狭窄和细线状之说。20 世纪的统计证据不支持这样一种理论，即主要差异在于对种植领域的相对影响。自 20 世纪 30 年代以来，中国南方的洪水往往比北方的干旱造成更大的农产品绝对损失（郭益耀：《中国农业的不稳定性 1931—1990》，第 31 页）。比较令人信服的解释是，干旱持续的时间长，通常可以持续数年。参见李明珠《华北的饥荒》，第 131—134 页；柯文（Paul Cohen）《历史三调》（History in Three Keys）。尽管这一理论在一定程度上具有说服力，但它并不能解释洪水后内涝和洪水沉积物对耕地可能产生的长期影响，参见穆盛博《战争生态学》。最有说服力的解释之一是干旱多发地区存在的潜在贫困，这使人们极易受到粮食供应不稳定的影响。所有这些因素都在一定程度上解释了为什么事实证明，干旱比洪水更具灾难性。然而，洪水对人类社区造成的众多有害影响在干旱期间是完全不存在的。干燥的景观不会直接伤害或杀死人，也不会破坏他们的家园和粮仓。干旱不会直接剥夺农民的工具，也不会破坏交通网络和市场基础设施。简而言之，干旱和洪水的比较仍然需要大量的研究。

[92] 耐旱植物通过休眠生存，直到水分回归，而其他植物则发展出复杂的直根系统，以获取更深的地下水储量。参见兰伯斯（Lambers）、查宾（F. Stuart Chapin Ⅲ）、庞斯（Thijs L. Pons）《植物生理生态学》（Plant Physiological Ecology）。

[93] 莱克·菲利普：《干旱和水生生态系统》（Drought and Aquatic Ecosystems: Effects and Responses）；莱克·菲利普：《水流引起的扰动和生态反应：洪水与干旱》，第 82—85 页；马修斯（William J. Matthews）：《淡水鱼类生态模式》（Patterns in Freshwater Fish Ecology），第 341—344 页。

[94] 另一种将这种区别概念化的做法是研究氮元素流动的影响，正如瓦茨拉夫·斯米尔所说："氮充足是人类存续的不可替代条件。"参见斯米尔《中国的过去》，第 110 页。

[95] 马洛里（Walter H. Mallory）：《中国：饥荒国度》（China: Land of Famine）；塔克斯顿：《灾难与争论》，第 27 页。

[96] 穆盛博：《战争生态学》。

[97] 德尔·尼诺（Del Ninno）等：《1998 年孟加拉洪水》（The 1998 Floods in Bangladesh），第 81 页。

［98］奥·格拉达：《黑色 1847》（ *Black '47 and Beyond* ）。

［99］《武汉日报》，1932 年 1 月 15 日。

［100］RNFRC.

［101］《汉口先驱报》，1931 年 9 月 10 日。

［102］关于英语中"饥荒"的概念史，参见德瓦尔《致命的饥荒》。

［103］奥·格拉达、莫基尔：《饥荒疾病与饥荒死亡率》（'Famine Disease and Famine Mortality'）。

［104］同上，第 20 页。

［105］奥·格拉达、莫基尔：《饥荒疾病与饥荒死亡率》，第 20 页。

［106］李中清（James Z. Lee）、王丰：《人类的四分之一》（ *One Quarter of Humanity* ），第 44 页。

［107］关于在城市创建新的公共卫生，参见罗芙芸《卫生的现代性》；关于农村地区的疾病流行，参见诺特斯坦（Frank W. Notestein）《中国 38256 个农家的人口统计学研究》（'A Demographic Study of 38256 Rural Families in China'）；南京国民政府前十年的公共卫生史，参见叶嘉炽（Ka-Che Yip）《卫生与国家重建》（ *Health and National Reconstruction in Nationalist China* ）。

［108］到了 20 世纪 30 年代，农村人口中大多数人的卫生状况不佳，这意味着城市地区五岁以上的男性儿童平均比农村同龄人多活 14 年，而年轻的城市女孩则多活 10 年。参见坎贝尔（Cameron Campbell）《1949 年前中国的公共卫生工作及其对死亡率的影响》（'Public Health Efforts in China before 1949 and Their Effects on Mortality: The Case of Beijing'），第 199 页。

［109］奥·格拉达：《饥荒》，第 113—115 页。

［110］一位名叫哈登博士（Dr. Hadden）的传教士医生感染了痢疾，但他似乎幸存了下来。《与汉口洪水相关的无名氏手写日记》，SOAS Archives，5/1201。路易·艾黎（Rewi Alley）在洪水救灾中感染了疟疾，见威利斯·艾黎（Willis Airey）《一个在中国学习的人：路易·艾黎》（ *A Learner in China: A Life of Rewi Auey* ），第 106 页。洪水期间武汉《汉口先驱报》报道的唯一一例外国人死亡事件是 1931 年 9 月 22 日法租界翻船导致的五名方济各会传教士溺水身亡。

［111］据报道几乎所有的在华外国人都接种了霍乱和伤寒疫苗。《北华捷报》，1931 年 9 月 22 日。

［112］E.C. 洛宾斯汀（E. C. Lobenstine）：《传教士和其他西方人在洪灾救济中的工作》（'The Work of Missionaries and Other Westerners in Flood Relief'），SOAS Archives，10/7/15；欧文·查普曼：《中国抗洪救灾》，SOAS Archives，10/7/15。关于 1938 年河南洪灾中的斑疹伤寒，参见穆盛博《战争生态学》，第 63 页。

［113］关于这些疾病的历史，参见图尔（Micheal J. Toole）《难民和移民》（'Refugees and Migrants'），第 117 页；科廷（Philip D. Curtin）《疾病与帝国》（ *Disease and Empire* ）。

［114］RNFRC，第 169 页。

[115]《与汉口洪水相关的无名氏手写日记》，SOAS Archives，5/1201；欧文·查普曼：《中国抗洪救灾》，SOAS Archives，10/7/15。

[116] 诺特斯坦：《中国 38256 个农家的人口统计学研究》，第 77 页。

[117] 欧文·查普曼：《中国抗洪救灾》，SOAS Archives，10/7/15；谢茜茂：《一九三一年汉口大水记》。

[118] 阿尔德雷特（Gregory S. Aldrete）：《古罗马的台伯河洪水》（*Floods of the Tiber in Ancient Rome*），第 149 页。

[119]《北华捷报》，1931 年 9 月 22 日；《汉口先驱报》，1931 年 9 月 13 日。

[120] 比勒（Dawm Day Biehler）：《城市害虫》（*Pests in the City*）。

[121] 韦伯：《人类的负担》，第 44—45 页。

[122] 巴雷特：《红漆门》，第 276 页。

[123]《济赈会令》，HSSDX，第 166—167 页。

[124]《约翰·霍普·辛普森档案》（以下简称 JHS）10，第 161 页。

[125] 马洛里：《中国：饥荒国度》，第 2 页；魏丕信：《官僚制度与荒政》，第 33 页；李明珠：《华北的饥荒》，第 361 页。

[126] 塞拉杨（Sera L. Young）：《饥渴的地球》（*Craving Earth*）。虽然在世界各地的记录中，吃土都是对饥饿的反应，但吃土也可能出于粮食不安全的情况。如今，孕妇和儿童是最热心的食土者，他们用泥土来满足被称为异食癖的欲望。

[127] 有关这些文献的详细分析，参见塞拉杨《饥渴的地球》；另见胡达（Peter Hooda）和杰亚（Henry Jeya）《食土癖与人类营养》（'Geophagia and Human Nutrition'），第 89—98 页。

[128] 塞拉杨：《饥渴的地球》，第 41 页。

[129] 魏丕信：《官僚制度与荒政》，第 33 页。

[130] 伍连德等：《霍乱：中国医疗行业手册》（*Cholera: A Manual for the Medical Profession in China*），第 128—129 页。

[131] 塞拉杨：《饥渴的地球》。

[132]《汉口先驱报》，1931 年 8 月 28 日。

[133]《北华捷报》，1931 年 8 月 22 日；《与汉口洪水相关的无名氏手写日记》，SOAS Archives，5/1201。

[134] RNFRC，第 182 页；有关洪水期间国联抗疫措施的更多信息，参见艾睿思·布罗维《大思维》。

[135] 叶嘉炽：《疾病、社会和国家》（'Disease，Society and the State'）。

[136] 欧文·查普曼：《中国抗洪救灾》，SOAS Archives，10/7/15；谢茜茂：《一九三一年汉口大水记》，第 74 页。

[137] RNFRC，第 301 页。

[138] 德尔·莫拉尔、沃克：《环境灾难、自然恢复与人类应对》。

[139] 张家炎：《应对灾难》，第 123 页。

[140] 穆盛博：《战争生态学》。

[141] 瑞斯：《一线希望》，第 114—115 页。关于河流在氮循环中的作用，参见阿尔

辛顿《环境流动》，第 65—69 页。

[142] 郭益耀：《中国农业的不稳定性 1931—1990》，第 144 页；RNFRC，第 193 页。

[143] 约克（Gerald Yorke）：《中国变化》（*China Changes*），第 72 页。

[144] JHS 10，第 163 页。

[145] 侯厚培：《水灾后武汉之重要出口商业》，《国际贸易导报》1932 年第 4 卷第 2 号。

[146] 关于城市工厂遭遇的洪水，参见 1931 年 8 月 18 日《汉口先驱报》。

[147] 侯厚培：《水灾后武汉之重要出口商业》。

[148]《汉口先驱报》，1931 年 8 月 28 日。

[149] 同上。

[150] 卜凯：《中华民国廿年水灾区域之经济调查》，第 38 页。

[151] 同上，第 46 页。

[152] 在许多农家庭院的农具中，18% 的犁、4% 的手推车和 4% 的独轮丢失了。同上，第 18、22 页。

[153] 同上，第 19 页；中国经济学社：《救灾意见书》，《东方杂志》1931 年第 28 卷第 22 号。

[154] 约克：《中国变化》，第 61 页。

[155] 穆盛博：《战争生态学》。

[156] 班国瑞（Gregor Benton）：《山火》（*Mountain Fires*）。

[157] 严仪周主编：《麻城县志》，第 44 页。

[158] 罗威廉：《红雨》，第 240、316 页。

[159] 同上，第 367 页。

[160] 班国瑞：《山火》。

[161] 黄安现在叫红安。见唐健主编《红安县志》，第 4 页。这部地方志认为破坏根源在国民党。

[162] 约克：《中国变化》，第 61 页。

[163] 摘自《约翰·霍普·辛普森爵士致 F. B. 波迪龙先生的信》，1932 年 1 月 16 日，SOAS Archives，10/7/15。应当指出，这种表述符合国民党对这场灾难的描述，倾向于将难民流离失所归咎于共产党。见《为代收"共匪"区内难民灾况启示》，《救国周刊》1932 年第 1 卷第 5 期。

[164]《北华捷报》，1931 年 10 月 13 日。

[165] 欧文·查普曼：《中国抗洪救灾》，SOAS Archives，10/7/15；谢茜茂：《一九三一年汉口大水记》，第 74 页；《与汉口洪水相关的无名氏手写日记》，SOAS Archives，5/1201。

[166]《与汉口洪水相关的无名氏手写日记》，SOAS Archives，5/1201。

[167] 欧文·查普曼：《中国抗洪救灾》，SOAS Archives，10/7/15。

[168] 伍长耀、伍连德：《海港检疫管理处报告书》。

[169] 严仪周主编：《麻城县志》，第 498 页。根据国民政府外方救援人员的说法，在洪水初期，红军扣押了国民政府的救援人员，要求在灾后重建中获得自主

权。当国民政府后来赎回查尔斯·贝克船长时，红军的主要需求是药品。见乔治·安德鲁斯（George Andrews）《致约翰·霍普·辛普森的信》（'Letter to John Hope Simpson'），1932 年 6 月 6 日，JHS 6i。

[170] RNFRC，第 17 页；潘淑华（Shuk-Wah Poon）：《民国时期广州的霍乱、公众健康与饮用水源政治》（'Cholera, Public Health, and the Politics of Water in Republican Guangzhou'）；张泰山：《民国时期的传染病与社会》，第 143—145 页。

[171] 阿诺德（David Arnold）：《殖民身体》（*Colonizing the Body*），第 167 页。

[172] RNFRC，对比第 132 页和第 149 页。

[173] RNFRC，第 17 页；潘淑华：《民国时期广州的霍乱、公众健康与饮用水源政治》；有关武汉疫情的统计数据，见张泰山《民国时期的传染病与社会》，第 144 页。

[174] 托马斯（Amanda J. Thomas）：《1848—1849 年兰贝斯霍乱爆发》（*The Lambeth Cholera Outbreak of 1848—1849*），第 38 页。

[175] 有说服力的关于灾害的社会科学文献，见威斯勒等《置身险境》、奥利弗–史密斯《人类学研究》。

[176] 皮明庥主编：《武汉通史·民国卷（上）》，第 222 页。

[177] 高敏：《永别了，瘟神》，第 4 页。

[178] 高敏：《追逐钉螺》（*Chasing Snails*），第 19—20 页。

第三章

龙　王

在汉口大水灾中间，我们还听到许多鄙陋可笑和滑稽无根的
迷信传说。有的说这次大水灾是龙王显灵，因为汉口人把龙王庙
毁了……这种迷信……非根本打破不可。

谢茜茂，1931 年[1]

在武汉，有一种湿地生物引发的恐惧比其他任何生物都多。
随着河水不祥地在城市防洪堤周围上涨，谣言开始流传，称当地
的龙王正在行云布雨，说洪水是龙王对市政府去年拆毁龙王庙的
报复行为。人群很快聚集在龙王庙旧址附近的河边。人们用纸做
出虾和蟹，宣称这些是龙王的军队，引导着龙王带着这些军队回
到水里去。道士们做法，巫师们则念诵咒语。[2] 一位僧人宣称，
如果洪水在一周内没有退去，他将跳入河中与龙王理论。[3] 这次
宗教表达的高潮是一场大型游行，游行者穿过城市街道来到了龙
王庙的遗址，在那里竖起了一座祭坛，当地官员在祭坛上供奉祭
品，并向龙王磕头，恳求龙王原谅武汉，结束这场洪水。[4]

龙王有充足的理由发怒。传说中他曾是一位受人尊敬的神，
因为有行云布雨的能力而受到崇拜，但近几十年来，龙王一直遭
到那些坚称其不存在的人的持续攻击。这是旨在根除被批评者归
为迷信的信仰和实践的更广泛运动的一部分。撇开这些含贬义的

标签，历史学家更倾向于将赋予普通人生活意义的许多仪式和节日描述为民间、地方或流行的宗教。本章关注的是这一松散体系的一个特殊方面，即民族气象（ethnometeorological）体系，武汉居民使用该体系来解释天气和调解他们与自然的关系。[5]民国时期民族气象系统知识复杂，包括佛教、道教、伊斯兰教、基督教等有组织地信奉的宗教，也包括那些认为自己是理性科学倡导者的人所宣扬的知识。[6]流行的宗教性民族气象学不受任何一套规范文本或任何特定的仪式传统的束缚。它是民间信仰的一部分，存在于寺庙、神龛和家庭中，涉及各种神灵和灵魂，与当地历史和文化传统中的人物融合在一起。作为普通人奉行的一种鲜活传统，民间信仰比那些吸引了更多有文化的信徒的信仰形式更难考察。对龙王的崇拜就是一个例子。龙王的信徒们似乎没有与任何先前存在的机构有关联，也没有留下他们活动的记录。留给后人的唯一记录是那些评论家写的，而他们认为龙王是一个迷信的神话。

对此当然不乏质疑。目击者对武汉"愚蠢行为"的描述以惊人的速度传遍全球。上海的英国人读到这些描述，称武汉民众认为洪水是由一条龙引起的，而这条龙因人们杀死三条蛇而发怒。[7]美国的读者了解到，在远方有一群人为躲避龙王而集体自杀。[8]新加坡的报纸报道，武汉市政府不允许市众屠宰动物，因为这会激怒某些河神。[9]这样的报道让记者们可以在关于洪水的冷酷无情的文章中加入一点人文色彩。然而，对于分处宗教分歧双方的武汉市民来说，对龙王的崇拜问题是极其严肃的。为了理解激起他们争论的热情，这一章将深入探讨龙的历史。

今天，龙与中国的联系仍然如此密切，以至于龙成为中国的代名词。在象征国际关系的动物种群中，中国龙与俄罗斯熊、美国鹰和印度虎并列。然而，在中国历史的大部分时间里，龙不仅仅是象征，还是真实的生物。它们是构成民族动物学和民族气象学综合系统的关键环节，是可以行云布雨的有知觉的动物。人们对龙的崇拜代表了对致灾机制的文化回应，这种回应帮助人们理解了灾难，并在绝望中找到寄托。

那些对环境几乎没有控制力的人们，将希望寄托在虚无而无生命的塑像上。然而，从历史上看，文化精英们所信奉的民族气象体系与民间信仰所宣扬的体系相似，都存在于道德和观念范畴。事实上，民族气象学以著名的天命观的形式嵌入国家结构中。这就在环境稳定与官方合法性之间建立了直接的因果关系，洪水和干旱往往被解释为上天不满意皇帝统治的迹象。鉴于其深刻的政治影响，地方官员经常宣传弥补灾害的解释也就不足为奇了。其中最典型的是伊懋可所称的"道德气象学"（moral meteorology）。这些理论的追随者将灾害理解为对受害社区不当行为的惩罚。[10] 在精英话语层面，天人感应被解读为一种试图逃避指控的做法，为的是逃避侵犯天命的罪名。然而，这些信念也构成了地方民族气象体系的重要组成部分。这些信念不仅为社区提供了有意义的灾害解释框架，还为人们提供了行动指南。也就是说，如果气候灾害是由于淫乱、虐待人或动物或者违背礼仪而造成的，那么禁止此类行为肯定会恢复与自然的和谐。正如我们将在这一章中所看到的那样，尽管清朝已灭亡，科学气象学已兴起，但1931年洪水的许多观察者仍继续在雨云中寻找政治和道德的信息，甚至一些声称排斥宗教的人也是如此。

93

近年来，一些史学研究描述了20世纪初中国民间信仰与世俗势力之间的矛盾冲突。在杜赞奇开创性工作的基础上，潘淑华和张倩雯（Rebecca Nedostup）等学者详细描述了激进分子如何试图铲除寺庙、神灵和仪式的主体，以创建一个现代世俗国家。[11]表面看起来是关于神学问题的抽象争论，背后其实隐含着政治目的。1931年的洪水就是这样。龙王崇拜揭示了武汉近年剧变中出现的宗教和政治的断层。灾害往往成为政治和文化冲突的催化剂。1755年里斯本地震引发了启蒙运动时期最有影响力的辩论之一，即哲学家们在地震活动是否应该被视为神的审判上存在根本分歧。[12]同样，泰戈尔指责甘地无视科学理性，因为后者声称1934年的比哈尔邦（Bihar）地震是对贱民原罪的"神圣惩罚"。[13]

灾害也会在普通人中引发争论，尽管他们的生活哲学很少被记录下来留给后人。龙王崇拜让我们得以一窥普通人是如何试图理解这场洪水并互相解释的。不幸的是，我们对这些事件的了解，完全是来自敌对双方的证词。这是一个非常普遍的问题。大卫·阿诺德指出，尽管英国人对印度宗教的描述往往是为了"显示大众的荒谬和天真"，但他们仍"让我们比起依靠其他资料更接近民众的看法和反应"。[14]本章本着同样的精神使用有问题的史料，通过挖掘它们来了解社区如何利用宗教来和环境博弈的细节。

94　驯化龙

长江中游的人们几千年来一直与"龙"生活在一起。尽管这种生物毫无疑问是非常古老的，但无人能确切知道其起源。20 世纪初流行的一种神话版本是，龙曾是在这片湿地中繁衍生息的鳄鱼。事实上，这些鳄鱼曾被一度被称为"土龙"。[15]最近，生态学家约翰·瑟布贾纳森（John Thorbjarnarson）*和王小明为这一古老的自然主义论调注入了新的活力，他们指出，鳄鱼的行为反映了许多被认为属于龙的特征。它们因季节而迁徙，在晚春时节来到长江中游，也就是在雨季降水开始淹没湿地的时候。到秋天，当河水开始消退时，它们又消失了。人类早期可能将这些扬子鳄的到来与雨季的开始联系起来，这当然是不可信的。考古学家发现，人们敲打用鳄鱼皮做的鼓，以模仿这些鳄鱼所发出的铿锵有力的求偶叫声，认为这种叫声具有召唤云雨的能力。[16]这种自然主义论调有助于将文化信仰嵌入本地的生态环境中，同时也解释了当地有关龙的传说的诸多演变。然而，我们不应该忘记，还有许多其他的理论也被用来解释龙的起源，这些理论一度看似可信，但现在都被推翻了。其中最离奇的一种观点是 L. 牛顿·海耶斯（L. Newton Hayes）所认为的：龙代表着人类对恐龙的文化记忆，这种记忆已经铭刻在人类的精神世界中，当时"人类的一些早期成员……遇见了这些怪物中的某一种"。[17]幸运的是，就我们的目的而言，确定龙信仰的起源并不像研究其如何随着时间的推移而演变那么重要。在湖北，龙的逐渐演化——即从野生动物到国家象征——反映了致灾机制的演变。

95

　　龙是楚国稻农宗教生活中无处不在的象征，在公元前 1000 年

---

* 约翰·瑟布贾纳森于 2012 年 2 月 14 日去世，终年 52 岁。他是鳄鱼保护主义者，以拯救濒临灭绝的动物而知名。

前后的大部分时间里，楚国统治着包括湖北在内的广大地区。[18]
在此时期，龙仍然属野生动物，不过因其有控制降雨的能力而受
敬畏。楚国的龙（Chu dragons）与它们的远亲欧洲喷火龙非常不
同，就像此后所有的中国龙一样，它们生活在河流和湖泊中，飞
到天上利用呼吸来降雨。楚国地区民众会像他们的祖先那样在晚
春或农历五月积极打鼓。目前看来，人们这么做并不是为吸引鳄
鱼求偶，更可能的是——正如戈兰·艾杰默（Göran Aijmer）所
说的那样——人们一直在试图诱使龙为移植的水稻秧苗带来雨
水。[19] 对农民来说，龙已成为丰产的关键象征。尽管在世界各
地的各种文化传统中都可以找到类似的生物，但蛇和龙的特殊联
系，似乎在亚洲季风区的稻作文化中尤为普遍。这可能反映了一
个共同的社会生态背景，以及人在爬行动物行为和农业周期间构
建的联系。一个更具体的解释是，在文化和技术相同的情况下，
可以在习俗和知识上将古老的水稻种植世界联系在一起。这有助
于解释在印度教和佛教传统中都发现的蛇形神祇那伽（Naga）神
是如何传入中国的。那伽神引入中国后，蛇形神祇与中国的龙文
化交融，并赋予这些生物部分印度文化特征。[20]

　　龙不仅仅是神话中的形象。在当地的民族动物学系统中龙被
认为是可信的，它们是居住在自然界隐秘深处的稀有动物。人们
毫不怀疑，龙骨是一种珍贵的药物，用于治疗一系列疾病。龙不
仅是未受过教育的人过度活跃想象而虚构出来的，中国一些受过
教育而有智慧的人也相信这些说法。他们在一些百科全书性质的
书籍中详细描述了龙的解剖结构，并在地方志中详细记录了他们
的发现。卜正民认为，关于人们看到龙的记载可以帮助我们重建

气候的历史，为风暴和其他气象事件提供证据。[21] 隐藏在阴影
中的生物不仅仅有龙。村庄边界以外的世界是各种势力的家园，
包括鬼魂、狐怪和旱魃。在每一个露出地面的岩石上和阴暗的池
塘里都有各自神秘的居民，自然环境的图像被绣在了当地的历史
长毯中。汉学家常常惊叹这是诗意的中国环境想象，但对普通民
众而言，这些占据外部景观、具有不可预测的力量的怪物是真实
存在的。

　　治水农业的兴起改变了龙的本质。当人们通过建造堤坝和垸田
而建立水利体系时，传说中的水利专家成为新的神灵，而他们被崇
拜的原因是他们有驯服蛟龙的能力，就像他们因为实施宏伟工程计
划来驯服河流而受到人们的崇拜一样。传说在上古时期当一场灾难
性洪水席卷中国时，是大禹疏浚了河道，导河流以入海。这可能是
基于真实历史人物生成的神话故事，大禹治水传说中出现了水龙、
神龟和其他一些超自然生物。[22] 李冰的传说之中也有龙，李冰
在岷江上修筑的卓越水利系统，灌溉了成都平原两千多年。那些
描述水利专家驯服龙的传说，揭示了人们在对洪水的理解上发生
了关键的观念转变，即洪水不再完全是水文波动的自然产物，而
是部分由人类调节。为了在日益严重的人为致灾机制中维持安
全，社区会寻求能够支配本地龙的水利专家的庇护。

　　在长江中游涌现的诸多治水庙宇中，龙与治水专家经常被一
同供奉。后者包括大禹这样全国知名的治水人物，也包括一些因
修建堤坝或为水利安全作出贡献而被神化的本地人。[23] 这些寺
庙遍布于湖北平原的垸田之上，成为当地最重要的宗教场所。[24]
这有助于地区的协同，而协同一致对防洪至关重要。这些寺庙也

是当地祭司和巫师举行求雨仪式的场所。在本地民族动物学系统中，龙与蛇和蜥蜴等爬行动物一起被归类为有鳞动物。[25]如果仪式主持者希望征召龙来控制降雨，他们就会经常在感应神力的仪式上利用有鳞的爬行动物。因为老虎是龙唯一害怕的生物，所以人们希望这些虎骨能把龙吓出水面来降雨。[26]这些仪式并不只限于由男性主导的寺庙祭祀中。在农历二月二日这一天——被称为"龙抬头"——妇女们举行一项重要的水仪式，即用笔在家里的水壶上画线。[27]由于降雨的龙代表着大自然的繁殖生育，试图怀孕的女性有时在生育仪式中使用游龙仪式里用到的蜡烛。[28]

龙作为民间信仰的象征力量，在国家体系中也没有消失。官员们非但没有压制民众对龙的崇拜，还利用各种手段，将龙的精神权威解释国家化。杜赞奇将这种官方话语模式称为"刻划标志"（superscription of symbols）。国家吸纳这些神灵，并赋予其官方合法性，从而创造出一个权威形象，"农村精英能认同，农民和其他社会群体在不放弃……与他们直接相关的方面的前提下认可这种官方权威"。[29]龙的这种标志经常出现在各种场合，最典型的是龙被作为统治者的官方象征。[30]从宋代开始，龙就被装饰在皇家的服饰、旗帜以及王座上。对于地方民众而言，不崇拜皇帝就很难崇拜龙。国家还在农历五月端午时祭龙，这不再只是一个调节雨水的仪式，而是为纪念一位名叫屈原的文人官员，他因受冤屈被逐出朝廷而在汨罗江投水自尽。他悲剧的人生捍卫了官员的清正廉洁。当地人几千年来一直在端午时节敲击锣鼓，据说这么做是为阻止鱼吃掉屈原的尸体。当人们乘坐船头装饰有龙形的特制船只下水时，似乎在重现古人那不顾一切寻找殉道者屈原的过程。[31] 虽然端午节的仪式和习俗早在屈原出生和逝世前就已存在，但现在崇拜的龙还是被编织进了这个国家故事体系中。

被权威化的过程有助于解释被称为龙王的特定人物为何会出现。狂野不羁的野龙，经常是被神秘的仪式哄骗而调控天气，龙王则完全是被"驯化"了，他们可以在寺庙中成神封王，并接受庄严的祭拜仪式。龙王的出现是民间信仰万神殿中更广泛的官僚系统中的一部分，公元 1000 年以后，众神生活的世界与人类社会的世界就极为相似了。玉皇大帝主宰着这众神的世界，在这个世界里，诸神各有各的职责，并按照严格的等级制度进行排名。城隍神主管城市，土地神（土地公）保护村庄和农场，龙王掌控河流和云雨。[32] 虽然龙王的真身是龙，但他们可以变身为蛇或老人，这样就可以不被发觉地在人间行走或游荡。龙是在环境稳定变得与治理问题息息相关的背景下反复出现的。龙王本质上是一个环境官员，他的工作是管理其辖境内的降雨。[33]

仪式强化了官方的治理与灾难之间的联系。至少理论上，龙王祭祀仪式必须由人类管理机构中级别相当的人物主持，最常见的就是地方官。[34] 举行这种仪式的权利赋予了官员相当大的权力，但如果发生灾害，这也会威胁到他们的合法性。官方融入民间信仰生活不仅仅是统治者维护权威的手段，也为民众表达对官方治理失败的不满提供了象征性平台。斯奈德·莱因克在对帝国晚期民族气象学仪式的迷人研究中，强调了地方官员为对民众负责，有时甚至执行一些官方禁止的仪式以迎合地方的需求。[35] 当仪式并没有产生效果，所崇拜的神灵可能就会遭到羞辱，神像会被抬出去游街，受到鞭打，扔到户外。[36] 在这种情况下，地

99

方官员无疑敏锐地意识到，他们的合法地位已因民众的愤怒而岌岌可危，更何况他们与受辱神灵之间还具有象征性的亲近关系。斥责龙王、城隍等守护神，是民愤的有力体现，这提醒着地方官员，如果灾情没有成功缓解，民众的不满对象就很容易从神灵转向官府。

作为一个长期易发洪水的城市，帝国晚期的武汉成了龙的绝佳栖息地。当地人崇拜好几个水神。这里有很多供奉大禹的庙宇，当地人可以在大禹庙里向玉皇大帝任命的神仙请愿，由他主持治水事宜。[37]那些希望采用不那么官方形式的人，可以去参拜供奉雷公的八座庙中的某一座，雷公也能控制降雨。[38]因此，龙王也许不是唯一控制水的神，但可能是最受欢迎的。[39]汉口的龙王庙最早建于何时，尚不清楚，尽管在1739年建造码头时，龙王庙就已经在那里有一段时间了。[40]龙王庙周围有诸多茶馆和一个经营轮渡服务的市场，这里是当地重要的社交中心，[41]建在长江和汉水交汇处附近的一个洪水多发区的堤坝上。[42]宗教与水利工程的这种策略性结合极具启示意义。与后来世俗批评家提出的论点相反，宗教仪式和世俗的解决方案并不是相互排斥的。两者都是应对洪水问题的整体措施的一部分。[43]

对于帝国晚期的武汉人来说，龙仍然是当地信仰的有力代表。夏士德捕捉到每年农历正月初五举行游龙的喧闹："怪物（龙）在人群上方起伏摇晃，缓慢前进，直到接收到信号，它的行进才被激发成一种完全狂热的活动。"最终，龙在"完美的一连串鞭炮声"中鞠躬谢幕……空气中弥漫着浓烟和黑火药的刺鼻味道。[44]端午节（图3.1）也是一个同样热闹的节日。人们聚集

图 3.1　20 世纪初武汉的端午节

出自余恩思：《汉人》，伦敦：伦敦传教士会，1908 年，第 131 页。剑桥大学图书馆供图

在长江边，在那里采摘一种本地芦苇（菖蒲）的根，与烈酒混合   101
后饮用，以抵御夏季流行病。[45] 在这种药酒的作用下，人们抬
着龙游街，一边高呼，一边敲锣打鼓。在这盛大的仪式上，龙头
被放在参加比赛的龙舟前端，然后来自汉口各主要码头的劳工团
队开始赛龙舟。[46]

对罗威廉而言，端午节就是 19 世纪汉口劳工团结一致的重
要表现。[47] 这也是一个群体间紧张矛盾爆发的时期。在节日期
间，不同地区和族群之间经常发生暴力冲突。很多儒家精英非常
不喜欢这个节日，认为这是一个肆无忌惮的劳工和流浪者破坏城
市的节日。[48] 他们为禁止端午节所做的各种尝试表明，关于民
间信仰的争论并非 20 世纪所独有。[49] 龙仍然是有争议的象征。

尽管进行了各种"驯化"尝试，龙已成为地方认同和民间信仰的重要形式，但这些古老的湿地生物仍保留着其野生的颠覆力量。

质疑龙

龙王庙在 1930 年被拆除。从表面上看，这是城市规划者为修一条新公路而做出的常规决定。但这也暴露出民间信仰中的民族气象学在市政管理者眼里已遭到轻视。武汉的宗教景观从来都不是一成不变的，各种各样的宗教机构，包括民间信仰的庙宇、佛寺、清真寺和教堂都证明了这一点。[50] 20 世纪的去偶像活动也并非什么新鲜事。19 世纪 50 年代，太平军攻占武汉时也曾毁坏寺庙，希望将他们特有的神学强加给当地民众。[51] 对神灵的侮辱，加上战争对城市的严重破坏，使武汉民众陷入了迷茫状态。在 19 世纪后半叶，一些人转向了信奉千禧年教派，如青莲教，为那些接受禁欲和素食生活方式的人提供精神救赎。[52] 另外的一些人则被这座城市里的外国人改变了宗教信仰。汉口作为通商口岸对外开放后，武汉新出现了几座天主教和新教教堂，以及一座俄罗斯东正教的宏伟教堂。[53] 甚至还有一个谒师所专为当地锡克教的成员服务，这些成员在租界担任警察和工厂护卫。[54] 外国基督徒往往对中国民间信仰怀有敌意。19 世纪 60 年代，新教传教士卢公明写了一篇言辞激烈的文章，谴责他在中国北方目睹的一场祈雨仪式中的游龙。与 20 世纪 30 年代倾向于用科学怀疑论来表达对民间信仰的不满的批评者不同，卢公明并不反对神灵可以掌控天气的普遍原则。他最大的不满主要是认为村民们求错了神。他哀叹道："他们对天上降下雨水的主一无所知。"[55] 传教士认为他们的信仰与中国民间信仰有本质区别，他们认为中国民间信仰过于功利，甚至是工具性的。基督教记者队克勋（Clarence Burton Day）认为，龙王、火神和雷神等神灵代表的是一种在灾害易发区发展起来的原始的"农民宗教"（peasant religion）。[56] 这不是作为道德标准的宗教，而是一种被动的反应——当地社区纯粹为保护财物而与神进行的交易。

103–104

这些批评者在某种意义上是正确的。危险因子可能在本地环境的习俗演变中发挥了重要作用。传教士在湖北使用的小册子描绘了诺亚和洪水淹没罪恶的情况，配文写道："逆天招灾。"[57] 那些读到这些信息的人是可以被救赎的，他们认为让基督徒免于灾难的天堂就是他们希望被拯救而祈求的上天。图3.2来自20世纪30年代湖北使用的另一本小册子，描绘了中国化的耶稣奇迹般地控制了水，并将渔民从风暴中解救出来。即使传教士没有明确表明他们的信仰是避灾的关键，这些图像以及基督教的神奇元素似乎也强调了这一点，也会对生活在灾害易发区的民众产生高度暗示。传教士们展示的耶稣形象与水神很像——介于大禹和龙王之间。

基督徒并非唯一蔑视中国民间信仰的人。中国精英们也常常对他们所看到的民众异端行为持批评态度。19世纪末，这种长期积压的厌恶情绪，随着知识分子和官员们开始攻击民间信仰的制度基础而呈现出新形式。张之洞在这些运动中发挥了重要作用，他提出要将70%的寺庙改造成学校。当然，不应将张之洞与近代世俗主义者混为一谈，他对民间信仰的厌恶与他接受的儒家正统

图 3.2　"耶稣对他们说，小信的人啊，你们为什么害怕呢？然后他起来，斥责
　　　　风和海。"

出自《我主圣传图》(*The Life of the Chinese Christ by Chinese Artists*)，伦敦福音
传播协会。承蒙联合协会允许复制

思想有很大关系。此外，他领导这项运动很大程度上是出于经济需要。寺庙拥有巨额财富和占有大量土地，他希望通过没收这些财产和土地来资助近代教育的发展。[58]张之洞和他所效忠的清王朝都没能等到见证这些改革的完全施行。然而，他的提议却为接下来拆除宗教建筑的行为开创了先例。

1911年，武汉成了推动清朝灭亡的辛亥革命运动的中心。掌权的共和主义者肩负着将宗教与政治权威分离的重任。[59]在革命后不久，黎元洪试图确立他在这座城市的新掌权者身份，选择效仿已被推翻的王朝仪式惯例，献祭了天地和黄帝。[60]仅仅一年之后，地方官员就不再满足于模仿。相反，出于彰显现代国家的当务之急，他们要创造新的仪式。他们占用了武昌最著名的官方寺庙，将其色调从皇家红重新装修为深灰色。他们用阵亡革命者的画像替换了帝王牌位，并为这些烈士献上肉、鱼、酒和茶。[61]清朝的精神权威没有被否定，但被篡改了。人们为革命烈士——新政权的"饥饿"幽灵——举行曾经专为皇帝本人保留的仪式。

这种对庙宇功能的重新调整，标志着持续攻击武汉民间信仰的制度基础和思想根基的开始。地方驻军司令徐焕斗在他1915年编写的地方志中，认为控制天气的寺庙仪式和风水理论是非常不合时宜的，不过是为了安慰那些对环境几乎没有控制力的无知者。[62]以往学者将民间信仰视为对可靠的宇宙观的异端偏离而进行抨击。与这些学者不同的是，徐焕斗将这些信仰都称为"迷信"，这从根本上否认了民间信仰赖以存在的哲学基础。这是一个几十年前才进入词典的新词汇，与不那么贬义的"宗教"一词并列。[63]这些新的神学术语为知识分子在反对民间信仰的斗争

105

106　　中提供了强大的新概念武器。许多试图抨击迷信的人仍然对宗教抱有一定程度的崇敬，而许多人一度认为二者间没有实质性区别。20 世纪 20 年代的知识分子恽代英是武汉最有名的无神论者。[64]他不仅批判民间信仰中相对仁慈的"神灵"，还严厉地批判"基督教迷信的一派鬼话"。[65]

　　像恽代英这样的知识分子不是单纯的虚无主义者，他们希望建立一种新的科学文化，以取代神灵和仪式的魔法世界，科学文化将为灾害问题提供更有说服力的回应。水文学家张含英认为，当普通人受过足够的教育，能够理解主导环境的物理过程，他们就会摒弃对天气的迷信。历史学家邓拓对此表示赞同，他认为宗教民族气象学起源于古代，当时的农业人口对自然界几乎没有发言权。邓拓认为这种"天命论"痕迹在 20 世纪初仍弥漫在中国文化中，这是一种对当时社会经济状况的痛苦控诉。[66]

　　尽管不乏激情，但 20 世纪 20 年代初，对民间信仰的知识攻击似乎对政治影响相对较小。统治武汉的军阀继续像他们的帝王前辈们那样举行宗教仪式。当 1924 年春雨不至时，省督军宣布了一项为期三天的禁止屠宰猪和牛的命令。这是一种展示当地社区的道德凭据，以引起上天同情的惯用手段。[67]果然，几天后

107　　就开始下雨。为了感谢上天将他的治下省份从灾难中拯救出来，督军带着一群高级官员前往龙王庙，在那里命令市治安长官和市政府负责人修建一座特别的祭坛来感谢仁慈的神。仪式在湖北的治理中继续发挥作用，这令世俗主义者感到懊恼。但这一切即将改变。国民党在 1927 年上台后，发起一场全面的摧毁民间信仰的运动。对龙王来说，前景是黯淡的。

废黜龙王

1927年1月1日，欢欣鼓舞的人们聚集到武汉街头，庆祝武汉被宣布为新政权的临时首都。就在前一年的秋天，一支由国民党、共产党及军事同盟组成的盟军（北伐军）向湖北进军，击败了军阀头领吴佩孚。[68] 在接下来的几个月里，一个被称为武汉国民政府的激进政权掌管着武汉地区。一位名叫维拉·弗拉基米罗夫娜·维什尼亚科娃（Vera Vladimirovna Vishnyakova）的苏联翻译描述了当时武汉街头的令人兴奋的氛围，一部分人在庆祝新政府成立，一部分人在抗议这座城市中的英帝国主义。人群中高举着一头龙的雕像，在街上翩翩起舞，"张着大嘴、眼睛突出的龙头在人群上方盘旋，左右扭曲"。[69] 革命党人有意识地吸纳了清政府时期阴沉的仪式，而这些反对帝国主义的抗议者利用了民间信仰的象征力量，他们的游行重现了节日游行的高度紧张气氛。在接下来的几天里，越来越多的人聚集在一起，1月3日，抗议者游行到英租界。[70]

随后发生的事件是伴随着可预见的意识形态分歧而发生的。一位名叫欧文·查普曼的澳大利亚医生描述了当时的场景，按他的说法，一群愤怒的民众向租界投掷石块，英国海军陆战队尽力克制，但还是参与到肉搏战中，以防止愤怒的民众进入租界。[71] 在铁丝网的另一边，一位名叫杨春波的中国学生表示，在英国海军陆战队发起主动攻击前，抗议者的行为完全是和平的。很快，一名中国船员倒地身亡，几名码头工人受重伤。[72] 随着消息的扩散，愤怒的抗议者冲进租界，占领了英国领事馆。在20世纪20年代中期的中国反帝运动中，这样的暴力事件经常发生。在汉口租界遭受猛烈进攻之后，最引人注目的事件是英国人被迫投降了。根据后来外交部长陈友仁与欧玛利的协定（Chen-O'Malley Agreement），英国人放弃了在汉口的所有土地主张。对英国人来说，这是一次战术撤退，让他们得以坚守更重要的上海租界。对于武汉新政府来说，这是一次重要的象征性胜利，标志着毕可思所说的"大英帝国在亚洲第一次没有复仇的失败"。[73]

占领英租界成为民族和阶级觉醒的关键时刻而被载入革命史册。[74]无论是李立三领导的共产党工会，还是陈友仁等领导的国民党政客，都声称不对此事负任何责任。[75]一位在武汉的苏联官方代表声称，这是"自发的，没有任何组织"。[76]这并不完全准确。这些事件再现了民众抗议的历史，只是现代政治活动家无法理解。自19世纪末以来，排外抗议活动已成为武汉端午节的常规活动。事实上，这甚至不是码头工人第一次对抗英租界。1872年，他们曾试图占领租界内的警察局。[77]曾导致码头工人互殴的紧张局势，现蔓延成为民众对外国人的愤怒，后者在他们城市里建造了一个独立的空间。抗议发生的时间是在1927年1月，与端午节的日期不一致，但抗议者的行动体现出的象征意义肯定让人想起了端午节的传统。

抗议符号——喊口号、放鞭炮、敲鼓和游龙——大量借鉴了仪式惯例。在接下来的几个月里，随着武汉成为局势剧变的中国的首都，街道上一次又一次出现政治游行。正如欧文·查普曼所观察到的，这些游行与"寺庙礼拜、祈祷游行、下雨游行、游

109

龙"等仪式有着惊人的相似之处。[78] 民间信仰一直隐含着一种潜台词，即游行是集体不满和公众权力的象征性表达。现在，民众的抗议似乎借用了宗教的光环和气氛，在识别度和亲近感上能吸引更多民众注意。宗教游行和政治示威之间的相似之处揭示了国民政府为何如此重视 1931 年的龙王崇拜。民众的愤怒很容易从集体祭拜的狂热中爆发。这些相似之处也有助于解释为什么当国民政府在 1927 年底开始镇压政治激进运动时，还对民间信仰发起了猛烈的攻击。

1927 年 4 月，蒋介石在上海和长江下游地区发动了镇压共产党的暴力运动。武汉政府开始时谴责这次清洗运动，但随着政治风向逐渐明晰，一些有名的国民党左派人士逃往莫斯科避难。[79] 与此同时，对乡村的平定也开始了，领头人不是别人，正是夏斗寅。上文中提及此人还是他在洪水过后对湖北农村实施焦土政策。在 20 世纪 20 年代初经历了几年的军阀争斗后，夏斗寅及时与北伐军结盟，当时驻扎在长沙附近，担任师长。夏斗寅对武汉的激进运动，尤其是反对农村地主的运动感到震惊，随后就叛变了，并开始向城市进军，制造了一系列暴行。[80] 在被忠于政府的军队击退后，夏斗寅致力于清除农村的激进运动。正如罗威廉所观察到的，这场冲突既是一场性别战争，也是一场政治争端。夏斗寅以残忍的方式迫害那些随性地梳着现代发型、与丈夫离婚或无视其他农村性别关系准则的女性，并以此为乐。随着反革命活动席卷农村，汪精卫和其他留在武汉的国民党人断绝了与共产党的联系。7 月中旬，军事当局占领了工会总部，开始处决疑似共产党的人。[81] 针对妇女的暴力再次盛行，一名女权主义领袖

110

被处决，头被砍下挂在城墙上。[82]这种歧视女性的暴力偏好表明，根深蒂固的保守主义将成为未来几年武汉政坛最强大的暗流。正如爱德华·麦考德所说的那样，在寻求改造这座城市的技术官僚中，许多"派系军阀"将继续发挥相当大的权力，并在湖北推行保守的社会政策。[83]

　　无论是出于偶然还是有意为之，这种保守的镇压与官方反对民间信仰运动的升级不谋而合。1928年，官方出台了新的立法，允许世俗活动家对民间信仰发起无情攻击。张倩雯和潘淑华描述了这项立法在国民党位于江南的中心地带的影响。[84]在武汉这个争议更大的地区，整治行动似乎更为严厉。其他地区的市政当局只是满足于发布法令，取缔算命先生。而在武汉，当局要求这些算命先生要在三个月内找到新职业。[85]一年一度的中秋节期间前往寺庙祭拜的活动也被禁止了，士兵们被派往寺庙，以防止祭拜者进入。[86]土地庙被关了，信徒们被禁止焚烧纸钱和点香火。一些特别倒霉的土地庙被改造成了公共厕所。[87]当未达到预期效果时，当局决定"逮捕"土地神。他们将这些木制雕像带到警察局，以"斩首"的方式进行处决。[88]这种高度仪式化的破坏神像行为，似乎本身就带有其试图根除的宗教信仰的不可磨灭的痕迹。并不是所有的神都遭受了这种屈辱的命运。大禹作为中国工程师的典范幸存了下来。[89]那些为龙王神话增加神秘色彩的蛟龙、神龟被人们不经意忽视了，而龙王本身却没有被同等对待，1928年，龙王被正式列为迷信。[90]

　　在这种背景下，市政规划者做出了拆除龙王庙的决定。这种不考虑地方情绪的做法完全符合城市管理部门的新政策。激进的武汉政府垮台后，蒋介石任命心腹刘文岛为武汉市长。一支年轻的技术官员队伍从其他地区被调派过来，他们的任务是将武汉转变为一个现代化的大都市，与巴黎、东京或伦敦相媲美。[91]武汉的道路很糟糕，交通基础设施的更新是这场城市复兴运动的核心。在 20 世纪 30 年代初期，武汉只有大约 700 辆汽车，不到南京或广东的一半，比起上海高度现代化街道上行驶的汽车数量更是少之又少。[92]汉口错综复杂的小巷以狭窄不平、店铺招牌杂乱无章、道路泥泞不堪而为人诟病。[93]因此武汉需要一条沿江新道路，没有任何寺庙能阻止这一发展。[94]1931 年春，随着龙王被驱逐，新道路开工建设，市政规划者们所有雄心勃勃的计划似乎都即将实现。一位离开武汉两年后又返回的传教士惊讶地看到，新的宽敞街道穿过了古老、黑暗、拥挤、狭窄、肮脏、不健康的老城。这些新街道有光滑的柏油路面、人行道、地下排水系统。当地商人欣然接受了这些改革："用平板玻璃装饰的店面、大量最新的霓虹灯广告和空中标识，每条街上都有的汽车和车库。"[95]物质现代化在武汉已然开始，并在宗教景观中肆无忌惮地穿梭。而城市上空，却已乌云密布。

大水冲了龙王庙

到 1931 年 7 月，伴随着武汉周边江水上涨，武汉人迫切想要一个对恶劣天气的解释。本地善堂请了一个"仙"来对此进行解释。他用一种被称为扶乩的占卜工具来实施画符仪式。[96]画出的结果是"老汉无忧"，没有人知道这条深奥的信息是什么意思。最后人们断定——当然这只是一种可能的解释，"老汉"不是指一个老人，而是指"老汉口"。这条信息的意思就是不必担心老汉口，也就是说武汉曾经的核心区不会被淹没。[97]然而，从这条占卜信息所获得的任何安慰都只是暂时的。不久之后，洪水淹没了整个城市，无论新区还是旧区。对一些人来说，这场灾难表明了上天对当地民众的不满。[98]一位观察家认为，这场洪水是"除掉武汉坏人"的一种方式。[99]很明显，天人感应思想继续对当地灾害原因的解释产生影响。对另外的一些人来说，还有一个更简单的解释，即龙王通过连绵不断的降雨来发泄他的愤怒。

对于反对民间信仰的人而言，这场洪水来得不是时候。洪水发生在龙王庙被拆除仅一年后，这一事实让许多人相信这些云雨就是龙王复仇的杰作。认定洪水是神灵复仇的并不只有武汉人。

113 同样，高邮市民也坚信他们本地的城隍神绝不会坐视人们的家园遭受洪灾袭击。而不幸的是，鲁莽的世俗主义者在洪水前不久就拆毁了城隍庙。[100]上海民众则更为幸运。传言在初夏，一名客房服务员发现住在旅馆的三个老人变成了蛇。当地民众很快断定，这些不是普通的爬行动物，它们是变形成蛇的龙王。于是人们涌向旅馆，烧香祭拜，恳求龙王不要淹没他们的城市。[101]结果上海只遭受了轻微洪水。

这些谣言的泛滥表明，反迷信运动对民族气象学的影响似乎有限。政府立法并不是简简单单、没人注意就通过了，而是已被纳入宗教叙事的框架中。洪水似乎威胁到科学改革的使命，愤怒的神灵利用雨水报复傲慢的世俗主义者。民间信仰的谣言往往包含对过去治理模式的某种怀念。武汉的一个难民表示，在过去，官员们只要向洪水跪拜，洪水就会退去。问题是现在这些官员们"不信神"。[102]1935年湖北洪水期间，难民们表达了类似的情绪，指责官员阻止他们唱神戏，而人们通常以唱神戏来安抚蛟龙。[103]

　　一些官员似乎对民间信仰解释持同情态度。据说，军事指挥官方本仁向一条在洪水中游动的蛇磕头，称其为蛇大王，那是一种与龙王关系密切的超自然爬行动物。[104]该省当局也参与了应对洪水的仪式。他们最初抵制了制定屠宰禁令的呼吁，抵制行为持续了五天，并张贴海报支持鼓舞人心的道德行为，但最终还是失败了。[105]不久，外国人就抱怨说，在市场上买不到肉。[106]另外一些官员甚至直接参与其中。洪水前几个月才接替刘文岛的倒霉市长何葆华来到龙王庙旧址，参加旨在安抚神灵的仪式。[107]而夏斗寅的影响更大，他带着游行队伍穿街过巷，主持祭坛仪式。[108]

　　在历史学家刘富道看来，地方官参与宗教仪式是政治不理性和惰政的反映。[109]这种评价低估了通过这种策略可能产生的政治资本。夏斗寅及其同伙完全有可能相信愤怒的龙王对武汉构成了生死存亡的威胁。同样看似合理的是，他们是在用仪式来平息公众的愤怒。正如清朝官员为了平息当地民众的愤怒而无视国家对异端习俗的禁令一样，这些地方官可能也愿意无视反迷信的法令，供奉强势的地方神灵。这种矛盾的更明显例子发生在1934年的一场旱灾中，当时在安徽和河南交界处的一个乡村，民众强迫县长向当地龙王举行了一场祈雨仪式。然而七日后仍未下雨，于是县长让行刑队处决了龙王。[110]考虑到宗教仪式的潜台词，给予神灵信任可能是一种非常明智的平息公众愤怒的方式。地方大

114

员也许参加了这种他们相信有效的仪式，抑或只是将宗教仪式作为一种战略性的政治表演。或许两种情况都有。可以确定的是，夏斗寅并没有因为祭拜龙王而在政治上有所损失。1932 年，他晋级为省长。[111] 在此位置上的他似乎也没有努力重建龙王庙。

115　抱佛脚

　　并非所有人都相信民间信仰对洪水的解释。许多记者对此提出了尖锐批评，他们在武汉被淹没的街道上报道洪水的情况。管雪斋看到人们从寺庙中救出佛像，这让他感到很困惑。他向读者发问，为什么人们会相信甚至都不能自救的木制雕像。陈鹤松认为宗教对洪水的反应是极其虚伪的。他讥讽那些在平日里没有多少虔诚之心的人，却似乎在灾难来临之际突然有了信仰。在陈鹤松看来，这些人不过是"临时抱佛脚"。[112] 谢茵茂无疑是洪水期间对宗教批评最激烈的记者。他是一名沦为难民的本地记者，我们对他的了解相对较少。他似乎大体上是支持国民党的。他写的关于洪水过程的专著收录了蒋介石写的一份宣言，得到了其他党内名流的支持。然而，他并不是一个唯命是从的宣传者，他热衷于记录难民在军方手中所遭受的不公正对待。像那个时代的许多记者一样，他采用了高度说教的风格，尤其是在抨击同胞的信仰时。对于谢茵茂而言，民间信仰不仅愚蠢，而且危险，因为其培育了宿命论，阻止了人们与灾难作斗争。[113] 在一段似乎预见到未来中国民间信仰与环境关系的段落中，他认为若要防止未来的灾难，中国的民众就得打破迷信，认识到"人定胜天"。[114]

　　批评民间信仰的洪水解释的并非只有当地记者。外国观察者也对他们所看到的现象既感到好笑，又觉得震惊。对美国领事馆工作人员埃德蒙·柯乐博来说，龙王崇拜揭示了地方官的冷漠和宿命论，他认为，当地官员在洪水面前只会投降。他们"明白龙王——河流的统治者——对不久前发生在该市的龙王庙被毁一事感到不满，人们为保护龙王庙似乎作出了一些微不足道的努力，但仍将要付出代价"。[115]上海的英国媒体报道说，武汉民众"坚信洪水是龙王造成的"，因此人们变得无助而麻木。[116]这些批评语气表面上与中国媒体的谴责有相似之处，但内在反思和外部批评之间存在实质性区别。英国记者没有用心观察洪水期间他们所属文化群体的宗教反应。没有人去嘲笑基督教传教士的民族气象学。[117]一位医疗传教士说，他和其他救援人员尽管经常与受感染的难民接触，但都没有生病，这真是奇迹，他把他们的幸运归功于"上帝保佑"，而忽略了接种疫苗的作用。[118]冬天下大雪时，伊迪丝·S.威尔斯（Edith S. Wills）担心她负责的难民的生命安全，但当她的上帝"送来温暖的春日"时，她松了一口气，这表明这些不幸的人"与上帝的心很近"。[119]威尔斯并不是唯一一个将天气变化归因于上帝的人。一位名叫威廉·布鲁斯·洛克哈特（William Bruce Lockhart）的臭名昭著的种族主义记者认为，武汉洪水是"无限者（the Infinite）*对过去几年该地区腐败和暴力的回应"。[120]洛克哈特运用了《旧约全书》中道德

116

———————
* 即上帝。

气象学的一种变体，宣称这场洪水是对武汉人对抗英租界的行为的神圣惩罚。

很少有人用如此强烈的宗教习语来表达自我，但许多英国人似乎同意，洪水在某种程度上与1927年事件后他们耻辱性地丧失地位有关。一位评论人士指出，中国人在收回英租界后，他们对防洪采取一种"放任自流的态度"，更糟糕的是，腐败的政客侵吞了诚实的英国居民为维护城市堤坝而缴纳的税款。[121]抗议呼声最后是如此狂热，以至于中国海事海关总税务司梅乐和（Frederick Maze）亲自前往武汉调查情况。他认为这些指控是恶作剧的宣传，并指出前租界的防洪设施直到河流淹没该地区几周后才倒塌。[122]这虽然证明了英国失去地位并非武汉洪水的起因之一，但这并没有减少外国人发起的一连串批评。事实证明，世俗谣言和宗教谣言一样，都有无懈可击的证据。人们往往会在洪水期间发现自己狭隘的地方主义忧虑，洛克哈特认为他的同胞是肆意的民族主义泛滥的无辜受害者。谢茜茂认为，如果没有宿命论和迷信的缺陷，中国民众一定能抵御灾害。看来即使世俗主义者也有他们形式的民族气象学。

溃堤处的龙

牛顿·海耶斯在1926年写道："今天在中国生活着真正的龙，它们拥有神奇的力量，偶尔会让凡人看到自己。每十个中国人中至少有七个是这样认为的。"[123]对这种信念的坚持既逗乐了外国人，当然也激怒了地方变革者。然而这并不奇怪。几千年来，龙一直是民族动物学系统的惯有特征，它们具有超凡魅力和灵活的象征性，因而能够在政治和环境变化的紧急情况下流传下来。这种韧性的部分原因是它们生活在长期易发灾害的地区。只要洪水和干旱继续困扰着民众，他们就需要与行云布雨的龙谈判。中国的民族气象学是格雷格·班考夫所说的"灾害文化"（culture of disasters）的重要组成部分。[124] 神灵和仪式让人们能够"接受长期的危险威胁，降低灾害的最坏影响"。[125] 这有助于解释为什么龙的本性会随着时间而改变，随着风险配置的演变，神也在祈求保护。龙的历史可以理解为致灾机制的历史。

那些抨击民间信仰的人不愿承认龙有任何实用价值。相反，他们认为龙是一股有害的力量，助长了宿命论和冷漠。这种观点是基于对民间信仰的本质的根本误解，认为那些诉诸仪式的人没有采取任何实际措施来保护他们自己。然而，湖北人总是将建庙与筑堤一并进行，把仪式和工程相结合。宗教有许多积极功能，帮助人们建立水利网络的社区纽带，并激发了在这些水利网络崩溃时救济难民的慈善事业。僧侣和神父在 1931 年的救灾工作前线为难民分发食物，庙宇变成了难民收容所。他们既不应被指责为冷漠，也不应被指责为无所作为。

这并不是说宗教是完全良性的，或者说世俗主义者就是不宽容的。虽然世俗运动者经常伤害边缘和贫穷的人，但并非所有的受害者都像盲人算命师和游走的牧师那样。一些改革者试图揭露那些不择手段的地方官员，他们利用宗教情绪来逃避社会问题的责任。[126] 这些包括 1925 年在寺庙中求雨时让他的子民挨饿的

118

地方官，以及干旱期间向天空开炮的军阀张宗昌。批评这些人不只是精英的义务，考虑到20世纪30年代直言不讳的中国记者经常以牺牲生命为代价，这种批评无疑是勇敢的。参与应对洪水的宗教活动的官员们并不能算是狭隘的现代性 * 的受害者。正如我们将在后文看到的那样，官员将自己的意志强加于人，并以极端严酷的方式维持着街道的治安。这种被压制的语境，可以解释为什么谢茜茂只含糊地提到参与宗教仪式的某位高级官员，并指出"自命为知识阶级"的成员与群众一起祭拜龙王。[127] 无法确定这种隐晦的描述具体指谁，但像夏斗寅这样有权势的地方官员应该是应选人。

　　到1931年8月初，一直包围汉口的洪水终于冲破了最后的防线，涌入大街小巷。到了这一阶段，龙王崇拜似乎崩塌了，至少从文献记录看，是消失了。历史学家将武汉防洪最终失败归因于几个不同因素：当地的一个传言说，包括省长何成濬在内的政府高级官员因忙于打麻将而没有及时采取行动；[128] 历史学家方秋梅给出一个更务实的解释，她将防洪溃败原因追溯到市政管理人员几年来的疏忽，声称他们把所有的钱都花在修路上了，而疏于对堤坝的维护；[129] 叶志国认为，武昌周边城墙的拆除和汉口北扩都加剧了洪水的严重后果。[130] 道路建设和城市更新计划可能加剧了武汉洪水泛滥的说法，进一步激化了该市激烈的宗教辩论。广泛的城市改革，包括拆毁龙王庙，似乎真的对这座城市的洪水产生了影响。

---

* 现代性强调彻底的个人自由，以及对理想和科学的信任。

　　龙可能在洪水起源上发挥着更直接的作用。正如我们将在下一章看到的，武汉的洪水是分阶段来袭的。到 7 月下旬，唯一阻止汉口毁灭的设施就剩城北的铁路路堤。8 月 1 日，负责堤防的工作组决定停止工作。在接下来的几个小时里，堤坝上的一个小洞破开并导致了全线溃堤。第二天早上，洪水就涌进了城市的街道。为什么工人们在这个关键时刻停止修筑堤坝，这仍然是一个谜。在上海的中国记者们指责这是一名政府工程师的失职。[131] 英国媒体认为这是因为一帮苦力为了要求加薪而自发罢工。[132] 谢茜茂给出了截然不同的解释，他报道说：目击者声称没有罢工工，但停工部分是因为路堤监督员阴谋贪污工人工资，为了能携款潜逃，他谎称有龙王作怪，以吓唬工人们离开岗位。[133] 当惊恐的工人返回时，他们发现路堤遭受了无法弥补的破坏。有这么多说法，又有诸多"事实"，似乎真的是龙造成了武汉的洪灾。

120

注释

[1] 谢茜茂：《一九三一年汉口大水记》，第 6 页。

[2] 同上，第 149 页。

[3] 徐明庭：《防汛险段龙王庙》，肖志华、严昌洪编《武汉掌故》，1994 年，第 288 页。

[4] 欧阳文：《夏司令跪拜龙王》，《武汉文史资料》总第 13 辑，1983 年；徐明庭：《防汛险段龙王庙》；涂德深、杨志超：《武汉龙王庙的变迁》，《湖北文史资料》2002 年第 3 期。

[5] 譬如克拉克（Phlip A. Clarke）《澳大利亚土著民族气象学》（*Australian Aboriginal Ethnometeorology and Seasonal Calendars*）。

[6] 本章没有使用前缀"ethno"作为另类的标志——将丰富多彩的（并隐含着错误的）本土信仰与被认为没有人文倾向的科学领域理论区分开来。就像每个人都有一个民族一样，每个群体也有自己形式的民族气象学。

[7]《北华捷报》，1931 年 10 月 20 日。

[8]《纽约时报》，1931 年 8 月 22 日；《华盛顿邮报》，1931 年 8 月 24 日。

[9]《新加坡自由报》，1931 年 9 月 14 日。

[10] 伊懋可：《谁是罪魁祸首》。

[11] 杜赞奇：《文化、权力和国家》；张倩雯（Rebecca Nedostup）：《迷信体制》（*Superstitious Regimes*）；潘淑华：《近代中国的宗教谈判》（*Negotiating Religion in Modern China*）；高万桑、帕尔默（David Palmer）：《宗教问题》（*The Religious Question in Modern China*）。

[12] 罗萨里奥（Kevin Rozario）：《灾难文化》（*The Culture of Calamity*），第 14—20 页。

[13] 帕兰加普（Makarand R. Paranjape）：《自然的超自然主义？》（'Natural Supernaturalism?'）。感谢马修·普里查德提醒我注意这个对比。

[14] 阿诺德：《殖民身体》，第 218—219 页。

[15] 夏士德：《长江的帆船和舢板》，第 468 页。

[16] 约翰·瑟布贾纳森、王小明：《扬子鳄》。

[17] 海耶斯：《中国龙》（*The Chinese Dragon*），第 37 页。这只是 20 世纪初关于中国龙起源的众多理论中最不可信的一个。汉学家 M. W. 德维瑟（M. W. De Visser）试图证明，中国龙与喷火的欧洲龙是不同的，他在佛教和儒家文献中寻找早期文献证据。参见德维瑟《中国与日本的龙》（*The Dragon in China and Japan*）。民俗学家唐纳德·麦肯齐（Donald Mackenzie）认为，中国龙的传说与印度、巴比伦和波利尼西亚等不同地区发现的图案相似，表明了高度的历史文化交流。参见麦肯齐《中国与日本的神话》（*Myths of China and Japan*）。解剖学家和进化论者格拉夫顿·埃利奥特·史密斯（Grafton Elliot Smith）更进一步，认为古埃及龙的象征通过文化传播流向世界各地，参见格拉夫顿·埃利奥特·史密斯《龙的演变》（*The Evolution of the Dragon*）。

[18] 梅杰（John S. Major）：《楚国晚期的宗教特征》（'Characteristics of Late Chu Religion'）。

[19] 艾杰默：《端午节》（*The Dragon Boat Festival on the Hupeh-Hunan Plain, Central China*），第 21—27 页。

[20] 德维瑟：《中国与日本的龙》。

[21] 卜正民：《挣扎的帝国》，第 6—24 页；另见阿尔文·柯文（Alvin P. Cohen）：《胁迫雨神》（'Coercing the Rain Deities in Ancient China'）；彭慕兰（Kenneth Pomeranz）：《近代中国历史上的邯郸雨神祠》（'Water to Iron, Widows to Warlords: The Handan Rain Shrine in Modern Chinese History'）；欧大年（Daniel L. Overmyer）：《20 世纪华北的民间信仰》（*Local Religion in North China in the Twentieth Century*）。

[22] 比勒尔（Anne Birrell）：《中国神话》（*Chinese Mythology*）；沙伯力（Bary Sautman）：《神话起源》（'Myths of Descent'）；皮大卫：《黄河》，第 29—31 页。

[23] 汉口龙王庙里有一块大禹碑，见涂德深、杨志超《武汉龙王庙的变迁》。19 世纪 40 年代，一位晚清盐商在武汉附近资助修建了一座重要的防洪墙，他死后被神化，拥有自己的神庙，被期望继续保佑当地的水利安全。见罗威廉《汉口：一个中国城市的冲突与社区（1796—1895）》，第 151 页。类似的做法在黄

河流域也有，见道根《驾驭黄龙》，第 157 页。

［24］高燕：《水政变迁》，第 69—93 页。

［25］斯特克斯（Roel Sterckx）：《古代中国的动物与守护神》（*The Animal and the Daemon in Early China*）。

［26］斯奈德·莱因克：《旱魃》，第 15—16、103—104 页。

［27］《武汉市志：社会志》，第 106 页。

［28］夏士德：《长江的帆船与舢板》，第 468 页。

［29］杜赞奇：《中国国家形成中的全球与地区》（*The Global and Regional in China's Nation Formation*）第 95 页。

［30］约翰·瑟布贾纳森、王小明：《扬子鳄》，第 60 页。

［31］艾杰默：《端午节》；菲利普·鲍尔：《水王国》，第 180 页。

［32］关于城隍神，参见司徒安（Angela Zito）《帝制晚期中国的城隍、孝道与支配权》（'City Gods, Filiality and Hegemeny in Late Imperial China'）。

［33］赵启光把龙王描述为"水利判官"。见赵启光《水利社会语境中的中国神话》（'Chinese Mythology in the Context of Hydraulic Society'），第 239 页。

［34］但这并不妨碍本地巫师（萨满）也在龙王庙举行仪式。参见萨顿（Donald S. Sutton）《明清精英眼中的萨满教》（'Shamanism in the Eyes of Ming and Qing Elites'）。

［35］斯奈德·莱因克：《旱魃》。

［36］卢公明（Justus Doolittle）：《中国人的社会生活》（Social Life of the Chinese），第 122 页；斯奈德·莱因克：《旱魃》。

［37］范锴：《汉口丛谈》，第 138—209 页；水野幸吉：《汉口》，第 485 页；刘富道：《天下第一街：武汉汉正街》，第 180 页。

［38］对于晚清汉口寺庙的完整名单可以在范锴的《汉口丛谈》第 38—209 页找到；另见刘富道《天下第一街》，第 180 页；罗威廉《汉口：一个中国城市的冲突与社区（1796—1895）》，第 21 页。

［39］除汉口龙王庙外，武昌还有一座东海龙王庙。见《武昌县志》，1989 年，第 584 页。

［40］刘富道：《天下第一街》，第 180 页。

［41］涂德深、杨志超：《武汉龙王庙的变迁》，第 1 页；罗威廉：《汉口：一个中国城市的冲突与社区（1796—1895）》，第 32 页。

［42］叶调元：《汉口竹枝词校注》，第 2 页；徐明庭：《防汛险段龙王庙》。

［43］斯奈德·莱因克：《旱魃》；欧大年：《20 世纪华北的民间信仰》。

［44］夏士德：《长江的帆船与舢板》，第 125 页。

［45］范锴：《汉口丛谈》，第 193—194 页；余恩思：《汉人》，第 130 页。菖蒲被植物学家称为 acorus calamus，有时也被称为 sweet flag。长江中游的一些居民告诉我，在端午节，他们仍然在使用这些植物的根。现在他们不再食用这种植物，但还是会用作肥皂或洗发水。

［46］夏士德：《长江的帆船与舢板》，第 534—535 页；罗威廉：《汉口：一个中国城

市的冲突与社区（1796—1895）》。

［47］罗威廉：《汉口：一个中国城市的冲突与社区（1796—1895）》，第 201—206 页。

［48］范锴：《汉口丛谈》，第 193—194 页。

［49］罗威廉：《汉口：一个中国城市的冲突与社区（1796—1895）》，第 201—206 页。

［50］关于佛寺和道观参看范锴《汉口丛谈》，第 38—209 页；关于清真寺，见《克劳德·皮肯斯关于中国穆斯林的收藏》（Rev. Claude L. Pickens, Jr. collection on Muslims in China）第三册，1932—1947 年，哈佛燕京图书馆。

［51］关于毁坏寺庙，参见艾尔金《书信和日记》，第 292 页；关于太平军的神学，参见基尔考斯《太平天国神学》（Taiping Theology）。

［52］罗威廉：《汉口：一个中国城市的冲突与社区（1796—1895）》，第 257—261 页。

［53］天主教传教士至少活跃了一个世纪，在武昌有一座方济各会教堂，在汉阳有一个哥伦布教会。到 19 世纪末，新教已成为当地最大教派，并由伦敦传教会和卫斯理卫理公会的代表传教。见沃尔什（James A. Walsh）《东方观察》（Observations in the Orient），第 131—142 页；巴雷特《红漆门》。武汉甚至有自己的天主教女牧师约翰·珀博伊尔，她于 1839 年在十字架上被勒死，参见菲亚特（Antoine Fiat）《幸福的约翰·加布里埃尔·珀博伊尔的一生》（Life of Blessed John Gabriel Perboyre）、余恩思《汉人》、张宁（Ning J. Chang）《教会内部的紧张局势》（'Tension within the Church'）。关于俄罗斯东正教，见方方《主动送还回来的租界——俄租界》，《武汉文史资料》，2009 年。

［54］袁继成：《汉口租界志》，第 391 页。

［55］卢公明：《中国人的社会生活》，第 122 页。

［56］《教务杂志》，1932 年 7 月。

［57］威廉·威尔逊（William Wilson）：《中国传教背景下传教领域的本土艺术价值》（'Eye-Gate or the Value of Native Art in the Mission-Field with Special Reference to the Evangelization of China'），SOAS Archives，6/107a。

［58］潘淑华：《近代中国的宗教谈判》，第 24 页。

［59］张倩雯：《迷信体制》。

［60］沈艾娣（Henrietta Harrison）：《创造共和国民》（The Making of the Republican Citizen），第 17—18 页。

［61］《艾米莉·拉滕伯里致匿名者的信》［Emily Rattenbury（née Ewins）to Anon（Letter）]，1912 年，卫理公会档案，GB-135 DDHBR；哲夫、余兰生、翟跃东：《晚清民初武汉映像》，第 217 页。以上两处文献均未提供这座寺庙的原名。

［62］徐焕斗：《汉口小志》。

［63］潘淑华：《近代中国的宗教谈判》。

［64］五四运动是一场知识分子觉醒的运动。以往通常从北京和上海视角看待此次运动。最近，沙哈尔·拉哈夫（Shakhar Rahav）阐述了活动在武汉的各大学和书店的知识分子在将这些新思想转化为一种群众性政治运动形式当中发挥的重要作用。参见拉哈夫《政治精英的崛起》。

［65］恽代英：《恽代英文集》（北京：人民出版社，1984 年），第 371 页。关于恽

代英的反对宗教运动，参见库尔曼（Dirk Kuhlmann）《在与"他者"的遭遇中的文化交谈和宗教身份》（'Negotiating Cultural and Religious Identities in the Encounter with the 'Other''）。

[66] 邓拓：《中国救荒史》，第161—166页。

[67] 在此期间，英国驻华报刊对地方政府的宗教活动进行了认真的记录。尽管他们对事件的解释受到文化偏见的影响，但他们的报告还是为民族气象学提供了宝贵的见解。以下报道摘自《北华捷报》，1924年5月23日。没人提到省督军的名字，当时的省督办应是萧耀南，见《武汉史志·军事志》第52页。这些仪式是在汉口龙王庙还是武昌东海龙王庙举行的，没有明确的记载。

[68] 方德万：《1925—1945年中国的战争与民族主义》（*War and Nationalism in China 1925–1945*）；韦慕庭（C. Martin Wilbur）：《中国国民革命1923—1928》（*The Nationalist Revolution in China, 1923–1928*）。

[69] 维什尼亚科娃：《革命中国的两年》（*Two Years in Revolutionary China*），第276页。

[70] 同上；杨春波：《一三惨案与收回英租界的斗争》，《武汉文史资料》总第14辑，1983年。

[71] 欧文·查普曼：《中国革命（1926—1927）》（*The Chinese Revolution 1926–1927*），第32—35页。

[72] 毕可思：《在华英国人》，第142页；另见袁继成：《汉口租界志》，第391页。

[73] 杨春波：《一三惨案与收回英租界的斗争》；也可见《汉口九江收回英租界之协定》，《汉口九江收回英租界资料选编》（HSSI），第5—8页。

[74] 这些事件被称为"一三惨案"。《汉口九江收回英租界之协定》。

[75] 陈友仁即陈尤金（Eugene Chen）。从李立三的角度了解这些事件，参见帕特里克·莱斯科特（Patrick Lescot）《李立三轶事》（*The Untold Story of Li Lisan*）；从陈友仁的角度，参见陈元珍（Chen Yuan-tsung）《民国外交强人陈友仁——一个家族的传奇》（*Return to the Middle Kingdom*）。

[76] 引自艾萨克斯（Harold Isaacs）《中国革命的悲剧》（*The Tragedy of the Chinese Revolution*），第124页。

[77]《北华捷报》，1872年6月29日。

[78] 查普曼：《中国革命（1926—1927）》，第24—25页。

[79] 陈元珍：《民国外交强人陈友仁——一个家族的传奇》。

[80] 罗威廉：《红雨》，第271—275页。

[81] 参见韦慕庭在《剑桥中华民国史》（*The Cambridge History of China: Vol. 12*）所撰章节，第671页；艾萨克斯：《中国革命的悲剧》，第270页。

[82] 关于性别战争，见罗威廉《红雨》，第276—285页。

[83] 麦考德：《现代中国形成过程中的军事与精英力量》。

[84] 张倩雯：《迷信体制》；潘淑华：《近代中国的宗教谈判》。

[85]《北华捷报》，1928年10月27日。

[86]《北华捷报》，1928年10月6日；《中国宗教传播学，1928—1929》第54卷，

第2—3页。

[87]《北华捷报》，1929年11月2日。

[88]《华北捷报》，1929年11月30日。

[89] 当时称赞大禹的文章有方玮德《大禹赞》，《学生文艺丛》，1924年；《孔子诞辰与水灾》，《国闻周报》1931年第8卷第35期。论大禹神话的神秘性因素，见比勒尔《四大洪水神话传统》（'The Four Flood Myth Tradition of Classical China'）。关于大禹在反对迷信运动中的命运，见张倩雯《迷信体制》，第82页；潘淑华《近代中国的宗教谈判》，第68页。

[90] 夏士德：《长江的帆船与舢板》，第467页。

[91]《武汉市政公报》1929年第5卷第17期；《刘文岛谈汉口市目前建设概括》，《道路月刊》1931年。有关这些计划的有趣分析，参见叶志国《大就是现代》（'Big Is Modern'）。

[92] 拉西曼：《拉西曼报告书》，第54—55页。

[93] 水野幸吉：《汉口》，第75页。

[94] 龙王庙所在的滨江区复兴是孙中山最先提出的，这是他雄心勃勃的建国方略的组成部分。参见孙中山《实业计划》。孙中山没有活着看到这一计划的成功，但他的继承人孙科——以Sun Fo之名为人所知——与武汉市政府密切合作，确保这一雄心壮志得以实现。见方秋梅《堤防弊制，市政偏失与一九三一年汉口大水灾》，《人文论丛》，2008年。

[95] 麦克法兰（A. J. McFarlane）：《1931年报告》（'Report of the Year 1931'），1932年1月14日，65/10。

[96] 梅尔清（Tobie Meyer-Fong）：《浩劫之后：太平天国战争与19世纪中国》（*What Remains: Coming to Terms with Civil War in 19th Century*），第23页；

[97] 谢茜茂：《一九三一年汉口大水记》，第76页。

[98] 同上，第6页。

[99]《北华捷报》，1931年10月20日。

[100] 沙青青：《信仰与权争：1931高邮"打城隍"风潮之研究》，《近代史研究》2010年第1期；张倩雯：《迷信体制》，第111页。

[101]《大公报》，1931年9月18日。

[102] 谢茜茂：《一九三一年汉口大水记》，第149页。

[103] 陈庚雅：《江河水灾视察记》，1935年，重印于《近代史资料》，中国社会科学出版社，1987年，第233页。

[104] 李勤：《三十年代水灾对灾民社会心理的影响——以两湖地区为例》，《江汉论坛》2007年第3期。

[105] 谢茜茂：《一九三一年汉口大水记》，第125页；《北华捷报》，1931年8月25日。

[106]《汉口先驱报》，1931年8月24日。

[107] 涂德深、杨志超：《武汉龙王庙的变迁》；方秋梅：《堤防弊制，市政偏失与一九三一年汉口大水灾》。据一家媒体报道，前市长刘文岛声称在洪水中看

到了一条龙。如果这是真的，这将是特别值得注意的，因为正是他领导的市政府摧毁了龙王庙。然而，英国的《北华捷报》在作为新闻最高标准的公正性方面并不让人信服。见《北华捷报》，1931 年 9 月 15 日。

[108] 欧阳文《夏司令跪拜龙王》对此有口述记录。其他描述夏斗寅参与仪式的地方史料记载，包括徐明庭《防汛险段龙王庙》；严昌洪《大水冲了龙王庙——近代武汉大水灾》；涂德深、杨志超《武汉龙王庙的变迁》；皮明麻主编《武汉通史·民国卷（上）》，第 215 页；刘富道《天下第一街》，第 181—182 页。

[109] 刘富道：《天下第一街》，第 181 页。

[110]《海峡时报》，1931 年 8 月 11 日。

[111] 罗威廉：《红雨》，第 306 页。

[112] 陈鹤松：《武昌灾区实地视查记》，HSSDX。

[113] 谢茵茂：《一九三一年汉口大水记》，第 6 页。

[114] 参见夏竹丽（Judith Shapiro）的研究。谢茵茂并不是唯一一个言辞激烈之人。军队司令员蒋坚忍在为谢茵茂的专著写的序中，呼吁同胞们利用他们的古老遗产来"战胜环境"、战胜洪水，见谢茵茂：《一九三一年汉口大水记》。

[115] 柯乐博：《中国洪水》。

[116]《北华捷报》，1931 年 9 月 15 日。

[117]《斯蒂芬森小姐来信》，SOAS Archives，10/7/15。

[118]《教务杂志》，1931 年 11 月。

[119] 她还写道："上帝真好，天气极好。"伊迪丝·S. 威尔斯：《汉阳 1931》，SOAS Archives，10/7/15。《斯蒂芬森小姐来信》，SOAS Archives，10/7/15。

[120]《北华捷报》，1931 年 8 月 25 日。

[121]《北华捷报》，1931 年 8 月 18 日。

[122] 梅乐和：《中国近代海关历史文件汇编》（*Documents Illustrative of the Origin, Development, and Activities of the Chinese Customs Service*），第 555 页。这一评价过于宽容了，实际上省政府也谴责了几名官员忽视堤坝的行为。参见《北华捷报》，1931 年 8 月 19 日。需要说明的是，梅乐和与国民党政权有着非常密切的工作关系，见方德万《潮来潮去：海关与中国现代性的全球起源》（*Breaking with the Past: The Martime Customs Service and the Global Origins of Modernity in China*）。

[123] 海耶斯：《中国与日本的龙》，第 3 页。

[124] 班考夫：《灾难文化》。

[125] 班考夫：《灾难文化，应对文化》（'Cultures of Disaster, Cultures of Coping'），第 266 页。

[126] 关于宗教在救助盲人算命先生方面的作用，见张倩雯《迷信体制》，第 191—193 页。在霍乱流行期间出售圣水是一种有问题且可以说是掠夺性的做法。见罗芙芸《卫生的现代性》，第 98—99 页。

[127] 谢茵茂：《一九三一年汉口大水记》，第 6 页。

[128] 涂德深、杨志超：《武汉龙王庙的变迁》，第 3 页。

[129] 方秋梅：《堤防弊制，市政偏失与一九三一年汉口大水灾》。

[130] 叶志国：《大就是现代》。

[131]《生活》，1931 年第 37 期。这一说法来自给编辑邹韬奋的一封信。尽管该信描述的是武汉的特定情况，但官方无能和不作为的画面与当时《生活》抨击的国民政府在日本侵略面前投降的批评运动惊人地相似，参见叶文心（Yeh Wen-hsin）《上海繁华：都会经济伦理与近代中国》（*Shanghai Splendor*），第 123—125 页。

[132]《北华捷报》，1931 年 8 月 11 日。

[133] 谢茜茂：《一九三一年汉口大水记》，第 148 页。

第四章

灾　感

洪水泛滥，祸事之惨，灾情之重，亘古未有，中正闻耗，五　
内如焚。

蒋介石[1]

　　在铁路路基坍塌数周后，百吨重的帆船可以在武汉街道上航行。本地人只能眼睁睁地看着这些大船从被淹没的电缆塔和伸出水面的灯柱之间穿过。8月下旬，一艘舢板漂进了德士古（Texaco）公司的石油和燃油库。灶台着了火，燃烧的煤油顺着水面倾泻而下，涌入仓库。在随后的大火中，油桶被抛向60米的高空，并在空中爆炸，之后又落入水中。大火向空中释放有毒的黑烟。燃烧的石油和煤油从油库中喷涌而出，在油库周边呈现出一派水上熊熊烈火的世界末日景象。大火的温度太高，以至于消防人员无法接近大火，只能等大火几天后自行熄灭。[2]当黑夜降临这座电力匮乏的城市时，大火成了特别的光源。大火闪烁着的光照亮了这个被水覆盖的世界，在这个世界里，人们住在树上，猫狗在屋顶挨饿，死人与活人并排在水中漂浮着。

　　在洪水中发生熊熊大火的可能性是随机的。然而，在武汉被洪水淹没的街道上，这种有违常识和怪诞的现象却变得十分常见。经历这种巨灾，本身也没有什么启示意义。灾难呈现为一系

列可怕的画面、奇怪的声音、痛苦的感觉和令人恶心的气味。灾难引发了人们一系列复杂的情绪，这种情绪不可能完全释放掉，而且回忆起来时往往非常痛苦。在本章开头的引文中，蒋介石就评论说他无法表达他目睹洪水苦难的感受。如果这仅仅是一种华丽说辞的表现，那么这样的描述在1931年被不断重复。记者郭镜蓉生动地描述了一种写在纸上的恐怖。[3] 高尔文主教说："没有一支笔能把这场可怕的灾难描绘得清楚。"[4] 当面对无法解释的事情时，观察家们往往会转而描述他们的即时感受，这些杂乱无章的描述中充斥着生动的画面和情感点滴。后来，当洪水从生活经验转变为学术文章的探讨对象时，这些直接的感受在很大程度上被抹去了。这些感官描写被简明方程与统计结果所取代。洪水开始变得有章可循。

本章试图找回那些被从洪水历史中清除了的感性描述，让读者对这场灾难的即时感观与情感冲击产生印象。重建古人的内心世界是一项不可能完成的任务。吕西安·费弗尔是最早认为感知和情感体验都不能跨历史或跨文化的人之一。[5] 洪水带来的情感体验和感知永远不可能传递给当代的读者，他们完全生活在一个截然不同的感观时代。然而，目击者的描述还是能让我们尽可能地接近灾难的直接体验。试图重现过去人的情感，既有方法上的问题，也有哲学上的问题。历史学家通常依赖于有限的视觉痕迹，而这是由少数观察者留下的。人们不可能知道文本材料记录下的经历，在多大程度上代表了数百万没有留下任何记录的受灾民众。武汉的大都市性质在这方面提供了一些帮助，因为可以对比不同人的描述，以凸显共有的和彼此有反差的经历。然而，录

图 4.1　从河上看德士古大火

转自《汉口水灾摄影》，武汉：真光照相馆，1931 年

音是十分罕有的。因此，必须密切注意文件记录中保留的内容和
遗漏的内容。

　　详细描述灾难的感官维度不仅仅是一种新颖的描述方式。它
也为了解社区应对灾难的方式提供了有价值的洞察。人类行为是
致灾机制中的一个关键变量。只有当我们试图体会人们在洪水中
的感受时，我们才能理解他们为什么会这样做。研究灾害的历史
学家倾向于把重点放在一个狭窄的行为范围内。通常情况下，他
们会研究受影响社区成员所采取的求生活动和应对策略。认识到
这一行为十分重要，因为只有通过强调自主能动性（autonomous
agency），才能打破将受灾群体描述为无助的受害者的普遍刻板
印象。然而，专注于生存特权，是某种形式的以点代面，导致历
史学家无法解释人们在面对灾害时所表现出的全部反应。本章

考察洪水给人们带来的身体上和情感上的感受，更全面地展示武汉人所表现出的对洪水的情感。本章所强调的自主能动性行为可能不会立即增加人们的生存机会，但也为应对灾害给出了其他选项。

湖泊

早在洪水冲破堤坝前，洪水过程就已经开始了。它始于武汉民众看到的乌云密布的天空，听着暴风雨顺流而下的声音，感受到强风拍打身体，连绵不停的大雨浸湿了他们的房屋，人们勉强保持着屋内干燥。初夏的湖北潮湿而难受。蒸发的水汽导致空气湿度极大，给人感觉像是河流和湖泊从河床上升了起来，并包裹住了整个地表。[6] 伊莎贝拉·伯德（Isabella Bird）形容当地的气候"并不宜人。从五月到九月中旬的夏天，又热又湿……大气层又厚又闷，蚊子成群结队"。[7] 1931 年，春夏的闷热潮湿伴着持续的降雨和一连串的强风暴。[8] 随着河流和湖泊的水位开始上涨，武汉的许多居民笼罩在一种容易察觉到的恐惧中。一位难民描述说他心烦意乱，好几天吃不下东西。[9] 最担惊受怕的群体是城市贫民。他们中的许多人除了用芦苇编织的墙和茅草盖的屋顶来抵御风雨之外，别无他物。这些棚屋居民享受不到现代城市的便利设施。他们大多数人从事低收入职业。一些人当拾荒者，在城郊的垃圾场捡垃圾度日；一些人则拉人力车或当苦力，在仓库和码头之间运送货物。[10] 城市贫民最先感受到洪水带来的不适。当风开始呼啸时，将小屋连在一起的松散框架发出不祥的"呻吟"声，构建墙壁的松散有机材料开始脱落。[11] 随后，洪水开始淹到这些小屋的墙脚。早在堤坝溃决之前，雨水汇聚和河流上涨使整个社区都被淹了，无法居住。串联城市的内河开始漫溢，低洼区集满了洪水和污水。[12] 小屋居民习惯了长期不稳定的生活，知道如何相对轻松地撤离。他们拆解了简陋的小屋，搬到地势较高的地方。在这里，他们与聚集的乡村难民争夺空间，这些难民是在前期洪水和战争的双重打击下流离失所的。

7月22日，汉口以北的一段外围堤坝坍塌了。[13] 20世纪初被开垦出来的土地又变回了湿地。洪水淹没了武汉北郊菜市场菜农的家园。此时，中山公园及其周边的居民区也被洪水摧毁。[14] 在这片区域的4 000户到5 000户人的房屋中，只有80户人的没有倒塌。[15] 回流的洪水流入武汉外国居民的专属娱乐区。位于武汉北部的赛马俱乐部、高尔夫球场、网球场和游泳池构成了一块富裕的飞地，与附近密集的棚户区形成鲜明对比。[16] 如今，不管是豪宅还是简陋房舍，都被一个巨大的洪泛湖吞没了。

那些房屋逃过一劫的人还非常害怕暴风雨天气。1849年，叶调元描述了洪水如何威胁武汉北部的居民，他们被呼啸的北风声吓坏了。[17] 1931年，大风吹过了浩瀚的洪泛湖，形成的巨浪席卷水面。这些巨浪轻易就摧毁了因洪水而结构受损的建筑物。对欧文·查普曼来说，洪水拍打墙壁的声音"不是令人愉快的催眠曲"。他所在医院的护士"整晚都面色惨白，贴在窗户上，听着风暴的咆哮，被漂浮的残骸撞击墙壁的低沉声音吓得发抖"。[18] 这种不安全感将持续数月弥漫在武汉的上空。

125

洪水还没有完全在武汉市区释放其能量，是因为连接武汉和北平的铁路路堤成为一道保护市中心的人造堤坝。[19]市政当局虽然反应迟钝，但也认识到了洪水威胁的严重程度，于是派出数百名工人来加固这条最后的防线。他们连续几天与洪水对抗，用沙袋和石头堵住了路堤缺口。[20]8月1日晚，在第三章描述的那种奇怪情况下，在堵住其中一个缺口的沙袋上出现了一个小洞。[21]这很快演变成全面的溃堤。

126   许多人对洪水的最初感官体验不是来自视觉而是听觉。正如教堂钟声在欧洲预示着即将发生的灾难一样，在中国，人们敲锣以警告即将到来的火灾或洪水。[22]对于居住在武汉铁路路堤下的许多人来说，这样的警告还是来得太晚了。洪泛湖像一匹奔腾的野马一样穿过堤防闯入城市。[23]整个社区的棚屋居民瞬间就被冲走了。这场洪水发生在深夜，许多人在睡梦中就丧生了。那些在最初的洪水冲击中幸存下来的人随后开始拼命寻找干燥的土地。阿栋描述了湍急的水流把三个孩子从他们的父亲手中卷走，即便父亲拼命地想把他们带到安全的地方。[24]富人骑马或开车逃跑，撞倒了年老的行人。在水太深的地方，人们紧紧抓住路灯柱子，哭泣着寻求帮助。[25]武昌的洪水没有那么严重，但也引发了类似的大规模人口外逃。当城郊的堤坝坍塌时，10万人收拾好自己的财物，涌向市中心。[26]

那些房屋逃过一劫的人此刻开始垂直疏散到楼上，尽可能地从不断上涨的水里打捞东西。[27]另外的人则收集了他们所能携带的东西，逃到了高地。在灾难的最初阶段，人们选择储存哪些东西在很大程度上揭示了这些东西在物质世界中的价值。[28]一些物品具有实际用途，一些具有重要的经济价值，而另一些则是出于情感原因而被抢救出来的。一些家庭收集了家具、草席和烹饪用具等基本用品，以便在流离失所的情况下生存下来。另一些家庭则带走家畜。[29]此时浮力成为受人欢迎的特性，人们把门从门框上拆下来，将财物放在木桶、木盆里。并非所有打捞上来的物品都有实用价值。一些人保存了神像，也许是为了在灾难期间积累功德。[30]还有一些人家则携带传家之宝，诸如儒家典籍和其他书籍。[31]这些物品几乎没有直接效用，却具有很高的社会和情感价值。打捞出来的物品共同构成了将家园重建为经济、社会和情感单元的重要先决条件。

127

声音与画面

随着汹涌水流和倒塌建筑物的嘈杂声逐渐平息，一幅悲惨和痛苦的可怕景象显露出来。目击者的报道满是对灾害听觉环境的高度感同身受的描述。声音在人们理解和记忆灾难的方式中扮演着重要的角色。人们可以闭上眼睛来逃避视觉上的冲击，但声音很难逃避。1966年，威尔士阿伯凡（Aberfan）的一个村庄发生煤渣崩塌事故，一年后，当地人回忆起煤渣和泥浆渗出山坡时发出的嗖嗖声和隆隆声时，仍十分恐惧，当时响声很快即被可怕的寂静取代，村里学校孩子们的声音永久地消失了。[32]凯·埃里克森（Kai Erikson）是以社会心理学方法研究灾害的先驱，他描述了1972年席卷布法罗溪镇（Buffalo Creek）的山洪灾难暴发后，幸存者是如何继续被声音所困扰的。巨大的噪声使社区民众重拾曾经的创伤经历，将他们又直接带回到山洪的中心。[33]

声音在 1931 年的洪水中扮演了同样重要的角色。最普遍的描述之一是痛苦或悲泣之声。阿栋描述了铁路路基坍塌后持续不断的哀嚎声。[34]对于高尔文主教来说，婴儿在深夜哭泣的声音是他在洪水中遭受的最可怕的经历之一。[35]另一位观察人士评论说："老人的哀怨和呻吟以及孩子可怜的哭喊为当时普遍的混乱局面添上了最后一笔。"[36]当美国领事馆工作人员柯乐博目睹堤坝坍塌时，他说，随之而来的死寂甚至比之前的尖叫声更为可怕。[37]随着视觉景观的改变，听声成为在被淹没的城市中求生的重要手段。有时耳朵会对看不见的威胁有警觉。陈鹤松乘船经过一座教堂时，在听到一些妇女的哭声和呻吟声后，发现 100 名妇女被困在教堂的顶层。[38]声音记录的数量和多样性表明，洪水中的声音对幸存者产生了深远影响，这种影响在水退去后仍持续很长时间。甚至在 50 年后，胡学汉依然记得惊恐万分、悲痛欲绝的难民哭声。[39]

那些在最初的洪水浪潮中幸存下来的人不仅要听到瘆人的哀号之声，还面对着可怕的死亡景象。在人口较少的地区，河水直接冲走了尸体。而在市中心，人的尸体漂浮在家畜尸体与损毁的家具和倒塌的建筑物碎片之间。[40]对于大多数武汉市民来说，死亡的景象已司空见惯。尽管适当的葬礼被认为在儒家礼仪规范中至关重要，但穷人往往无法享受这种奢侈。在 20 世纪 10 年代，尸体被不加选择地扔在城市北部的荒地上，有的放在棺材里，有的则暴露在风雨中。[41]20 世纪 20 年代湖北肆虐的恶性

冲突（战争）经常导致尸体散落街头。[42]统治武汉的军阀通过
公开处决来警告他们的政敌。[43]这样的经历无疑使当地居民早
已对死亡习以为常。然而，洪水期间的死亡危机的规模还是给人
们留下了深刻印象。目击者一再提到水面上漂浮着尸体的可怕景
象。当雨停了，强烈的湿气袭来时，灾难的画面变得更加可怕。
腐烂和肿胀的尸体撑破衣服的场景随处可见。[44]

　　似乎这些可怕的灾难景象还不够令人痛苦，洪水还剥夺了人
们应对死亡的实用性和文化性方法。由于没有干燥的土地，人们
无法掩埋尸体；由于缺乏燃料，无法进行火葬。当人们在 19 世
纪面临这个问题时，相对富裕的人花钱将家人的遗体运到高地
埋葬，而穷人只能被迫将他们的亲人遗弃在洪水中。[45]1931 年，
政府卫生队曾短暂考虑过后一种选择，但最终还是认为大规模将
尸体沉水会带来卫生风险。[46]善堂为贫民埋葬死者尽最大努力，
红十字会也如此。[47]即使有这些帮助，仍有无数的尸体堆积在
一起。在一个难民收容所，活着的人和死去的人挤在一起，那些
快要死的人经常被抬到郊区，被扒去衣服，任其死去。[48]放进
棺材的尸体也不一定能被埋葬。湍急的水流卷走棺材，棺材互相
碰撞而裂开，里面装的东西随即沉入水中。[49]这样可能会导致
亲人的灵魂变为饿鬼，在人间游荡，给活人带来灾祸。祭祀死者
最重要的节日是每年农历七月的鬼节。[50]在此时期，一个通往
死者世界的门户打开了，允许信徒向他们已逝的亲属提供食物和
纸钱，并向孤魂野鬼施舍礼物，防止其成为饿鬼。[51]1931 年的
鬼节，恰值 8 月下旬洪水最严重的时候。庙宇被洪水淹没，僧侣
四散，纸钱供应中断，大多数信徒无法履行他们祭祀死者的精神

129

义务。一位外国观察者讽刺地说，像其他很多人一样，"这些鬼肯定要挨饿，因为身无分文"。[52]不过这不太准确。管雪斋还是目睹了信众祭祀，也不知道他们是怎么找到干纸钱和蜡烛的。他认为这是一种对精力和财力的可悲浪费，烧纸钱的诉求表达的是一种古老的宗族心态，这种心态仍然支配着普通百姓。[53]然而，这种看似徒劳无益的活动提供了一种心理应对策略——当地民众试图通过这种方法来减轻洪水带来的创伤。对于那些只能与朋友、家人腐烂的遗体一起生活的人，仪式最能抚慰其内心。

在清代，处理孤魂野鬼属于地方官员的职权范围，他们举行大规模仪式来安抚那些没人管的死者。[54]而在1931年，政府不仅没有举行这样的仪式，还试图禁止本地社区用自己的"武器"来对付恶灵。由于难民危机极大地放大了国民政府对共产党的担忧，市政府颁布了一项禁止使用鞭炮的命令，声称鞭炮的响声与枪声太相似。鞭炮与鼓、锣一起，是宗教修行者举行喧闹仪式的一个基本特征。[55]这些响声具有各种象征和实用功能，通常用于驱散幽灵等危险力量。禁止燃放鞭炮是政府官员将自己的焦虑凌驾于当地民众的恐惧和渴望之上的多种方式之一。在官方耳朵里是危险信号的声音，却能够安抚饱受悲痛和恐怖袭击的社区。

水上城

1931年出现的这座水上城市不仅恐怖，而且诡异。随着洪水初发时打破静寂的尖叫声和哭喊声逐渐平息下来，城市的音景

（soundscape）变得出奇地宁静。在洪水肆虐的初期，人们仍能涉水穿过街道。骑自行车的人在水中奋力前进，汽车快速行驶，形成巨大的弓形波浪。[56] 随着水越来越深，汽车和人力车都不能再在街上行驶了。这让市中心明显变得更加安静。一位居民说："城内寂静得可怕，平时喧闹的喇叭声反而让人感到心安。"[57] 在这种新的平静中，可以分辨出洪水的细微声。陈鹤松甚至记述了水中器物相互碰撞的声音。[58] 谢楚珩描述了另一种寂静之声，在这种寂静中可以听到细微的划桨声和船上人的说话声。[59] 这是一种诡异的平静——处在风暴的中心。奇怪的听觉环境构成了奇怪的新视觉景观。这座城市熟悉的景致被颠覆了。一天晚上，当陈兵入睡时，他家附近的沟渠开始涨水，当他"还在梦中"时，洪水突然上涨了。他从窗户望出去时，熟悉的街区地标已被淹在数米深的水里，只有很少的高架物伸出水面。[60]

131

到处是水的景观以细微且不易察觉的方式迷惑了人的身体。一位从武汉旅游回来的上海人说，他有一种奇特的感觉，那就是"两周来第一次行走在干燥、真实而坚硬的土地上"。[61] 现在人们生活在一个不牢固、不稳定的世界里。人们或躲在屋顶，或栖息于泥墙上，或寄居在树上。[62] 在市中心，人们摇摇晃晃地行走在水上的竹制人行道上，在成千上万人的重压下，人行道显得不堪重负。[63] 这种新的景观扰乱了前庭系统的预判——前庭系统是内耳控制人类运动感的部分。人们对第六感的认识可能不如对另外五种更有名的感觉的认识，但当前庭输入与身体的生理期望不一致时，人就会有严重反应。诸如眩晕和晕车之类的感觉就是由这种干扰引起的。[64] 生活在水上城市中的人们受到了无数

图 4.2　武汉紧急救灾委员会修建的人行道

转自《汉口水灾摄影》，武汉：真光照相馆，1931 年

这样的干扰影响。水的起伏和波动颠覆了习惯于坚实大地的身体
预期，给身体造成一种微妙而持续的迷失感。

那些想要穿过竹制人行道的人，可以使用各种样式的船只，
这些船只此时漂浮在水上城市的大街小巷。即使在没有发生洪水
时，也同样有很大一部分市民居住在水上。长江和汉水上有各种各
样的船只，在两江交汇处形成一片绵延数英里的"桅杆森林"。[65]
随着武汉变为一座水城，在港口蓬勃发展的水上亚文化得以拓展
到新的区域。人们像鱼儿一样游进城里，在运河般的街道上划
行，寻找新机会，如图 4.3 所示。没过多久，富商就开始互相比
拼，看谁的舢板最时髦。一些人甚至从其他城市进口船只。[66]
穷人只能被迫使用身边可以用的材料，他们乘坐临时制造的奇怪
船只下水，用门和床架做木筏，用棺材做独木舟，用木盆和木箱

132

133

图 4.3　1931 年 8 月，汉口市中心被水淹没

《伦敦新闻画报》，1931 年 9 月 19 日

做小船，甚至用充了气的山羊皮做皮筏。[67] 没过多久，武汉就呈现出"大船若蛙，半浮水面，小船如蚁，漂流四围"的景象。[68] 这种对新水上环境的创造性适应令当地交警头疼不已，他们努力维持新的交通路线的秩序。此时行驶的不是人力车、小汽车或

公交车，交警们忙着指挥舢板，确保其划行在正确的航道上。起初，他们站在成堆的木箱上保持平衡，随着洪水上涨，他们被迫站在柱子上。最终，他们只能站在树杈上指挥交通。而当大型帆船开始在城市街道上航行时，交警们就别无选择，只能袖手旁观了。[69]

　　洪水制造了一种明显的颠覆感。警察在树上搭建临时指挥所和人们在棺材上划船的场景为记者们提供了很好的素材，后者在悲剧报道中加入了轻松的小插曲，突出了智慧战胜逆境的胜利。这在外国报道中是一个特别流行的话题，观察者们经常对当地人的乐观向上的精神表示钦佩，"中国人民有非凡耐力，他们不甘示弱"。[70]外国人在描述中国人时形成了许多对东方人的刻板印象，其中之一就是认为他们在身体和情感上具有很强的韧性。斯多葛主义 * 是宿命论的不着边际的镜像，也是一种据说渗透到东方文化中的特征。著名的传教士明恩溥（Arthur Henderson Smith）评论说中国人的身体"没有神经"，因而他们能够相对轻松地承受严重的饥饿和痛苦。[71]面相和文化似乎都表明这个神秘莫测的"东方种族"习惯了苦难。

　　不能轻易将关于韧性的论述完全视为种族成见而摒弃。对其他地区灾害的研究表明，那些经常经历灾害的人往往会形成坚强的心理素质来减轻身体和情感创伤。[72]格雷格·班考夫认为，在菲律宾——一个异常容易发生灾害的地区，人们已经发展

---

* 斯多葛主义认为，宇宙是一个统一的整体，存在着一种支配万物的普遍法则，即"自然法"。人是宇宙的一部分，同样要受这种普遍法则的支配，它也是人类行为的最高准则。人的美德就是"顺应自然"或"顺应理性"。

出应对灾害的多种文化特征。其中包括一种黑色幽默，它是"应对焦虑、缓解压力和克服痛苦的重要手段"。[73] 心理应对策略深深植根于湖北文化之中。欧文·查普曼对武汉人的"被'锻炼'和适应灾难的程度印象深刻，他们面对洪水时的生活和工作方式是如此熟练，以至于可以适应任何情况"。即使身陷洪灾，他们也"有一种快乐的、自力更生的意志，坚韧不拔地生存下去"。[74] 韧性和实际适应性不是种族属性，而是已经融入了一个经常不得不应对灾难状况的民族的文化中。

重要的是，不要将对灾害的心理反应过度合理化。凯文·罗萨里奥描述了人们在灾害中表现出的情绪反应与人们可能预期的截然不同。在某些情况下，人们甚至说他们很享受灾害的经历。1906 年旧金山地震的一些幸存者称这是他们一生中最激动人心的经历。[75] 学者们早就意识到这一现象。罗伯特·库塔克描述了1937 年发生在路易斯维尔的一种"危机沉醉"（crisis intoxication）现象，当地人从城市的毁灭中获得了一种"自虐式的快感"。[76] 同样，地理学家吉尔伯特·怀特也观察到，洪水带给人们"从单调的义务和任务中解脱出来的清醒感"。[77] 虽然几乎没有证据表明人们认为 1931 年水灾是一次极其愉快的经历，但一些群体也确实找到了从逆境中获得快乐的方法。欢愉者中最主要的是武汉的孩子，他们把被洪水淹没的街道变成了一个个水上游乐场。令当地警察非常懊恼的是，他们正在尽最大努力将人们从恶臭的水中拉出来，而这些孩子却利用木桶来游泳和漂浮，似乎没有意识到危险。[78] 在城市的北部，那里的水污染程度较低，成年人潜水、游泳并环游洪泛湖，一路吃着鱼肉野餐。[79]

135

人类并不是唯一可以在洪水中活动的生物。武汉这座水上城市很快就被各种各样的湿地生物所占领。鱼、青蛙和水禽开始打破家养和野生空间之间的区别。当地的影院观众发现自己和成群的鸭子共用一个礼堂。服务人员不得不把鱼从一家高级俱乐部的大堂弄出去。[80]这种野生动物的入侵给人们带来了错位感。一个几个世纪前从沼泽和河流中崛起的城市，似乎正在回归它的湿地源头，尽管这是暂时的。事实证明，一些物种对新的水环境的适应能力较差。数千只鸡、猪、狗和猫在洪水初期淹死。幸存的动物被困在屋顶上或漂浮在废墟上。[81]许多动物最终会死于饥饿和疾病，但也有少数能够得到人们的慷慨救助。陈鹤松看到人们在洪水最严重的时候还在救助被困的狗，他感到很惊讶。当他问为什么在这么多人受苦受难的情况下还要费心拯救动物时，人们回答说，部分是出于卫生考虑：他们不想与更多动物的尸体共处在洪水中。然而，他们也谈到了人与动物的情感亲和力，"狗亦生命，现处绝境，同一可怜"。[82]拯救动物是中国的文化传统，可以追溯到一千多年前。将动物从笼子里或屠刀下解救出来是一项富有宗教和道德意义的慈善行为。[83]那些在洪水中救出狗的人是不是为了积功德，还无法确定。但很明显，他们通过实际行为明确地表达了个人情感，将"非人"物种带入人的社会和情感世界。

136 功能失常的现代性

不幸的是，这种跨物种同情心的涌现并不总是会得到回报。

由于动物的常规食物来源在水下，饥饿的狗很快就开始吃人的尸体。[84] 这座水上城市已经变成了一个可怕的野蛮之地。随着动物重新占领街道并吞噬人的尸体，当地人认为他们的城市正在回归原始状态。然而，在许多方面，这场灾难是一起彻头彻尾的现代性事件。武汉可能是当时中国内陆科技最先进的城市。在洪水前几十年里，由道路、电线和管道构建的复杂基础设施将城市空间联系在一起，这改变了城市的物质和感官环境。但并非所有公民都能享受到城市现代化带来的奢侈品，对于相对富裕的人来说，城市提供了舒适的保障，让他们摆脱不可预测的环境力量。而洪水打破了这种错觉。洪水充分展示了大自然是如此容易就将自然力量强加于城市人群身上。虽然 1931 年的许多风险是洪水的惯常特性，但另外一些风险则是新工业景观的产物。洪水冲走了新技术带来的好处，洪水过后却留下危险的残留物，如工业化学品和损坏的机器。洪水造就了一种功能失调的现代性。

洪水摧毁了城市社区居民才习惯没多久的现代便利设施，像电报和电话很快就不能使用了。随后，唯一的沟通方式就只能是遍布全市的小船构建起的临时邮局。机场关闭、铁路被淹，这意味着交通往来仅限于乘船。[85] 打击最大的还是电力基础设施的损毁。中国大多数地区仍主要靠油灯和蜡烛照明。但武汉并不这样，当地人几十年来都习惯于使用电灯。作为张之洞发起的城市建设计划的一部分，武汉全市的电气化最初仅限于租界，于 19 世纪 90 年代启动。[86] 到 20 世纪 30 年代初，这种新颖的能源已成为城市生活的重要标志。电流覆盖了江汉路商圈，点亮了繁华商场的霓虹灯招牌。电流穿过成千上万的小灯泡，照亮了热闹的

137

图4.4　单洞门被破坏的铁路路堤

转自《汉口水灾摄影》，武汉：真光照相馆，1931年

夜市，为杂技演员和歌剧演员的表演提供照明，并为放映最新本土和外国电影的电影院银幕供电。[87] 当然，电器化还是有限度的，正如卢汉超所说，大多数人继续生活在"霓虹灯之外"。[88] 工人、教师和其他中等富裕的城市人口居住在胡同中狭窄的公寓里，在这里他们仍然主要依靠煤油——煤油是19世纪的革命性技术，是最可靠的照明来源，直到最近才被电力取代。

洪水使武汉陷入黑暗。电力供应商奋力维持运营，但最终还是因发电站和电缆被毁而失败。[89] 政府对停电的反应是要求当地居民准备煤油灯和蜡烛。[90] 但本地库存无法满足需求，对很多人来说，洪水来袭的夜晚几乎是一片漆黑。

杰弗里·杰克逊描述了当巴黎因1910年洪灾而失去电力和煤气照明时，市民们非常害怕黑暗中潜伏的危险，以至于政府不

得不派出武装警卫。[91]武汉居民可能比巴黎人更习惯没有照明
的生活，但这并不意味着他们在黑暗中感到舒适。纵观人类历史
与文化，黑暗往往是恐惧的前兆。克雷格·科斯洛夫斯基描述了
在电气化之前的几个世纪，早期近代欧洲的居民认为夜晚充满了
鬼魂和女巫等可怕力量。[92]正如皮耶罗·坎波雷西所说，"黑夜
世界属于流氓、卑鄙之人和那些穷困潦倒的人；属于那些被黑暗
笼罩在深邃的、不露面的隐匿中的可疑存在；属于鬼魂，死人的
灵魂又回到了生者中间"。[93]在中国，对黑暗也有着同样可怕的
联想。[94]

138

　　扮演光明先导和驱魔法师的角色的电力，在武汉最需要的时
候却辜负了这座城市。在最终的残酷转折中，进步的技术与其所
服务的人类主人背道而驰。因塔架倒塌、电线落入水中，电击导
致多达五十多人死亡。[95]触电只是近代城市被淹没所产生的几种
现代危害之一。作为一个工业城市，武汉还有大量危险化学品的
仓库。8月下旬，几桶苯漂浮到洪水中，对那些在城市中航行的人
构成严重威胁。[96]化学品起火是另一个主要风险，如前面描述的
德士古仓库大火。在其中的一起案件中，一名工人将一支香烟扔
进一大堆油漆和火柴里，引发了一场熊熊大火。[97]因火灾威胁太
大，以至于市政府对煤油销售设定了固定配额，这进一步限制了
城市的照明。[98]消防部门尽最大努力扑灭大火。他们在缺乏常用
装备的情况下，只能将一艘船漆成红色，并在船尾安装了便携式
手动泵。[99]火灾在武汉并不是什么新鲜事。高大木制建筑林立的
狭窄巷子经常发生破坏性极强的大火。[100]洪水期间，高度易燃
的临时建筑挤满了越来越密集的营地。用稻草和芦苇建造的拥挤

难民小屋又极易燃烧。难民营地中的一群中国医生在他们的小屋着火时侥幸逃脱，虽然没有受伤，但他们失去了所有财物，甚至是鞋子。[101]对国民党当局来说，大火带来了另一种恐惧，他们很多人认为这是共产党在纵火。[102]

139　　即使没有火灾，武汉还是热得无法忍受。这座城市与重庆、南京并称为中国三大火炉。外国旅行者菲特金表示，在武汉闷热的夏天，甚至"蚊子自己也会死于高温"。[103]到20世纪30年代，更富裕的市民可以利用一系列技术来应对湿热。他们可以使用电风扇，喝着当地几家工厂生产的冰镇饮料。一些人甚至沉迷于冰淇淋这种充满异国情调的奢侈品。[104]而大多数人仍继续依赖民间方法降温，他们使用手摇扇，在一天中最热的时候躲在阴凉处，睡在户外的凉席上。[105]洪水消除了高技术含量与低技术含量的降温方法的差别，由于电力中断，工厂被淹没，富人也不得不在没有风扇和冰块的情形下度日。对于大量无家可归的人来说，情况则要糟糕得多，他们只有几块布遮在头上，以保护自己免受烈日灼晒。到8月中旬，气温已飙升至35摄氏度。[106]即使是那些习惯了这种气候的人，随着他们的身体因饥饿和疾病而变得虚弱，也在强撑着应对酷热。

　　武汉或许可以说是被一个巨湖包围的城市，却很难找到足够的饮用水，以缓解夏季烈日带来的极度干涸。[107]近几十年来，自来水已成为城市现代化的又一关键标志。武汉是中国内地首个从这一重要物质进步中受益的城市。直到20世纪初期，即使是富裕的市民也不得不饮用河水、泉水或井水，这些饮用水往往是肠道疾病的感染源。[108]初期的供水系统由作为城市机能体系的一部分的人提供动力，在这个供水系统中，数百名苦力排成长队，在通往河流的陡峭台阶上下传递水桶。[109]1907 年，汉口修建了一座水塔。这大大降低了痢疾和霍乱的感染率。[110]在接下来的几十年里，能否获得清洁的水成为社会经济地位的标志，那些住在现代化房子里的人就可以享受着自来水的便利。位于城市北部的外国俱乐部甚至为游泳池投资添置了一种特殊的紫外线净化装置，并让医生用显微镜对池水进行检测。[111]外国人洗澡的水可能都要比武汉贫民喝的水更干净，贫民们继续依赖河水和井水，并只能通过煮沸、过滤和添加化学沉淀剂，使水相对好喝和卫生一些。[112]

武汉的自来水系统在洪水初期就瘫痪了。[113]饮用水在那时是一种稀缺资源，那些可以获得明矾的人用它来净化水质。[114]大多数人无法沿用这种最基本的方法，慈善机构组织船只分发开水，但很难满足需求。[115]那些被困在酷热中的人们别无选择，只能饮用脏的洪水。[116]即使不考虑对健康的可怕危害，这种行为本身也是让人恶心的。"洪水"（Floodwater）一词不太准确，流经武汉的水体实际上是泥土、碎屑、腐烂物、工业化学品和污水的浑浊混合物。最终，救援组织开始用漂白粉处理洪水，以图能安全饮用。[117]尽管这种化学物质的味道让人不舒服，但无疑要比之前喝的被污染的浑水好很多。

化学物质或许可以掩盖饮用水的味道，但对洪水的恶臭无能为力。无论目击者来自何种社会和文化背景，如果要他们说对洪水有什么共同的感受，那肯定都是对这种令人厌恶的气味的反应。这种恶臭的气味有两个源头：死尸和粪便。那堆积的尸体所散发出的恶臭和可怕的气味，因城市卫生系统的全面崩溃而更加浓烈。这一问题开始于洪水泛滥初期，此时城市下水道已无法将废水排入"膨胀"的河流。不过，城市内大多数人并没有直接使用这种管道设施，仍主要依赖粪便回收行业来处理自家马桶里的粪便，因此，下水道排水不畅问题对粪便回收行业的影响没有洪水严重。[118] 随着粪便越来越多，那些拥有足够资源的人组织了排污船将粪便运送到安全距离外。[119] 然而，大多数人不能享受如此奢侈的待遇，他们只能将粪便倒入洪水中。城市中的污秽涌向街头巷尾，这导致一波又一波的传染病流行，最终数万难民死亡，武汉全市弥漫着一股真正可怕的恶臭。

人们对气味的态度并不是固化的，而是会因时间和文化而发生深刻变化。[120] 阿兰·科尔班认为，法国现代化的到来开启了一个嗅觉敏感度提高的时代。人们关注的重点从掩盖个人气味转移到为公共空间除臭上，香水让位于卫生设施。[121] 中国有自己的嗅觉现代化路径，但与欧洲经验还是有诸多相似之处。在这两个文化区，传统上都将恶臭视为一种致病因素。瘴气（miasmas）曾是欧洲诊疗传统的核心，与中医所说的各种形式的致病"气"相对应。[122] 还有一个共同的假设是，臭味意味着个人或集体文明的缺失。[123] 到 20 世纪，作为现代公民的关键性先决条件是让自己的身体干净无臭味。与此同时，从公共空间中去除令人厌恶的气味也成为罗芙芸所描述的"卫生现代性"的标志。[124] 在 20 世纪初的几十年里，武汉成为第一个采用污水管道系统的内地城市，成为这场嗅觉革命的前沿阵地。[125] 这不仅改善了公众的健康，还大大减少了人类排泄物垃圾的气味。

自古以来，洪水一直会给城市空间带来难闻的气味。然而
1931 年发生的嗅觉危机却是现代性失调的一种特殊形式的产物。
排污系统成了污水涌入街道的管道，其流量比以往任何时候都
大。结果是一股无法避开的臭味，让整个城市都令人感到厌恶。
比起恐怖的画面和声音，灾难的气味是完全无法避开的。正如一 142
位外国记者指出的那样，"食物腐烂、漂浮的尸体和所有常规的
污水处理设施被破坏后所产生的难闻气味"是不可能避开的。[126]
即使臭味消退，对其内在记忆的消退也没那么快。几十年后，胡
学汉依然记得整个城市里人们随地大小便的可怕气味。[127] 恶臭
侵入体内会引发不由自主的身体反应。谢茜茂谈到空气中的气
味"臭气逼人"，陈鹤松也描述尸体气味非常难闻，以至于他想
呕吐。[128] 极端恶臭的环境，体现在社会性和文化性的各个层面，
造就武汉人的共同的生理感受。正如 G. 尼尔·马丁所说的，嗅
觉是"幸存者的化学感知性的守护者"。[129] 这种最古老的感觉
之一现在正在提醒人们注意，下水道这种近代城市基础设施的功
能失调会引发非常真实的危险。

两则洪水轶事

由于洪水的恶臭会引起普遍的厌恶，人们可能很容易把嗅
觉想象成一种感官校平器。恶臭不会顾及社会、经济或文化的界
限，无论是贫困难民、外国商人，还是本地商人，他们都无法幸
免。然而，虽然每个人都暴露在恶臭中，但并不是每个人都被迫

与恶臭的源头密切接触。科尔班认为，"对臭味的厌恶""创造了它独有的社会权力形式"。[130] 在洪水期间，这种权力表现为有权决定谁该对恶臭负责。在这方面，难民和流浪者经常被挑出来，他们被描述为随意大小便，将污水倒入水中。几乎没有人在描述洪水的气味时，承认他们自己排放的污水起了作用。权力也有一种有形的表现。一些人可以把自己安顿在卫生的"飞地"，把扶手椅放在舢板上，这样他们就可以从容地穿过被淹没的街道。与此同时，人力车夫和苦力们在尸体和污水中间艰难跋涉。[131] 他们的家既狭窄又不卫生，几乎不可能维持任何形式的个人卫生规范。这只是明显的收入差距转化为截然不同的灾难经历的众多形式之一。

143

无家可归的难民不得不与数十万人争夺有限的干燥空间。他们很快就生活在最恶劣的条件下。一名记者描述了参观一个仓库的情景，该仓库估计容纳了 5 000 名难民。仓库内"人满为患，连走路都几乎不可能不碰到别人的身体或四肢"。生活在如此狭窄和不卫生的环境中会对健康产生严重影响，"每个人似乎都患有某种严重的疾病，到处都是肮脏的东西"。[132] 在洪水中待几周后，人会患上战壕足（沟足）和其他症状。有时他们的四肢肿胀得很厉害，看起来像是得了象皮病（elephantiasis）。[133] 似乎这些条件还不够艰苦，那些生活在难民飞地的人往往不知道洪水的进展，也不知道援助是否在路上。在初期洪水浪潮袭击武汉一个月后，当局接到报告，称发现市区附近一座被洪水包围的山形孤岛上，有多达 16 000 人在此避难。已经死了的人和濒临死亡的人被不加区别地散置在避难所，没有任何卫生设施。[134] 饥饿加

图 4.5　水上的人力车夫

转自《汉口水灾摄影》，武汉：真光照相馆，1931 年

剧了这种不适。饥饿的经历是挥之不去和痛苦的。血管和分解组织会排出积聚在皮肤下的液体，导致腹部、腿部、脚部和面部肿胀。饥饿的身体很快就会开始骨质化，人变得无精打采和昏昏欲睡。[135] 也许是出自疾病的"怜悯"，1931 年的大多数人"幸免"于完全的饥饿。

　　由个体胃肠道疾病引起的慢性呕吐和腹泻使集体状况变得更糟，很快感染者就遭到恐惧和厌恶。奥·格拉达指出，饥荒不仅会导致公共卫生设施的瓦解，还会导致个人卫生状况的恶化，这是由身体疲惫和缺乏洗涤设施造成的。[136] 叶调元在 1849 年注意到了这个问题，当时遭受洪灾的人连续几个星期都无法洗澡。[137] 1931 年，人们为生存而苦苦挣扎，吃着难吃的食物，衣服没洗过，身上沾满了洪水的污秽和残骸，只能随地大小便，这些场景

144

助长了中外精英关于穷人天生"不文明"和"落后"的偏见。一位传教士将"一位可怜的母亲，乳房空瘪缩水"的场景描述为"令人恶心的"。[138] 另一个讲述人称其发现"一些贫穷、苍老和像女巫一样丑陋的人"，盖着恶臭的垫子。[139] 表面上他似乎是在同情，但厌恶之情无法掩饰。通常情况下，贫困状态会被内化为文化特征。未清洗身体似乎表明一个人天生就无法达到现代卫生的标准。许多目击者没有意识到，正是在洪水下的极端条件，或者说洪水前的贫困，使人们陷入了如此绝望的境地。对于那些站在远处观看的人而言，穷人的身体似乎正陷入他们自己所创造的污秽之中。

对外国精英而言，他们在洪水期间的经历就截然不同。即使是在非危机时期，这些人也生活在一个脱离普通民众的世界里。自从19世纪租界建立以来，外国人就认为他们的活动地域是从所谓本土城市里完全分离出来的。他们试图通过修筑围墙和拉起铁丝网将中国人排斥在外，只让极少数的本地人进入。美国旅行家威廉·埃德加·盖洛为这种排斥行为辩护，他指出，中国人太多了，"假如他们也想去散步的话，那么不仅人行道，恐怕所有的一切都会被占用。如果你给一个中国人一英寸，他就会拿走一千英里"。[140] 到20世纪初，这种隔离状态逐渐消解，外国人发现向被优惠的税收制度吸引的本地居民和企业出租房产，可以赚到不少钱。当德国人在一战中失去租界后，武汉租界的空间进一步压缩，原租界成为武汉三个特别行政区中的第一个，第二个是在苏联政府自愿交出原俄租界后不久设立的，第三个是1927年武汉国民政府成功收回英租界后设立的。

145

尽管土地权力在慢慢移交，但武汉的外国使馆仍是一个被严格管控的专属区。它为外国游客提供从中国生活的异域感官体验中抽身的场所。菲特金描述了这些特权如何为身在中国的外国人提供"一种平静与安宁，像访问了洁净的家乡，一种从习惯了中国景致与气味的肌肉紧张中放松的感觉"。[141] 美国记者沃尔特·韦尔将"现代而欢快"的租界与"密集而拥挤的本土城市"进行了对比。[142] 然而，并非所有的外国游客都如此着迷于租界。杰拉尔德·约克更喜欢这座城市华界的"纯粹的享受"，而不是"白人女性享用午餐"的租界的"令人疲惫的无聊"。[143] 20世纪30年代后期，外国学生因内斯·杰克逊也表达了这种观点，将武汉租界描述为"第二个上海，尽管规模更小、更简陋，甚至有更令人震惊的维多利亚时代晚期的特点 *"。[144] 武汉的中国居民则对向租界的让步感到困惑和愤怒。诗人罗汉谈到了一个奇怪的事实，即武汉的居民在自己的城市里竟经常被禁止跨越外国人划定的边界。[145] 尽管如此，罗汉还是喜欢异国情调的租界，特别是日本租界，那里的红灯笼将风景如画的乐坊照亮。[146]

这些租界为本地人提供了一扇在感官上体验世界的窗口。罗芙芸曾将通商口岸描述为"超殖民地"（hypercolonies），即"当时不是殖民地，但仍然汇聚多重殖民主义的据点"。[147] 这一点在汉口最为明显，汉口先后拥有五个租界，分属英国、德国、俄国、法国和日本。在几分钟内就可以体验到令人眼花缭乱的各种文化——行人可以沿着巴黎街（Rue de Paris）往下走，然后转到黄皮

---

* 饥荒是维多利亚时代晚期的典型特点。

路，之后右转进入洛克比路（Lockerbie Road）。[148] 在这些街道上，游客可以在多家餐馆和酒店品尝到各种各样的国际美食。如果他们是在夏天到达的，他们可能会选择在城市的某个俱乐部喝几杯冰镇饮料或吃一个冰淇淋来缓解闷热。[149] 在夜幕降临后，他们可以欣赏一场卡巴莱歌舞表演，中国和白俄舞者用充满活力的表演招待观众。

租界是汉口最后被洪水淹没的区域，被后方的防洪墙、前方筑高的河堤保护着。[150] 然而这些强大的防御措施最终也被证明是不够的。在这座城市的其他地区被淹没大约一周后，日本租界仍能维持干燥状态，那是因为当局拼命把水抽回江里。外国观察家对日租界的这种果敢的防护行为大加赞赏，认为这与中国当局所谓的冷漠形成对比。[151] 然而到 8 月中旬，连日本租界也被淹没了。洪水并不是外国租界遇到的唯一冲击。无家可归的难民很快就占据了外籍人员的仓库和其他房产。有 5 000 人获准在日军营房避难。[152]

随着洪水将城市的社会和文化界限打破，外国租界成员试图尽可能继续他们的日常生活。美国领事馆每天早上都按照国务院的规定继续升起国旗，尽管他们只有划船才能到达旗杆下。[153] 其他人则靠骑马穿过被洪水淹没的街道，或在仓库的屋顶上打网球来自娱自乐。[154] 没多久，一条定期轮渡服务线就被建立起来，将外国人从市中心运送到北部的赛马俱乐部。[155] 租界或许可以说是商业和政治生活中心，但这个赛马俱乐部却是外国社交生活的心脏。正如菲特金所说，没有这个俱乐部，"租界里的外国女性将无法从炎炎夏日中解脱出来，没有这个俱乐部，男人们将变得肥胖而慵懒，这座城市将会陷入制造和传播流言蜚语的循环中"。[156]俱乐部的独家赞助人还可以享受到各种令人惊叹的娱乐活动，包括马球、赛马、打飞碟、游泳、网球、保龄球、高尔夫、板球和棒球，还有一支管弦乐队，可以举办音乐会，为舞蹈奏乐。[157]

虽然俱乐部的广场很早就被洪水淹没了，但室内仍是外国人 147 的社交和娱乐中心。正如一位记者所说，"即便在赛马俱乐部也无事可做，人们仍会去那里换换口味，盯着一片完整的水面，而不是街道上的运河"。笼罩在武汉大部分地区的恐惧和厌恶情绪，似乎对俱乐部成员平静的生活影响相对较小。他们只抱怨冰和苏打水短缺，这意味着"用于晚上或周六中午的社交活动的饮料此时通常都是短缺的"。[158]

图 4.6　外国赛马俱乐部的看台和会所

转自《汉口水灾摄影》，武汉：真光照相馆，1931 年

就在不远处，越来越多的难民正聚集在赛马场的看台上。在这里，他们与俱乐部廊道上饲养的牛争夺空间。俱乐部饲养马匹的马厩也是这样。在所有被洪水困住的物种中，这些马匹是最不适应洪水的。几个世纪前，清朝军官们已发现，在湖北的湿地上饲养马匹是极其困难的，这也意味着他们很难在这里驻扎骑兵营。[159]马匹缺乏对抗自然的韧性，但马匹与人类无与伦比的社会和经济关系弥补了这种不足。当洪水涌入俱乐部时，一些马匹被转移到江边仓库的屋顶上，另外一些甚至被转运到了上海。[160]像那些救狗的人一样，这些马匹的外国主人用饱含情感的语言表达他们对爱马所遭受痛苦的担心。毫无疑问，这也有他们在马匹上投入了资金的原因。

相比这些马匹，仅在几米之外避难的人类难民却几乎得不到任何救助。俱乐部会员担心难民聚集会带来卫生风险，因此他们向政府请求，要求将难民移走，难民们最终被疏散。[161]那些在俱乐部消磨时间的人和栖身在看台上的难民在空间上几乎没有距离，但他们的灾害经历却几乎完全不同，就好像他们经历的是两场不同的洪水。对前者而言，洪水只不过带来了些许不便和无聊，而对后者而言，洪水却是对生命的摧残乃至终结。前者只不过觉得洪水让他们只能喝纯威士忌，并抱怨新鲜的蔬菜短缺，而后者只能喝着肮脏的江水，并寻找野生植物充饥。这"两场洪水"的边界并不是由文化或国籍界定的。武汉的本地富人从提高房租、哄抬大米价格中获利，也生活在一个与大多数难民天差地别的世界。[162]我们将重点放在考察某些外国租界，不是因为这些外国租界特别不受洪水影响，而是这种不受影响的情况因种族和经济地位因素而相对明显。其实很多外国人对洪水也感到极度不适，而很多本地人也相对没有受到影响。

这两种洪水经历间的鸿沟，在某种程度上解释了许多有文化的目击者对难民行为的蔑视态度。皮耶罗·坎波雷西曾表示，在早期近代欧洲，长期饥饿的穷人生活在一个情况相对好的穷人无法理解的世界里。在那里，长期营养不良和食用麻醉性替代食品的习惯，使他们陷入了一个具有可怕幻象和给人生动感受的世界。有见识的知识分子谴责这些人的迷信行为，却没有意识到其实他们完全生活在一个截然不同的体验维度之中。[163] 对 1931 年洪水的外部观察者来说，他们同样难以触及贫民的感官和情感世界。那些接种疫苗和营养充足的人，会对受饥饿和疾病困扰的人的行为做出自己的判断。而那些以拥有理性和现代观点而自豪的人也无法理解生活在有其他可能性的地带的人们所惦记的幽灵。困扰难民和流浪者的鬼怪和龙，不仅是他们文化背景的产物，也是他们极端的身心创伤引起的暗示心理状态的产物。这是一种外部普通观察者难以相信的存在。只有经历过才会相信。

逃离身体

随着武汉水灾的形势越来越严峻，一些人的反应是什么也不做。有报道称，难民们坐在那里"冷漠而呆滞，不知道有什么在等着他们"。[164] 正如一位中国记者所说的，他们没有食物和住所，唯有等死。[165] 我们无法断定人们为什么会有这样的反应。许多同时代的观察家深信，答案就在人们与生俱来的被动性和宿命论中。当时流传的几种理论认为，这种负面特性是中国文化，甚至是中国人种族遗传特性的一部分。环境决定论者埃尔斯沃思·亨廷顿认为，在中国，消极既是灾害的原因也是灾难的后果。他推断，当灾害降临时，受灾地区"聪明"和"能干"的男人，以及"最聪明、最漂亮的女孩"，都迁出了灾区。[166]那些留在饥荒地的人们将消极"基因"遗传给了他们的孩子，随着时间推移，易受灾地区剩下的是身体上低人一等、精神上"不正常"之人，这些人"和白痴没什么两样"。[167]这样的想法或许有些极端，却并非没人接受。这构成了第五章更广泛地讨论的问题。在这一章我们将灾区置于不幸受害者的视角，他们需要在欺骗和胁迫下才能做出富有成效的反应。分析灾害的中国学者经常引用亨廷顿等外国专家的研究成果，认同他们的观点，即普通人的冷漠加剧了灾害。[168]

我们无法进入洪水难民的内心世界，而且他们中的大多数人早已去世。对他们行为的任何解释都只能是推测。然而，应该指出的是，什么都不做本身并不是不理性。事实上，正如我们在第三章中看到的那样，那些坐等洪水到来的人可能比那些试图通过流浪来改善自己状况的人能更好地幸存下来。由于疾病和饥饿使人虚弱，许多人可能根本无法行动。减少活动也可以是最大限度地利用有限营养摄人的手段。以这种方式管理身体被认为是中国人在面临饥荒时经常使用的一种应对机制。[169]将不行动说成是一种生存策略似乎很荒谬，但在某些情况下，通过耐心等待以保存能量，直到环境得到改善，或许是一种能动性的表现。亚历克斯·德瓦尔指出，20世纪80年代在苏丹，人们经常通过不吃东西来应对长时间的缺粮，方法是通过绑住肚子来缓解饥饿带来的痛苦，然后单纯地等待干旱缓解后再播种。[170] 在这种被动应对中似乎看不到什么能动性，这就是灾害幸存者惯有的应对策略经常被忽视的原因。那些被认为在1931年坚持等死的人，可能一直在耐心等待生机。

本章在现象学维度上对灾害的细致研究，也有助于将难民的活动——或者这种情况下的不行动——与背景联系起来。考虑到他们所遭受的难以抗拒和令人迷失方向的经历，他们坐在那里、不行动不是没有道理的。今天，灾害被认为会造成重大的心理和神经损伤。除了由身体损伤和疾病导致的器官性大脑功能失调外，灾害还会导致一系列与创伤相关的精神疾病。[171] 人们很少注意到20世纪30年代洪水的心理影响。对1998年长江水灾余波的研究表明，许多人都经历了严重的心理问题。[172] 这种创伤的症状之一可能是不愿动和分裂感。安德鲁·克拉布特里描述了2008年印度戈西河（Kosi River）洪水的幸存者在洪水过后显得"麻木"和"无助"。另外一些人则表示，他们"感官失灵"了。[173] 1931年洪水的幸存者看似冷漠和不行动的样子，似乎也说明了一种类似的创伤导致的静止。这并不排除文化的作用，文化可能影响了对正在发生作用的创伤的具体理解，但消极绝不是某种具体文化的特性。

在一些案例中，洪水的创伤效应可能会产生更严重的后果。在武汉洪水中，有大量自杀的案例。阿栋描述了洪水中一对失去了所有孩子的夫妻，他们悲痛欲绝，最终夫妻俩双双溺水身亡。[174]

151

一名外国记者写道，尽管中国有自杀的文化禁忌，但"到处都可以看到绝望、冷漠地自杀的人"。[175]虽然这无疑有些夸张，但自杀的流行在中国并不少见。太平天国战争期间，江南地区的一些运河被那些不愿面对战乱而自杀者的尸体堵塞。[176]历史学家李勤曾描述，湖北的一些家庭绑在一起跳入洪水，以逃避 20 世纪 30 年代洪水的可怕灾难。[177]后来在 1954 年该地区发生的洪灾中，据报道有 2 000 人自杀，而在此次洪水中，洪水造成的心理影响远比营养冲击更具有灾难性，自杀人数远超饿死人数。[178]

近几十年来，历史学家做了大量研究工作，将被动的灾害受害者等待慷慨的外部援助的形象复杂化。他们着重强调难民救助机构，详细叙述了这些机构采用的复杂策略。这种研究方法加深了我们对灾害的理解。1931 年，人们展现出了应对灾害的强大能力。然而，如果只关注生存，我们可能会把灾区的人们简化为简单的理性行为人。灾难变为求生之人要战胜的障碍，他们不过是寻求营养的有机体。这几乎没有给超越生存的主观和创伤性反应留下空间。我们应该如何看待那些通过坐以待毙或自杀来解除身体和精神痛苦的人呢？在关于应对策略的文献中，哪里有余地考虑那些根本无法应对的人？

理解人们在危机期间的行为方式对分析致灾机制至关重要。这有助于解释人们的集体行为模式，以及深入了解饥荒和传染病是如何影响人群的。力劝将其他幸存者聚集在一起，是一种增加风险的行为模式，但考虑到生活在灾害中常令人恐惧和痛苦的经历，在情感层面，渴望陪伴是完全可以理解的。通过密切关注感官维度上的体验，本章向读者展示了人类对 1931 年洪水的众多反应。并不是所有的行为都只为了生存。人们通过开展一些看似无效和怪诞的活动来应对创伤，包括表达悲痛情绪、举行宗教仪式及同情动物。这些活动并不一定会增加人们的生存机会，但仍然是能动性和人性的表达，是一个社区在面对灾难压倒性的感官体验时的复杂反应。

注释

[1]《蒋介石告鄂水灾被难同胞书》，《北华捷报》，1931 年 9 月 6 日再版。

[2] 这一事件在当时被媒体广泛报道。见《中央日报》，1931 年 9 月 13 日；《长江一带之水灾惨状》，《东方画报》1931 年第 28 卷第 20 号；《北华捷报》，1931 年 9 月 1 日；《汉口先驱报》，1931 年 9 月 4 日。更深入的讨论见夏士德《长江的帆船与舢板》，第 382 页。

[3] 郭镜蓉：《武汉灾后片片录》，《国闻周报》1931 年第 8 卷第 36 期。

[4] 巴雷特：《红漆门》，第 274 页。

[5] 关于感知史的演变，见史密斯（Mark M. Smith）《感知过去》（Sensing the Past）。有关感知史的代表作，参见阿兰·科尔班（Alain Corbin）《污秽与芳香》（Foul and the Fragrant），史密斯《感知史》（Sensory History），克拉森（Constance Classen）、豪斯（David Howes）和辛诺特（Anthony Synnott）《芳香》（Aroma）。关于情感史，参见马特（Susan J. Matt）和斯泰恩斯（Peter N. Stearns）的《从事情感史》（Doing Emotions History）。感知方法也构成了人类学情感转向的一个重要组成部分，参见米雷西（Brian Massumi）《虚拟的寓言》（Parables of the Virtual）、塞格沃斯（Gregory Seigworth）和格雷格（Melissa Gregg）编《情感理论读本》（Affect Theory Reader）。

[6] 这一时期弥漫在大气中的潮湿使一些人认为是"梅雨"，梅雨的到来与梅子这种水果在晚春时的成熟相吻合，也许用一个相近的同音词"霉雨"来描述更准确。参见纳普（Ronald G. Knapp）《中国的乡土建筑》（China's Vernacular Architecture），第 33 页。

[7] 伯德：《长江流域及以外地区游记》，第 63 页。

[8] 关于洪水前的降雨，可参见《生活（6）》1931 年第 37 期。

[9] 谢茜茂：《一九三一年汉口大水记》，第 148—149 页。

[10] 关于拾荒，参见高葆真《晨间漫步》（'Morning Walks Around Hanyang'）。

[11] 伊迪丝·S. 威尔斯：《汉阳 1931》，SOAS Archives, 10/7/15；柯乐博：《共产主义在中国》。

[12] 陈兵：《市区陆地行舟浮桥连接》，《武汉文史资料》总第 13 辑。

[13] 发生在一个叫丹水池的地方。《生活（6）》1931年第37期。

[14]《汉口日报》，1932年1月13日；刘思佳：《汉口中山公园百年回看》。

[15] 谢茜茂：《一九三一年汉口大水记》，第56页。

[16] 参见菲特金（Gretchen Mae Fitkin）《大江》（*The Great River: The Story of A Voyage on the Yangtze Kiang*），第59—60页。如果想了解20世纪30年代的汉口俱乐部生活，可以看阿彻的小说《汉口归来》。

[17] 叶调元：《汉口竹枝词校注》。

[18] 欧文·查普曼：《中国抗洪救灾》，SOAS Archives，10/7/15。

[19] 北平是南京政府最初十年给北京起的名称。

[20] 谢茜茂：《一九三一年汉口大水记》，第39—40页。

[21] 即汉口北部的单洞门，见《生活（6）》1931年第37期；《武汉已成沧海》。

[22] 例如高葆真《晨间漫步》；关于欧洲参见科尔班《村钟》（*Village Bells*）。

[23]《武汉已成沧海》。

[24]《生活（6）》1931年第37期。

[25] 谢茜茂：《一九三一年汉口大水记》，第40页。

[26]《汉口先驱报》，1931年9月2日。

[27]《斯蒂芬森小姐来信》，SOAS Archives，10/7/15。

[28] 我很感谢周越引导我关注这一问题。

[29] 柯乐博《中国洪水》提供了难民带走的一些物品的清单。

[30] 陈鹤松：《武昌灾区实地视查记》。

[31] 柯乐博：《中国洪水》。

[32] 劳瑞·李（Laurie Lee）：《我不能久留》（*I Can't Stay Long*），第87页。

[33] 埃里克森：《洪水之后》（*In the Wake of the Flood*），第93—111页。

[34] 阿栋：《汉口水灾真相》，《生活》，1931年。

[35] 巴雷特：《红漆门》，第274页。

[36]《汉口先驱报》，1931年8月30日。

[37] 柯乐博：《中国洪水》，第203页。

[38] 陈鹤松：《武昌灾区实地视查记》。

[39] 胡学汉：《灾民饥寒交迫瘟疫流行》，《武汉文史资料》总第13辑，1983年，第145页。

[40] 谢茜茂：《一九三一年汉口大水记》，第41页。

[41] Shu, H. J.：《辛亥革命以来汉口卫生改革的几次尝试》（'Some Attempts at Sanitary Reform at Hankow since the Revolution on 1911'），《中华医学杂志》1916年第2卷第1期，第43—49页。

[42] 有关武昌暴力事件的描述，参见菲特金《大江》。

[43] 关于20世纪二三十年代湖北的激烈暴力和公共死亡场面，参见罗威廉《红雨》。

[44] 管雪斋：《水上三点钟》；谢茜茂：《一九三一年汉口大水记》，第41页；陈鹤松：《武昌灾区实地视查记》。

[45] 叶调元：《汉口竹枝词校注》，第85页。

[46] RNFRC，第 162 页。

[47] Shu, H. J.:《辛亥革命以来汉口卫生改革的几次尝试》；谢茜茂：《一九三一年汉口大水记》，第 64 页；《不幸的天灾》，《文华》1931 年第 24 期。

[48]《北华捷报》，1931 年 9 月 15 日和 1931 年 10 月 13 日。

[49] 谢茜茂：《一九三一年汉口大水记》，第 78 页。

[50]《民国汉口的鬼节》，参见徐焕斗《汉口小志》。

[51] 武雅士（Arthur Wolf）:《神、鬼与祖先》（'Gods, Ghosts, and Ancestors'）。

[52]《北华捷报》，1931 年 9 月 15 日。

[53] 管雪斋:《水上三点钟》。

[54] 梅尔清:《浩劫之后：太平天国战争与 19 世纪中国》。

[55] 周越:《奇迹般的回应》（*Miraculous Response*），第 133 页。

[56] 夏士德:《长江的帆船与舢板》，第 381 页。

[57]《北华捷报》，1931 年 8 月 11 日。

[58] 陈鹤松:《武昌灾区实地视查记》。

[59] 陈楚珩:《汉口水灾实地视察记》。

[60] 陈兵:《市区陆地行舟浮桥连接》。

[61]《北华捷报》，1931 年 9 月 8 日。

[62]《时代杂志》，1931 年 8 月 8 日；柯乐博:《中国洪水》，第 205 页。

[63] 谢茜茂:《一九三一年汉口大水记》，第 22 页；《汉口先驱报》，1931 年 9 月 9 日。

[64] 戈德堡（Jay M. Goldberg）、威尔逊（Victor J. Wilson）和库伦（Kathleen E. Cullen）:《前庭系统》（*The Vestibular System*），第 12 页。

[65]"桅杆森林"长期以来一直是外国人形容武汉港口的一个惯常说法。例如古伯察《中华帝国纪行》（第二卷），第 143 页；韦尔《中国的芝加哥》。

[66] 夏士德:《长江的帆船与舢板》，第 381 页。

[67]《时代杂志》，1931 年 8 月 8 日；郭镜蓉:《武汉灾后片片录》。

[68] 转引自李文海等《中国近代十大灾荒》，第 209 页。

[69]《北华捷报》，1931 年 8 月 25 日；《北华捷报》，1931 年 9 月 1 日。

[70]《北华捷报》，1931 年 9 月 1 日。

[71] 明恩溥:《中国人的性格》（*Chinese Characteristics*），第 96 页。

[72] 阿尔德雷特:《古罗马的台伯河洪水》，第 157 页。

[73] 班考夫:《灾难文化，应对文化》，第 270 页。

[74] 欧文·查普曼:《中国抗洪救灾》，SOAS Archives, 10/7/15。

[75] 罗萨里奥:《灾难文化》。

[76] 库塔克（Robert I. Kutak）:《危机社会学》（'The Sociology of Crises'），第 67 页。

[77] 怀特:《人类对洪水的适应》，第 92—93 页。

[78] 郭镜蓉:《武汉灾后片片录》；谢茜茂:《一九三一年汉口大水记》，第 75 页。

[79] 欧文·查普曼:《中国抗洪救灾》，SOAS Archives, 10/7/15。

[80] 夏士德:《长江的帆船与舢板》。

[81] 谢茜茂:《一九三一年汉口大水记》，第 141 页。

［82］陈鹤松：《武昌灾区实地视查记》。

［83］史密斯（Joanna Handlin Smith）：《行善的艺术》（*The Art of Doing Good*），第 15—42 页。

［84］《华北捷报》报道"最近有一具大约十二岁的女孩的尸体，显然是被狗发现的"。见《北华捷报》，1931 年 9 月 15 日。在其他地方，一名救援人员谈到了聚集在人类周围的"污垢的贱狗"。见《北华捷报》，1931 年 10 月 24 日。

［85］《北华捷报》，1931 年 8 月 11 日。

［86］皮明麻主编：《武汉通史：民国卷（上）》；阿诺德·赖特：《20 世纪中国香港、上海和其他条约口岸印象：历史、人民、商业、工业及资源》，第 708 页。

［87］罗汉：《民初汉口竹枝词》，第 9 页；约克：《中国变化》，第 59 页。

［88］卢汉超：《霓虹灯之外：20 世纪初日常生活中的上海》（*Beyond the Neon Lights: Everyday Shanghai in the Early Twentieth Century*）。

［89］关于停电，见《武汉已成沧海》；《灾赈中之治安》，HSSDX；李文海等《中国近代十大灾荒》，第 210 页；《教务杂志》，1931 年 9 月。

［90］谢茜茂：《一九三一年汉口大水记》，第 28 页。

［91］杰克逊：《水下巴黎》。

［92］科斯洛夫斯基（Craig Koslofsky）：《夜晚帝国：早期近代欧洲夜晚的历史》（*Evening's Empire: A History of the Night in Early Modern Europe*）。

［93］坎波雷西（Piero Camporesi）：《梦想的面包：早期近代欧洲的食物与幻想》（*Bread of Dreams: Food and Fantasy in Early Modern Europe*），第 95 页。

［94］关于这一主题，见冯客《奇异的商品：中国的现代物质与日常生活》（*Exotic Commodities: Modern Objects and Everyday Life in China*），第 140—141 页。

［95］谢茜茂：《一九三一年汉口大水记》，第 105 页；另见《华北捷报》，1931 年 8 月 25 日。

［96］《汉口先驱报》，1931 年 8 月 26 日。

［97］谢茜茂：《一九三一年汉口大水记》，第 127 页。

［98］《灾赈中之治安》，HSSDX。在洪水期间的其他地方，一场大火烧毁了两万担救济粮。九江的一个难民收容所被烧毁，造成至少 16 人死亡。见《北华捷报》，1932 年 1 月 12 日。

［99］夏士德：《长江的帆船与舢板》，第 381 页。

［100］叶调元：《汉口竹枝词校注》；罗威廉：《汉口：一个中国城市的冲突与社区（1796—1895）》，第 159 页；辛亥革命期间，汉口曾被纵火焚烧，外国租界以外的建筑几乎无一幸存。见麦金农《民国时期武汉的自我探索》（'Wuhan's Search for Identity in the Republican Period'），第 164 页。

［101］伊迪丝·S. 威尔斯：《汉阳 1931》，SOAS Archives，10/7/15。

［102］《北华捷报》，1931 年 8 月 11 日。

［103］菲特金：《大江》，第 2 页。

［104］冯客：《奇异的商品：中国的现代物质与日常生活》，第 221 页。

［105］直到 20 世纪末，这些仍然是流行的做法，但在过去几十年中，空调势不可

挡的崛起使传统方法黯然失色。在 19 世纪末，甚至一些外国居民也睡在户外以躲避炎热。见伯德《长江流域及以外地区游记》，第 62 页。

［106］谢茜茂：《一九三一年汉口大水记》，第 205 页。

［107］阿栋：《汉口水灾真相》。

［108］皮明麻主编：《武汉通史：民国卷（上）》，第 324 页。

［109］欧查德（Dorothy Johnson Orchard）：《中国苦力》（'Man-Power in China I'），第 586 页。

［110］Shu, H. J.：《辛亥革命以来汉口卫生改革的几次尝试》。

［111］菲特金：《大江》，第 60 页。

［112］雅恩（Samia AI Azharia Jahn）：《中国河流饮用水》（'Drinking Water from Chinese Rivers'）。

［113］《武汉已成沧海》。

［114］陈武：《灾民饥寒交迫瘟疫流行》，《武汉文史资料》总第 13 辑，第 146 页。

［115］陈鹤松：《武昌灾区实地视察记》。

［116］巴雷特：《红漆门》，第 205 页。

［117］RNFRC，第 162 页。

［118］伍连德等：《霍乱：中国医疗行业手册》，第 170 页。

［119］欧文·查普曼：《中国抗洪救灾》，SOAS Archives, 10/7/15。

［120］克拉森、豪斯和辛诺特：《芳香》（Aroma）。

［121］阿兰·科尔班：《污秽与芳香》。

［122］罗芙芸：《卫生的现代性》，第 114 页。

［123］冯客：《性文化与近代中国》（Sex Culture and Modernity in China），第 160 页。

［124］罗芙芸：《卫生的现代性》，第 114 页。

［125］皮明麻主编：《武汉通史：民国卷（上）》，第 324 页。类似的情况也发生在广州，见潘淑华《广州民国时期的霍乱、公众健康与饮用水源政治》。

［126］《北华捷报》，1931 年 8 月 25 日；《北华捷报》，1931 年 9 月 1 日。

［127］胡学汉：《灾民饥寒交迫瘟疫流行》，第 145 页。

［128］陈鹤松：《武昌灾区实地视查记》。

［129］马丁（G. Neil Martin）：《嗅觉和味觉的神经心理学》（The Neuropsychology of Smell and Taste）。

［130］阿兰·科尔班：《污秽与芳香》。

［131］《北华捷报》，1931 年 9 月 15 日；郭镜蓉：《武汉灾后片片录》。

［132］《北华捷报》，1931 年 9 月 1 日。

［133］《汉口先驱报》，1931 年 8 月 28 日。谢茜茂还指出一些患有脚病的人——字面意思是"脚病"——可能描述的是一种类似沟足的疾病，或者可能表明一些难民死于微量营养素缺乏，中文术语的脚气病与此非常相似。

［134］《北华捷报》，1931 年 9 月 15 日。

［135］泰勒（James Tyner）：《种族灭绝与地理想象》（Genocide and the Geographical Imagination），第 82 页。

[136] 奥·格拉达:《饥荒》，第 100 页。

[137] 叶调元:《汉口竹枝词校注》。

[138] 欧文·查普曼:《中国抗洪救灾》，SOAS Archives，10/7/15。

[139]《字林西报》，1931 年 10 月 24 日。

[140] 盖洛（William Edgar Geil）:《扬子江上的美国人》(*A Yankee on the Yangtze*)，第 46 页。

[141] 菲特金:《大江》，第 58—59 页。

[142] 韦尔:《中国的芝加哥》。

[143] 约克:《中国变化》，第 59—60 页。

[144] 英尼斯·杰克逊（Innes Jackson）:《昨日中国》(*China Only Yesterday*)，第 211 页。

[145] 罗汉:《民初汉口竹枝词》，第 8 页。

[146] 同上，第 3 页。

[147] 罗芙芸:《卫生的现代性》，第 3 页。

[148] 袁继成:《汉口租界志》。请参阅前文的未编号地图。

[149] 奥登（W. H. Auden）、衣修伍德（Christopher Isherwood）:《战地行记》(*Journey to a War*)。

[150] 梅乐和:《中国近代海关历史文件汇编》，第 557 页。

[151] 柯乐博:《中国洪水》。

[152]《北华捷报》，1931 年 8 月 11 日。

[153]《北华捷报》，1931 年 9 月 8 日。

[154]《北华捷报》，1931 年 8 月 18 日。

[155] 夏士德:《长江的帆船与舢板》，第 382 页。

[156] 菲特金:《大江》，第 59 页。

[157] 同上，第 60 页。精致奢华的俱乐部不仅对武汉的中国市民不开放，还不欢迎来到这座城市的外国工薪阶层——例如水手或士兵。正如毕可思坚称的那样，在华英国人的阶级分化如同种族差异一样严重。见毕可思《帝国造就了我》。

[158]《北华捷报》，1931 年 9 月 1 日。洪水已经阻碍了汉口药房生产汽水，但药房仍然能够提供"无声水"和一系列"无声水果饮料"，并对"每一滴"进行消毒。《汉口先驱报》，1931 年 8 月 22 日。

[159] 高燕:《马的撤退》。

[160]《北华捷报》，1931 年 8 月 11 日;《北华捷报》，1931 年 8 月 25 日。

[161]《北华捷报》，1931 年 9 月 1 日。

[162] 路易·艾黎后来声称，当地政客在难民挨饿的时候举行了香槟晚宴，尽管他的说法没有得到时人的证实。参见威利斯·艾黎《一个在中国学习的人:路易·艾黎》，第 100 页。

[163] 坎波雷西:《梦想的面包》。

[164]《北华捷报》，1931 年 8 月 25 日。

[165]《武汉已成沧海》。

[166] 亨廷顿（Ellsworth Huntington）:《自然环境、自然选择与历史发展对种族特性的影响》(*The Character of Races as Influenced by Physical Environment, Natural Selection and Historical Development.*)，第 193 页。

[167] 同上，第 175 页。

[168] 陈汀泓:《灾荒与中国农村人口问题》,《大学生言论》1934 年第 4 期；邓拓:《中国救荒史》。

[169] 斯米尔:《中国的过去》，第 75 页。

[170] 德瓦尔:《致命的饥荒》，第 112 页。

[171] 富勒顿（Carol Fullerton）、乌尔萨诺（Robert Ursano）:《灾难的心理与精神病理后果》('Psychological and Psychopathological Consequences of Disasters')。

[172] 奉水东等:《中国湖南省洪涝灾害者的社会支持与创伤后应激障碍》('Social Support and Posttraumatic Stress Disorder among Flood Victims in Hunan, China')。

[173] 克拉布特里（Andrew Crabtree）:《噩梦的深层根源》('The Deep Roots of Nightmares')，第 169 页。

[174] 阿栋:《汉口水灾真相》。

[175]《时代杂志》，1931 年 8 月 31 日。

[176] 梅尔清:《浩劫之后:太平天国战争与 19 世纪中国》。

[177] 李勤:《三十年代水灾对灾民社会心理的影响——以两湖地区为例》，第 101—103 页。

[178]《湖北省 1954 年水灾情况及灾后恢复情况统计》，湖北省档案馆（HSD），武汉，1954 年。当然，当时统计数据的准确性值得商榷。"自杀"可能被用来涵盖其他方面的原因。

第五章

灾害专家

一唱都护歌，心催泪如雨。

万人凿盘石，无由达江浒。

李白[1]

153

他们说，要么干活，要么去坐牢，

我说，我不会扛麻袋，

我不会淹死在那条堤坝上，

你不能逼我辛苦工作。

朗尼·约翰逊（Lonnie Johnson）[2]*

　　1931 年 9 月 21 日，江苏兴化市郊聚集了大批乘坐舢板的难民，突然一架洛克希德—天狼星（Lockheed-Sirius）单翼机出现在他们头顶上空，然后降落在附近河流的浮桥上。他们的好奇心被激起，船主们撑着舢板驶向那突兀的飞机，去看里面有什么神秘的东西。在飞行员带领下，出来了三名男子，他们抓拍了一些现

---

* 朗尼·约翰逊，即阿朗佐·约翰逊（Alonzo Johnson），1889 年 2 月 8 日生于美国路易斯安那州新奥尔良，1970 年 6 月 16 日在加拿大安大略省多伦多去世，是高产的美国音乐家、歌手和词曲作者，最早期主要的蓝调和爵士吉他手之一。《破碎的堤坝蓝调》这首歌主要讲的是黑人被武装的白人命令在堤坝上工作的故事。

场照片，包括图 5.1。聚集的人群很快开始琢磨飞机上是否有救援物资，并向机组人员乞讨食物。三人中有两个外国人，于是难民们用简单的手语表达他们的愿望——一只手做饭碗状，另一只手握着想象中的筷子。起初，他们的恳求似乎成功了。飞行员把身子探进驾驶舱，拿出一个白色大包。其中一个难民飞快地从他手中抢走了包裹。这个难民还没来得及打开包裹，人群中的其他人就已经把包裹撕开了。令他们失望的是，包裹里装的不是食物而是药品。心有不甘的难民开始爬上支撑单翼飞机的浮桥。飞行员担心难民的重量会压垮浮桥，将飞机拖入水中，于是把手伸进驾驶舱，掏出一把史密斯威森手枪。他向空中鸣枪示警，然后把枪对准人群。由于担心生命安全，难民们跳回他们的舢板上，迅

图 5.1 舢板聚集在单翼飞机周围（江苏兴化）
查尔斯·林德伯格收藏。密苏里州历史博物馆供图

速撑杆离开。飞行员和机组人员跳上没有了阻碍的单翼飞机，飞向远处，再也没回来。[3]

当难民们看着单翼飞机消失在地平线上时，他们所有人都不可能意识到，就在刚刚，这个世界上最著名的人之一探访了他们。飞行员查尔斯·林德伯格*和他的妻子安妮抵达中国，这是他东亚之行的最后一站。在目睹了洪水造成的破坏后，这对夫妇向国民政府提供援助。他们奉命与英国皇家空军的飞行员一起绘制洪水范围图，开创了空中勘测灾害范围的先例。后来，林德伯格又被说服进行"一次新的救援尝试"，飞往灾区中心，运送血清和疫苗包裹。[4]

从很多方面来说，这次尝试反映了官方广泛的救援努力。这种救援努力非常现代，运用了新的航空科技来帮助原本难以接近的难民，由国民政府卫生部长刘瑞恒[5]和他的朋友、洛克菲勒基金会公共卫生工作者约翰·格兰特（John Grant）陪同林德伯格乘坐飞机。这架飞机的机组人员具有令人印象深刻的知识和技能，并得到相当大的政治和财政支持。即使如此，他们的尝试仍是不成功的。他们没有为一个难民接种疫苗，却卷入一场不幸的冲突中。这场看似可行的救援计划，没有考虑灾民的行为模式。流行病可能是难民生存最紧迫的身体威胁，但饥饿心理则是他们行动的更强大动力。饥饿的难民最想要的是食物，而不是无关自身生存的说教和外国生物医学。

在兴化事件中，灾害救助专家中的精英上层直接面对了他们

---

* 林德伯格在民国时期的中文文献中被译作"林白"。

的救助对象。这两个群体最终陷入紧张对峙的事实，暴露了官方想象中的洪水景象与当地灾害现实之间的严重脱节。本章和下一章讨论两个使用不同知识语言的群体之间在沟通上的困难。两种知识语言的第一种是从兴化郊外的单翼飞机上走出来的技术专家说的语言，它充斥着抽象的经济概念、医学理论和科学术语。第二种是那些生活在舢板上的人所说的，一种具有乡土知识的语言，其语法受到了构成灾害文化的代代相传的习惯知识的影响。这两种话语被证明是彼此无法理解的，以至于当精英上层的代表与难民在兴化城外的水域相遇时，他们只能通过基本的手语和暴力威胁来沟通。

156　　　洪水的历史是为后人而记录的，那些书写灾害的人几乎只使用专门的技术话语。在这种权威记录的描述中，洪水叙事变成了一个由政府机构和救援组织主导的故事。那些采用自上而下措施的人成为难民生死的唯一裁定者。当乡土专业知识被注意到时，则被视为灾民已有的绝望症状。诸如舢板这样不起眼的技术所发挥的重要作用被遗忘了，而飞机等浮夸但基本上无效的技术则备受称赞。这并非救济机构的故意混淆，而是在灾害治理领域占主导地位的主流机构意识形态（institutional ideology）的产物。

　　　兴化事件后，机组人员选择不再提起这件令人遗憾的鸣枪事件。而这个故事直到几年后才在安妮·林德伯格的一篇报道中被曝光。说实话可能会给人一种"错误印象……关于中国人的"，[6] 取代有些混乱的真相的是一个关于航空冒险实践的英雄故事。媒体继续以极大的兴趣关注林德伯格夫妇的中国之行。[7] 他们重聚后，乘机飞往武汉，在那里飞机因一只机翼触及水面，掉进了长江。据赛珍珠说，当地的围观人群对他们没有溺亡感到惊讶，并认为他们能从汹涌的江水中幸存下来，是因为他们的美国人身份。[8]
被从泥泞的武汉港捞出来的屈辱，丝毫没有削弱林德伯格夫妇的
英雄声誉。在他们离开中国之前，第一夫人宋美龄专门为这对夫
妇举办了一场特别的茶话会。蒋介石给查尔斯颁发了国民政府的
首枚航空勋章，作为对他在洪灾中的贡献的奖励。[9]事实上，查
尔斯的使命并没有像许多人认为的那样取得巨大成功，这一事实
很容易被忽视。就像救援工作中的许多其他事情一样，判断行动
效果的标准是意图，而不是结果。

　　在中国的灾害史志中，官方对水旱灾害的应对经常被用来衡
量其政治制度更广泛的合法性。通过官方记载这个棱镜看灾害会
有一个问题，那就是我们的视野会被精英们的预设蒙蔽。但又很
难回避这种官方的信息来源，无论是帝制时期的学者官员，还是
近代的饥荒活动家，技术专家对灾害的着墨都要比其他任何群体
多。在这些精英的叙述中往往呈现出，决定难民生存的唯一变量
是官员们的效率和仁爱。本章和下一章对这一观点提出了挑战，
首先考察官方救济的局限性，其次强调管制往往会影响人们的
自主求生。综合起来，这两章展示了致灾机制中的政治和社会因
素。本章主要考察灾害技术官员的活动，即负责管理救灾工作的
一群政府和非政府人员。他们的救灾方法虽然受到经济环境的影
响，但更多受到机构意识形态的影响，这导致他们对其政策的缺
陷视而不见。这不是蓄意的沉默，而是由于技术专家们生活在偏
执的世界，他们因而成为偏见和同义反复推理*的受害者。活下

157

---

* 指同一个意思反复出现。

来被视为政府的功劳，而死去则被归咎于环境。

灾害技术官员

国民政府很难无视洪水。到 1931 年的初夏，成千上万的难民涌入了国民政府的首都南京。随后，南京城也遭遇洪水，又大约有40 000 名本地市民成为难民。[10] 随着灾情越来越严重，财政部长宋子文被任命为专门成立的国民政府救济水灾委员会（NFRC）的负责人。[11] 他的三个姐妹都嫁给了当时中国最具影响力的政治家，他的势力深深地植根于国民党的亲属结构中。虽然他是蒋介石的舅子，但和其他许多国民党成员一样，宋子文反对蒋委员长及其军事盟友专注于反对共产党的短视行为。[12] 通过设立救济水灾委员会，宋子文表明了他明确偏好经济重建计划，而不是军事整合计划。[13] 他在委员会的执行层配备了几位志同道合的政界人士，这些人帮助他招募了一批在中国最著名的技术专家。[14]

鉴于他们令人生畏的资历，人们很容易认为那些被任命为救济水灾委员会成员的人完全是根据精英标准挑选的。但仔细观察就会发现，其实是一种精英网络在起作用。他们中的许多人都是留学归来的学业精英，曾在欧洲、美国或日本上过大学。事实上，很多人都是宋子文的朋友和以前的同学。他在哈佛大学的两个同龄人在卫生防疫顾问组委员会任职，三个来自附近麻省理工学院的朋友则任职于工赈处和技术委员会。[15] 在洪水发生的 20年前，救济水灾委员会成员中至少有六人曾为庆祝中华民国成立

两周年，在波士顿的一家中餐馆一起用餐。众所周知，中华民国
的成立离不开宋子文最著名的姐夫孙中山。[16]这种紧密的联盟
政治代表了国民政府的典型运作方式。精英治理的表象掩盖了精
英关系网构建起来的孤立圈子。

　　在纽约一家银行短暂工作后，宋子文离开美国加入民族主
义事业。他的哈佛同学刘瑞恒选择了另一条路，在北京协和医学
院工作。[17]北京协和医院为国民政府救济水灾委员会应对卫生
危机发挥了不可或缺的作用，是1917年由全球慈善组织洛克菲
勒基金会筹建的，基金会的资金来自标准石油公司（Standard Oil
Company），建立协和医院的目的是培养一批精英专业人才，在中
国推广生物医学。[18]救济水灾委员会宣称在北京有很多分支委员，
包括牛惠生、金宝善、颜福庆和布莱恩·戴尔（Brian Dyer）。[19]
除筹建医疗委员会外，洛克菲勒基金会的印迹在救援中随处可
见。比如，基金会曾为卜凯带领的农业经济学家团队提供启动资
金，而卜凯团队进行了"南京调查"。[20]基金会还为来自加拿大
的公共卫生先驱约翰·格兰特支付工资。格兰特出生于中国的一
个传教士家庭，在美国接受教育，因其对公共卫生的左倾观点而
被称为"医学布尔什维克"。他凭借对中国语言和文化的深刻理
解，开创了一种将治疗医学与预防医学相结合的方法。[21]格兰
特对国民政府救济水灾委员会的贡献，远超过刘瑞恒和林德伯格
前往兴化的单翼飞机飞行之旅。他以救援工作为跳板，推动实施
他更宏大的公共卫生决策。

　　除了洛克菲勒基金会外，其他一些组织也将其政策推行到
救济水灾委员会，最著名的是华洋义赈会（以下简称CIFRC），

160   其成员约翰·厄尔·贝克（John Earl Baker）和乔治·斯特罗布（George Stroebe）均在委员会中担任高级职位。华洋义赈会最初是在 1920—1921 年华北饥荒期间由中外通商口岸的精英联盟成立的，在过去十年中发展壮大。[22] 这个组织比其他任何组织都更有助于帮助救济水灾委员会制定灾后重建的策略。

救济水灾委员会雇用的外国人并非全都是中国通。自 20 世纪 20 年代后期以来，国联一直在向中国派遣顾问，以帮助国民政府制定卫生政策。这些顾问中最关键的一位是波兰内科医生和细菌学家路德维克·拉西曼，他最终和宋子文建立了密切的工作和个人关系。[23] 拉西曼和他的同事是苏珊·佩德森所说的"技术联盟"（technical League）的代表，该联盟的成员试图"对抗在日益相互联系的世界中不断扩散的危险和往来"。[24] 虽然联盟活动中更具政治导向性的内容最终将在 20 世纪 30 年代动荡的国际关系中消失，但技术联盟从未真正消失过。它通过各种形式"转世再生"，后来成为今天所谓非政府组织行业的基石。[25] 政治联盟深深卷入本已衰落的欧洲帝国主义世界。然而，技术联盟的许多成员，至少那些参与救济水灾委员会的成员，来自没有在殖民征服东亚的过程中发挥重大作用的地区。他们包括克罗地亚公共卫生专家贝里斯拉夫·博尔契奇（Berislav Borcic）、罗马尼亚疟疾专家米海·朱卡（Mihai Ciuca）和西班牙熏蒸专家阿尔贝托·安圭拉（Alberto Anguera）等。[26]

救济水灾委员会的官方报告呈现的是典型的以欧洲为中心的救灾工作画面。然而，透过表面很快就发现，这些国际专家比他们最初看起来的还要国际化。埃及政府筹备了一个流动的细菌实验室的设备，送往洪水灾区。[27] 这是由刘瑞恒和穆罕默德·沙欣·帕夏（Muhammad Shahin Pasha）亲自协商达成的，他们两位都是从政的生物医学医生。[28] 随后一个由侯赛因·穆罕默德·易卜拉欣（Hussein Mohammad Ibrahim）率领的细菌学家小组也前往中国，并分发了大量疫苗。[29] 一组来自荷属东印度 * 的医生也到了洪水灾区。我们对这种特殊的医疗互动是如何发起的知之甚少，尽管前往洪水灾区的人可能是印尼群岛华人社区的成员，这一点可能很重要。[30] 他们的参与或许反映了 20 世纪初，超越国界的华人认同在全球政治中的地位日益重要。[31] 官方文献没有反映出这种复杂动机，只是感谢了荷属东印度政府"派遣"了医生。[32] 正如我们所看到的，散居海外的华人完全有能力组织自己的人道主义援助，并且独立于殖民地的监督者。其中最著名的侨民之一是马来亚流行病学家伍连德，他因 20 年前在中国北方防治鼠疫而声名鹊起。作为新成立的检疫部门的负责人，伍连德对救济水灾委员会非常重要。[33]

　　负责将这些不同来源的专家整合成一个整体的，是英国人约翰·霍普·辛普森。从 20 世纪 20 年代中期开始，辛普森曾在印度公职系统中度过了他的青年时代，并在国际联盟中担任了一系列职务。他先是被派去监督希腊和土耳其的人口交易，后来提出移民到英国统治下的巴勒斯坦的犹太人给阿拉伯人带来了压力，引起了犹太复国主义者的愤怒。[34] 辛普森作为没有职务的专家，一只脚牢牢地扎根于殖民帝国的过去，另一只脚却朝着新

---

* 指 1800—1949 年荷兰人统治的印尼群岛，1949 年独立为今天的印度尼西亚。

的后殖民秩序迈进。佩德森注意到，关于联盟的大部分著作都聚焦被殖民者和殖民者的简单二元论，这长期以来一直是帝国史的范式。[35]像辛普森这样的人物，擅长在挑战这种二元对立的临界区开展工作，诸如希腊、巴勒斯坦和中国等国家。他的职业生涯似乎预示了这样一个世界，西方专家寻求通过将自己重新塑造成技术专家而不是统治者来匹配其不相称的影响力。在这方面，他可以被认为是后来职业专家的早期典型。尽管他经验丰富，但领导救济水灾委员会被证明是他职业生涯的最大挑战。宋子文可能只是在名义上掌管委员会，而实际工作却落到了辛普森的肩上，他以前从未涉足中国，而此时却负责管理一个强大的政府委员会的日常事务。

从某种意义上说，设立救济水灾委员会是国家建设的一次胜利。把政府技术官员和私人专家纳入一个权威之下，是组织和协调官方治灾活动的有效方式。李明珠认为，这使国民党可以对某些重要的独立机构行使权力，最有名的就是华洋义赈会，[36]该机构在20世纪20年代发展壮大。不过，将非政府专家纳入也是一把双刃剑。允许政府行使名义上的控制权，但也允许非政府专家对官方政策施加相当大的影响，对于许多政客来说，这似乎不成问题。他们有着共同的专业技术观，有着相似的教育背景，经常与外国同行们混在同一个社交圈。政府的技术官员和私人专家说着同一种语言，无论是隐喻性的还是书面性的，大部分官方文献都是用英文出版的。虽然这种共同的背景降低了沟通成本，但也限制了多元化，它创造了一个相对更浅的思想基因库，这意味着救济水灾委员会很快就发展出了一种孤立的机构意识形态。这既可以是救济政策的指南，也可以是让批评者不可逾越的障碍。

实际人道主义

　　救济水灾委员会的机构意识形态核心是基于贫困的本质和提供慈善的适当方式的共同设想。除少数几个特别的另类，中央委员似乎都成为所谓"贫困化理论"（pauperisation thesis）的忠实追随者。他们认为，如果慈善活动不在适当的纪律和约束下开展，被救助者将会被误导进入一种寄生的生活状态。这种想法是建立在人类倾向于走捷径的假设之上的。如果机会出现，被救助者将满足于依靠其经济上级的慷慨援助来生活。贫困化理论——至少在其近代的版本中——是在相对较近的时期从西欧和北美引入中国的。长期以来，该理论一直是慈善活动的指导原则。这一理论的道德维度在中国传统的慈善思想中基本上是缺失的，但自晚清以来，该理论得到改革派政客、犯罪学家和社会科学家的接受。陈怡君详细描述了"贫困化理论"及一系列其他兼容的理论势不可挡的崛起过程，这些理论导致了民国时期的穷人实际上被定罪。用她那句令人回味的话来说，那些被认为"因贫困而有罪"的人被关押在济贫院、乞丐营等一系列机构中，慈善和惩罚之间的界限变得越来越模糊。这些机构旨在将那些未能满足现代公民要求的一代人剔除，并灌输给他们对生活和劳动的规范态度。[37]
　　华洋义赈会的工作人员是贫困化理论的热心倡导者。在过去十年中，一些义赈会成员发表了研究报告，阐述了他们采取的

163

非常特殊的灾害救济方法。其中包括梁如浩，他是前北洋政府的政客，在 20 世纪 20 年代的大部分时间里在该机构中担任高级职务。[38] 他将华洋义赈会采用的"科学"救荒方法，与中国官员过去采用的"习惯"方法进行了对比。[39] 在这里，科学只是新马尔萨斯主义解释饥荒原因的代名词，在这种解释中，人口压力成为中国所有不幸的罪魁祸首。这些观点最著名的倡导者是华洋义赈会的前秘书沃尔特·马洛里。他的研究《中国：饥荒国度》成为关于这一主题最具影响力的论著之一，至今仍经常被引用。马洛里将水旱灾害描述为导致饥荒的直接诱因，但最终原因

164 是无与伦比的"中国人的生育率"。[40] 在华洋义赈会首任秘书约翰·厄尔·贝克的一项不太知名的研究中，也提出了非常类似的评价。他声称中国人自己对人口决定论有一种直观的把握，他们也担心人口过剩，但对马尔萨斯经济学一无所知。[41] 贝克似乎没有注意到清代学者洪亮吉的工作，后者在托马斯·马尔萨斯之前就提出了饥荒因果的人口学理论。洪氏理论的关键解释是"治平之久，天地不能不生人"。[42]*

客观地说，20 世纪初的大多数中国知识分子似乎也基本没有注意到洪亮吉。不过，他们当然不像贝克那样对马尔萨斯理论一无所知。自 19 世纪末以来，他们就人口决定论的优劣一直在争论。孙中山是其中最坚定的批评者之一，他称马尔萨斯理论是一种"有毒的学说"，并赞同亨利·乔治（Henry George）的理论，后者主张将增加人口作为一种保障"种族延续"的手段。[43]

---

* 出自洪亮吉的《意言·治平篇》。

尽管孙中山因社会达尔文主义的影响而批评了限制人口论，但也有其他学者受限制人口论的影响而持完全相反的观点。社会学家吴景超称赞马洛里将科学严谨的方法引入中国饥荒研究，认为人口问题是阻碍国家强盛发展的主要因素之一。陈汀泓谈到限制人口数量以提高人口品质。[44]他的分析表明，人口学理论很容易与优生论结合。马洛里本人提倡将严格的优生计划作为解决饥荒问题的方法之一。[45]

马尔萨斯理论不仅为华洋义赈会提供了对饥荒的解释，也为其救济方法提供了理论基础。贝克将他们应用的方法称为"实际的人道主义"。尽管这被认为是一种科学的方法，但实际上它是新教道德化和功利算计的结合。实际人道主义的核心是一种相当鲜明的信念，即如果这样做不能消除集体福祉的潜在威胁，那么人的生命就不值得保护。[46]贝克认为，仅仅为了保持人口数量而为饥饿的人提供食物是没有意义的，甚至是适得其反的。发放救济口粮只能推迟饥荒不可避免的到来，令受接济者"免于当下受苦，改天再乞讨"而已。[47]取而代之的应该是一个纪律严明的方案，救济应该以劳动报酬的形式提供。简单来说，只有工作才有食物。这有助于防止难民变得一贫如洗，确保他们不会像马洛里所说的那样"无所事事"。[48]马尔萨斯理论被认为是理性和科学的，它被用来支持对贫困和劳动进行高度道德化的解释。

工赈在技术上也吸引了实际人道主义者。这种救济方式创造了塑造难民的思想和身体的机会，同时也提供了现成的廉价劳动力。这使得奥利弗·托德等工程师能够实施他们雄心勃勃的水利计划。[49]利用难民改善基础设施在中国并不新鲜。几个世纪以

165

来，帝国的官员一直在征用饥荒中的灾民修筑堤坝和疏浚河道。如今不同的只是意识形态的问题。贝克一度担任华洋义赈会和美国红十字会等组织的负责人，这些组织认为工赈不仅是解决饥荒的技术问题的切实办法，也是解决贫困问题的道德方案。[50]事实上，他们不过是延续了古老的强迫穷人服劳役的传统，只是现在他们完全依靠饥饿的强迫，而不是提供劳动服务的徭役制度。国民党上台后，这种劳工救济法成为他们救灾的指导原则。赈务委员会委员长许世英颁布规定，口粮只能用作劳动报酬。[51]这种做法呼吁政府致力于灌输对待劳工的规范态度，并促进解决饥荒问题的技术方案。国民政府救济水灾委员会被证明是推广这种方案的完美工具。

并不是华洋义赈会的所有成员都是坚定的实际人道主义者。辛普森抱怨说，他经常与"一位集声名狼藉的慈善家、佛教徒和作风老派于一身的人发生冲突"，后者坚信，"要求洪水中的灾民做某事以证明对他们的救济是正当的，这几乎是一种犯罪"。[52]他愤怒的对象很可能是朱庆澜，这是一位军事将领和杰出的慈善家。朱庆澜没有留下任何他在救济水灾委员会的活动记录，不过作为虔诚的佛教徒，他可能认为提供救济是一种道德和宗教方面的义务。[53]这种冲突暴露出，横亘在救济水灾委员会中的那条鸿沟既是意识形态的，也是神学的。包括宋子文在内的救济水灾委员会中国成员都信奉新教。[54]这些中国委员在慈善方面的宗教伦理方法是他们与许多外国同行拥有的另一种形式的共同语言。像朱庆澜这样遵循另一种慈善和话语传统的人，在努力地让自己的声音被听到。

　　这些神学上的鸿沟并非仅限于救济水灾委员会的上层。贫困化理论的话语渗过组织进入底层。直接与难民打交道的新教传教士深信"只要有可能，以救济换取工作是可取的"，并对佛教慈善机构感到失望，这些慈善机构筹集了大量资金，然后提供给任何看起来需要帮助的人。[55]这种救济方法不具备"排除伪装者"的机制。[56]值得注意的是，在天主教传教士撰写的救援工作报告中，没有提到贫困化理论。像他们的佛教同行一样，在汉阳照顾难民的爱尔兰圣高隆庞外方传教会似乎也将慈善视为一项神圣的义务。[57]高尔文主教几乎捐出了他在教会的全部积蓄，声称"上帝给了我们这笔钱……上帝给了我们这些在山上的人。* 我们要把钱还给他"。[58]实际人道主义可能是一种具有感染力的意识形态，但它绝不享有完全的支配权。

167

救灾全球化

　　意识形态可能是一个重要因素，但形成救济水灾委员会的方法论的最强大力量是恶劣的金融环境。在前往中国之前，约翰·霍普·辛普森已经得到了有 3 000 万美元用于组织救援工作的承诺。但当他到达中国时，他发现实际资金只有承诺款项的一小部分。[59]在发现了自己预算紧张的真相后，他私下给宋子文写了一封信，表达了他对整个救济水灾委员会项目将是"巨大的

---

* 出自《圣经·旧约·列王纪下》。

失败"的担忧。[60]而在给家人的信中，他更加坦率，承认自己从事了一份"糟糕的工作"。[61]宋子文对这种悲观评估的回应并没有保存下来。很可能他更乐观一些。毕竟，他的大部分政治生涯都在金融事业的悬崖边缘徘徊。在过去的几年里，他的任务是建设现代经济机构，同时试图防止他的整个财政基础被军事主义者肆意挥霍。这场洪水只是他需要克服的一长串严重经济挫折清单中最近的一例。

168　　宋子文的第一反应是利用债券市场。清政府在19世纪90年代首次推出债券，国内债券市场在民国初年稳步发展。在20世纪20年代末，随着银行开始大举投资政府债券，国内市场又快速发展。[62]考虑到最近取得的成功，食盐券似乎是一种为洪水救济提供资金的可靠手段。不幸的是，日本在秋季入侵东北，导致债券市场崩溃。[63]1932年初，当日本人对上海发动进一步进攻时，政府债券价值暴跌50%。[64]宋子文试图通过征收附加税来弥补财政收入的不足，并通过谈判从香港上海汇丰银行获得贷款。然而这些增加的收入流水不足以弥补损失。[65]鉴于如此严重的财政困境，辛普森在中国最初的几周充满了疑虑也就不足为怪了。

　　慈善捐款提供了让人欣慰的财政救急方案。20世纪30年代的救灾已变为全球性的慈善活动。国内外的读者在他们的晨报上阅读到了对国内洪水的描述，许多人都被感动了，纷纷为救灾工作捐款。当时大部分慈善救济来自中国国内。其中大部分资金是通过传统慈善事业的残留机构来发放的，这些传统事业以宗教慈善机构、本地会馆和善堂的面貌来运作。另外一些人选择直接向救济水灾委员会捐款。委员会称赞了本地市民的慷慨捐助行为，捐款金额从"30万美元到1美元不等,最小的1美元是由一名被判死刑的囚犯捐赠的"。[66] 救援工作还利用了中国红十字会等组织的慈善基础设施。这个慈善组织于清末在上海成立,到20世纪20年代初,拥有超过40 000名会员。[67] 它的成功激发了道院这种调和宗教运动的成员组织建立世界红卍字会。通过模仿红十字会的某些功能,但将它们置于一个可识别的佛教象征的旗帜下,红卍字会为传统的宗教慈善伦理注入了现代方法。[68] 1931年,红十字会和红卍字会都参与了在洪水灾区许多地方的救援组织工作。[69]

媒体在慈善活动中也发挥了重要作用。艾志端在对19世纪70年代的饥荒研究中,描述了一种新兴的纸媒如何帮助激发了新形式的民族意识,并激励城市读者向帝国北部遥远的地方捐款。[70] 到20世纪30年代,中国人的民族意识和媒体使用的技术都有显著发展。半个世纪前,西方流行音乐人开始为饥荒灾民发行慈善单曲,王人路创作了《赈灾歌》。[71] 歌曲从号召所有同志开始,详细描述了洪水灾区正在发生的可怕情景。这首歌除了能引起同理心,即听众会将自己置于灾民的位置,还能调动羞耻情绪,问听众如果没有帮助难民,怎能安心生活。最后是鼓励听众们为救灾工作迅速而慷慨地捐款。这首歌的乐谱出现在国民党的官方报纸《中央日报》的儿童专刊上。这似乎是让青少年参与慈善事业的共同努力的一部分。该报还印制了描绘灾害场景的漫画,以及年轻人通过收集罐头为救灾筹集资金的照片。孩子们自己可能没有什么经济实力,但仍可作为情感劳动者发挥重要的作用,鼓动他们的长辈慷慨解囊。

169

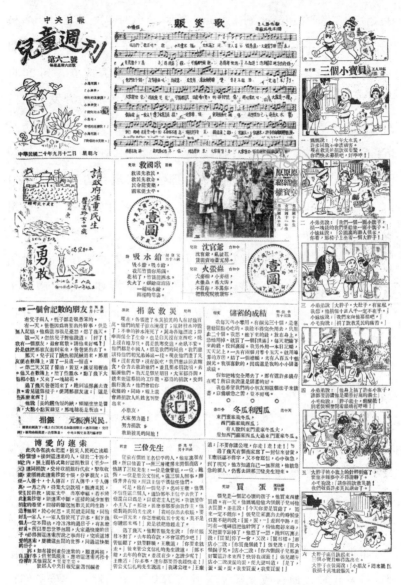

图 5.2　王人路《赈灾歌》所在报纸版面

出自《中央日报·儿童周刊》第 62 号，1931 年 9 月 12 日。该版面还有数篇关于捐款救灾的报道

图 5.3 王人路《赈灾歌》

赈灾歌—王人路

同志们，听我唱个歌，

今年遭水祸，大水满江河。

害人畜、毁房屋，又淹没了田禾。

灾民几千万，弄得无处躲。

可怜那些同胞，急得赶快逃。不知道逃到甚么地方去
的好。

他们肚子饿，没有东西吃。

到夜里，又没有床和被好睡觉。

要是不赈济，[一]定活不了。

大家赶快来，捐款救灾荒！

可怜那灾民，日夜啼哭的够多们悲伤。

将心来比心，大家是 [一] 样。

假如我一家人，遭了水灾怎么样？

一定要着慌，东跑西奔忙搬场。

再想我自己，淹在大水里，

到了那时，也是哭哭啼啼的不由你不着急。

现在许多灾民，颠沛流离，寒无衣，饥无米。许多性命
都待要赈济。

再要不救济，我的良心也不依。

同志赶快来，大家齐努力。

大家努力，节衣缩食，赈济灾黎。

报道救济水灾慈善活动的并不只限于中国媒体。事实证明，洪水规模如此巨大而突然，甚至激起了《北华捷报》编辑们的慈善之心。作为通商口岸社会中较为保守的英国人的喉舌，该报纸通常并没有同情中国人的强烈倾向。然而，在灾害最严重时，该报的编辑还是呼吁读者慷慨解囊，摒弃任何"种族或民族偏见"。[72]这并不是所有读者都喜欢的。读者来信很快就充斥着愤怒的谴责，谴责编辑异乎寻常的同情社论所表达的"病态情绪"。[73]前文提到的威廉·布鲁斯·洛克哈特将洪水归因于天谴，他在一封愤怒的信中宣称，外国人不应该"在这个充满敌意的种族不断变化的人类流沙上耗尽他们日益减少的资源"，甚至不应该"关注这片土地上周期性发生的灾难性屠杀"。[74]布鲁斯·洛克哈特

171

在报刊信件上冷酷无情的观点引发了激烈的争论。一些来信谴责了他，另一些则称赞他的"理智和令人耳目一新的常识"。[75]这场辩论揭示了英国人在中国遭遇灾害时不太光彩的一面——这一点通常不会在以富有同情心的传教士叙述为主的文学作品中得到反映。尽管在中国的许多英国人在洪灾期间表现出了同情心和怜悯，但仍有一小部分因近年来英帝国声望丧失而痛心疾首的人似乎对中国人的苦难感到幸灾乐祸。

随着洪水的消息传到国外，慈善机构开始从世界上的其他国家和地区涌入中国。宗教组织被证明是最慷慨的。班禅喇嘛代表藏传佛教捐款，教皇碧岳十一世则提供梵蒂冈的财政支持。[76]当基督徒们在田间听到传教士对洪水的转述时，他们忠实地把钱连同钱包都放进教堂的募捐盘子里。赛珍珠早年出版的小说《大地》（*The Good Earth*），为英语读者呈现了迄今为止最具同情心的对中国穷人的刻画。当时，她写了一系列短篇故事，这些短篇故事被通过电台广播出去。[77]赛珍珠并不是唯一支持救援工作的名人。查尔斯·林德伯格和安妮·林德伯格在飞越洪泛区后，也就他们的经历发表了演讲。[78]与此同时，在中国，著名京剧艺术家梅兰芳不仅以个人名义为救灾捐款，还举办了多场慈善演出。[79]今天，支持慈善事业是名人文化不可或缺的一个方面。一些历史学家将这种做法的起源追溯至20世纪60年代，当时西方流行音乐明星在比亚夫拉（Biafran）饥荒期间参与了救援活动。[80]林德伯格和梅兰芳等人物参与了1931年的救援工作，这表明名人参与救济的历史要早得多。早在20世纪30年代，名人们就开始利用他们的迷人光环，从崇拜他们的公众那里募集慈善

172

捐款。

除了这些超现代的慈善形式外，传统的赞助方式依然存在。日本裕仁天皇为灾民提供了满满一汽船的食物、药品和毯子。[81]考虑到当时的中日关系十分紧张，这是一个有点令人惊讶的外交姿态。1931 年 9 月，日本人借口称中国的不同政见者企图炸毁他们经营的铁路，因而入侵东北。这一国际侵略行径在中国各地引发了抗议和抵制。这些反过来又成为日本军方在 1932 年 1 月对上海发动报复性攻击的理由。在后来广为人知的淞沪战役中，这座城市发生了激烈的战斗和空袭，外国租界以外的许多地区变为一片废墟。最终，国际联盟通过谈判达成了一项有争议的停火协议。国民党军队被迫撤出上海，上海成为一个非军事区，这被许多中国公民视为屈辱的投降。[82]鉴于冲突不断升级，许多中国人不愿接受日本天皇的施舍。尽管宋子文最初接受了这些捐助，但后来他还是拒绝了这些虚伪的礼物。[83]在日本，洪水为那些反对军事冒险主义的人提供了更多的说辞。正如一位名叫高桥本一郎的基督徒在道歉诗中写道："当你的国家被大洪水淹没，被内部分歧所困扰时，我们不帮助你，反而进一步推进对满洲的侵略！"[84]

最重要的国际捐款来自海外华人社区，尤其是东南亚的华人社区。[85]当水灾的消息传到英属马来亚和荷属东印度群岛的侨民社区时，洪水救援委员会迅速成立起来。[86]在新加坡，商人胡文虎等社区领袖以个人名义慷慨捐款，并帮助组织慈善活动。胡文虎由于他广受欢迎的系列专利药品而被称为"虎膏王"，他是一个好出风头的人，喜欢开着绘有虎纹的车在城市里兜风。[87]据新加坡媒体报道，胡文虎的捐赠给中国大陆一位年长的佛教

173

徒留下了深刻的印象，后者受到启发，也捐出了他所有的世俗财产，价值 20 万美元，然后退到山里修行去了。[88] 对于在海外的移民社区成员来说，慈善事业保证了他们与中国本土之间重要的象征和经济联系，也助于提高他们在自己社区的声望。海外社区的动员表明，全球化的慈善肯定不是西方独有的现象。散居海外的华侨重新部署了传统的机构，如会馆，以建立自己的国际慈善援助途径。[89] 他们的慷慨是中国境外的任何组织都无法比拟的，尽管在救济水灾委员会的官方报告中，他们只被非常简短地提及。[90]

从慈善捐款中筹集了多少资金尚不清楚。救济水灾委员会的官方报告称，这笔巨额款项为 7 459 817 美元。在私人信件中，约翰·霍普·辛普森提出了一个更保守的数字：200 万美元。[91] 然而，即使慈善捐款金额达到前者，甚至更多，也不足以为救援工作提供足够的资金。情况正在变得绝望，以至于救济水灾委员会的工作人员连续几个月没有工资。[92] 当所有其他选择都用尽了，就是时候转向国际市场了。

我不能忘记这个名字——美国！

在赛珍珠为赈灾筹款而写的一篇短篇小说中，她想象了一个年幼的孩子和她的家人被困在洪水中的一个小岛。他们靠吃虾和其他生态资源存活下来，但食不果腹，直到被一艘载着面粉的船救起。在故事的结尾，主人公发誓要记住印在面粉袋子上的一句

174

话："我不能忘记这个名字——美国！"[93]赛珍珠提到的粮食是美国政府为救济 1931 年底至 1932 年初的洪水而赊给中国的 45 万吨小麦和面粉的一部分。与小说虚构的场景所给人的印象相反，美国人的目的不仅仅是拯救饥饿的儿童。赊给中国的小麦有利于美国人的经济利益。这种赊购为美国农场委员会提供了一种处理大量农业过剩产品的手段，而这些过剩农业产品多年来一直在削弱美国的农村经济。

全球小麦危机起源于第一次世界大战。随着欧洲大片耕地被改成战壕，战场外的美国、加拿大、阿根廷和澳大利亚的农民先后种植了数万英亩小麦，以满足日益增长的需求。随着战争逐步停止和欧洲农业的复苏，全球市场上的小麦趋于饱和。在 20 世纪 20 年代，美国农民目睹了他们的农产品价值缩水达 80%。[94]1929 年的丰收使小麦价格跌至历史最低点。中国北方数以百万计的农民在干旱中挨饿，而美国的农民则面临着供过于求的危机。大量滞销的粮食导致普遍的贫困，土地因丧失抵押品而失去赎回权。风调雨顺的气候使得即使在 1929 年华尔街崩盘（通常被视为大萧条的开始）之前，美国的许多农村社区就已经面临经济崩溃。赫伯特·胡佛（Herbert Hoover）最终被迫食言，违背他的共和党原则，利用政府税收购买大量小麦。[95]这为农村家庭提供了喘息的机会，但政府却拥有数百万蒲式耳看似滞销的粮食。全球经济萧条导致农产品价格进一步下跌。[96]就在政府商店里大量滞销的小麦似乎没有希望找到出口市场的时候，一场洪水灾难的消息横渡大洋传到了美国。

熟悉全球市场阴谋的中国经济学家对小麦赊购的真实性质

并不抱有幻想。王维骊有些乐观地表示，这笔赊购代表着利己主义的愉快融合，为两国都带来了经济利益。[97]这种乐观的分析，忽略了美国在多大程度上有意利用其与正受洪水困扰的中国的经济关系的不对等性。正如皮大卫所观察到的那样，美国谈判代表坚持认为小麦应按出售当天的价格进行估价，而不是按谈判时的价格。由于赊购本身对美国商品交易市场的小麦价值产生了通胀效应，国民政府接受的价格远远高于在公开市场上的价格。为了防止进一步的价格波动损害他们自己的经济利益，美国人增加了禁止国民政府出售小麦的规定，尽管这一政策在日本入侵之后有所松动。[98]谈判代表还坚持给予美国航运公司优惠待遇，规定将一半的小麦在美国磨成面粉后再出口。[99]后一条规定帮助短暂地恢复了美国面粉对中国的出口市场，这一市场在19世纪末蓬勃发展，后来随着中国本土面粉加工业的快速发展而显著衰落。[100]大洪水为美国磨坊主提供了绝对的优势，同时也为出口商提供了规避20世纪20年代末国民党接管中国海关后设立的进口关税的手段。[101]

在20世纪下半叶，美国政府向许多当时并入第三世界的国家提供大量粮食援助。批评人士认为，粮食援助往往打着慈善的旗号，使美国人处理了过剩农业产品，还可以操纵名义上独立的后殖民国家的政策。[102]历史学家通常将此类政策的起源追溯到20世纪50年代初期的"粮食换和平"倡议。[103]1931年的小麦赊购政策可能不像冷战期间制定的条款那样具有政治操纵性，但美国人似乎预见到了这是一种利用援助来倾销过剩产品的手段，这种倾销隐藏在人道主义援助的表象下。关于在援助中与美国公司合作的规定是后来所谓捆绑援助的早期例子，即捐助国据此决定受援国如何使用它提供的财政援助。[104]墨索里尼政府也参与了一种捆绑援助，即使用庚子赔款中属于意大利的部分来捐赠给国民政府救济水灾委员会。[105]看似慈善的行为，实际上是对意大利工具行业的慷慨补贴。

捆绑援助的做法因提高了商品成本和破坏了当地市场而受到批评。小麦赊购似乎就是这种情况。1931年夏天的几个月里，当遭受洪灾的社区等待救援船只横渡太平洋时，中国其实有多余的粮食可以利用。在武汉，人们抱怨仓库里有腐烂的稻米和谷物的气味，而就在不远处，难民正在挨饿。[106]与此同时，在上海，仓库里堆满了无法再出售的小麦和面粉。如果宋子文按照他最初的要求获得了一笔资本贷款，他本可以购买更多更便宜的澳大利亚或加拿大小麦，或者更好的选择——购买将在武汉浪费的粮食。[107]王维骃建议宋子文从伪满政府购买剩余粮食，以达到刺激饱受战争摧残的经济和提供救济的双重目的。[108]

尽管小麦赊购可能存在缺陷，但它也产生了一些不可否认的积极影响。粮食不仅直接缓解了饥荒，而且赊购的消息也帮助抑制了物价的快速上涨，这种上涨会加剧洪水引发的福利危机。[109]美国小麦可能帮助避免了某些地区的饥荒。然而，从长远来看，廉价的外国小麦充斥着市场，对当地的粮农造成了毁灭性的打击。[110]早在汉代，统治者就意识到"籴甚贵，伤民，甚贱，伤农"*的道理。[111]在洪水过后的几年里，农民们为用来养活难民

* 出自《汉书·食货志上》。

177

226

的廉价粮食付出了代价。1931 年至 1933 年间，中国小麦的价值下降了三分之一，部分原因就是赊购。[112]坚持要将赊购的一半小麦在美国碾磨加工，让本已不景气的中国面粉行业雪上加霜。1930 年至 1932 年间，武汉的外国面粉进口量增长了 14 倍，以至于五年后，当地磨坊仍未完全恢复。[113]

对于刚刚起步的国民经济来说，这场洪水发生的时机再糟糕不过了。中国是少数几个实行银本位制的国家之一，因此在大萧条的头两年躲过了最严重的冲击。[114]从 1931 年的英国开始，一系列主要经济体相继决定放弃金本位制，这意味着中国失去了抵御全球经济衰退影响的缓冲。自 19 世纪 70 年代以来一直在稳步下降的银价突然开始上涨。这不仅损害了出口市场，而且导致国内产品面临来自进口产品的竞争压力。大萧条对中国的冲击可能比大多数国家来得都要晚，但这种延迟并没有减轻它的冲击力。[115]在分析 20 世纪 30 年代初中国经济的低迷原因时，城山智子和其他经济史学家认为，全球大宗商品价格的波动是最重要的因素。尽管这一宏观经济背景无疑发挥了主要作用，但中国的金融困境 178 很大程度上是由洪水加剧的。救济工作表明，中国农村的生计系统已经在很大程度上被卷入全球经济。方德万告诫历史学家，不要把 20 世纪初中国的全球化完全视为一种城市现象。[116]赊购美国小麦的案例清楚地说明了他的观点。中国农民被迫卷入了一个巨大的经济关系网络，这将他们与太平洋彼岸的小麦种植同行联系在一起。这种关系网络帮助缓解了中国贫困的一些眼前症状，但它也成为导致新的贫困的根源之一。

危险的旅程

撇开经济讨论不谈，赊购美国小麦是一件非常不切实际的事情。横跨半个地球运输大量食品所涉及的成本高得令人震惊，最终占据了国民政府救济水灾委员会全部运营成本的 14%。[117] 这实质上是遭受洪灾的中国向美国航运业支付了巨额财富，而且穿越半个地球运输粮食也非常耗时。直到 11 月中旬，也就是洪水暴发 4 个月后，小麦和面粉才运抵上海。后来，又由于日本对上海港口的袭击，粮食运输船被迫在"枪声隆隆、敌机嗡嗡"的情况下停靠码头，交货时间大大推迟了。[118] 上海保卫战也对逃离城市的洪水难民产生了直接影响。1932 年 2 月初，闸北区一处收容上万难民的营地，遭到日军连日的空袭和机枪扫射，估计有 50 人伤亡。[119] 约翰·霍普·辛普森对日军这种对无助难民的无耻攻击感到愤怒，在向国际联盟提出正式申诉之前，他给日本领事写了一系列措辞愤怒的信件。领事否认了针对平民的蓄意袭击，将袭击归因于"流弹的意外"，并将其归咎于因营地被带刺铁丝网包围，这很容易被误认为是合法的军事目标。[120] 辛普森反驳说，这条带刺铁丝网并不存在，并指出营地的入口处清楚地标有红十字会的旗帜，医院上方也有蓝十字旗帜。[121] 这次的轰炸只是战争阻碍救灾的众多形式之一。

在穿过激烈冲突的上海战区后，装运小麦的轮船又进入一个广阔的洪泛区。由于铁路和公路基础设施被洪水摧毁，大船只能艰难地通过水底并不平坦的水域，唯一可行的交通工具往往是

179

不起眼的舢板。[122]事实再次证明，一种值得信赖的乡土技术比浮华的现代化竞争对手更可靠。许多人将小麦视为一种可以轻松获取的收入来源，这进一步加剧了运输人员所面对的困难。不法行为包括小偷小摸——比如船员们从每个袋子里偷一点面粉，以及更大规模的犯罪行为——比如上海的一个帮派谋杀了一名仓库看守，以便偷走大量的小麦。[123]对于 20 世纪 30 年代在中国境内活动的大约 2 000 万土匪来说，救济粮也是非常容易抢夺的目标。[124]土匪袭击救援船的事件非常普遍，以至于救济水灾委员会被迫雇佣武装护卫，并向航运公司支付危险金。[125]在一起案件中，一群武装的土匪挥舞着刀从一列火车上抢走了 31 袋粮食。[126]虽然委员会工作人员对土匪的行径深恶痛绝，但很少提及在政府军手中发生的掠夺行为。当两名据称与国民党结盟的将军侵吞了 2 000 吨小麦时，宋子文陷入了令人反感的境地，不得不向他的救济水灾委员会成员保证，政府将补偿被拿走的谷物。[127]

　　国共冲突也是一个影响因素。1932 年 5 月，传教士救援人员遭遇了红军。[128]爱尔兰传教士桑兹神父（Father Sands）也在其中。[129]桑兹将他遇到的人描述为"非常正直的人，真正有信仰的共产党人"。然而，他宣称大多数普通部队"也只能是共产者，否则他们将无法生存。"[130]

　　辛普森对共产党人持悲观态度。但这并不妨碍他同他们的代表进行谈判。在他的私人通信中，他透露，他和宋子文已经与一个苏联领导人就如何在共产党根据地开展救援工作达成了协议。这项协议是在严格保密的情况下进行的，以免蒋介石或国民党政权中的好战者发现救济水灾委员会在资助对手。宋子文认为，

"我们与红军合作并非不可能，在这个时候我们应该这样做，这是非常有利的……我们应该尽一切努力与他们取得联系，并与他们合作"。[131] 这种和解的态度似乎验证了曾玛莉将20世纪30年代初期的国民党政权描述为一个因经济巩固和军事征服的目标冲突而分裂的政党的观点。当蒋介石和他的同僚试图将共产党人赶出山区时，宋子文私下向后者运送食物，用救济的橄榄枝来保持通信线路的畅通。

在跨越地球上某些最危险地形的曲折旅程后，大量缩水的库存小麦终于到达了受洪水影响的社区。即使在这痛苦的最后一环，也很少有难民真正想要小麦。与北方的农民不同，华中地区的农民倾向于为市场而不是个人消费而种植小麦，他们也缺乏煮食小麦的必要知识和器具。[132] 许多难民决定用小麦换取他们更熟悉的食物。随着市场的饱和，他们经常在这笔交易中损失多达20%的经济价值。[133] 人们对小麦的反感如此强烈，以至于劳务组织者发现很难从长江流域招募到工人，因为他们要求以大米作为报酬。[134] 有意思的是，救济水灾委员会却将难民的这种经济损失视为救济成功的标志——在他们看来，愿意以低于市场价的价格出售粮食的人，是不可能真正挨饿的。实际上，这代表了旨在为美国农业委员会而非中国难民服务的救济战略的又一个恶果。在一个饱和的市场上获利的粮食商人是灾害中一系列奸商里的最后一类。在从美国土地到中国难民碗里的旅程中，小麦使土匪、黑帮、党派、航运公司、外国工厂老板甚至赫伯特·胡佛都获利了。

急赈和工赈

在成功地将粮食运输到洪灾中心地区后，救济水灾委员会在深秋开始实施其救灾工作。他们从急赈阶段开始，在这个阶段，难民每天在难民收容所中领取口粮，或在自己的村庄内更多地领取口粮。信佛的慈善家朱庆澜被安排负责这一阶段的救援工作，这让务实的人道主义者非常懊恼。[135]作为慈善事业的倡导者，朱庆澜似乎没有花多少精力来监督分发。无论如何，这几乎是一项不可能完成的任务。一些难民收容所的管理者试图按照需求等级划分难民，希望确保只有真正贫困的人才能获得食物，并让那些被认为足够富足的人来务工以获得报酬。[136]事实证明，这样的政策不可能得到执行。为了避免动乱，收容所的管理者被迫向所有聚集的难民分发口粮。辛普森离开了他在上海的基地，前往武汉，他抱怨在黑山*的一个难民收容所里住着 15 万难民，其中只有 5% 处于真正饥饿的危险中，但为了解救这少数人，必须为另外 95%

182

---

* 本书中关于"黑山"的史料主要出自英国和爱尔兰作者的文献，他们记录了"Black Hill"这个名字，救济水灾委员会也提到了"Black Hill"。而武汉确实有"黑山"与"赫山"。"黑山"见于《汉阳县志》，大致在汉阳的墨水湖。也见于《夏口县志》，大致在江夏区金口街三门口村，但是此地离武昌城较远，不太可能是难民营所在地，辛普森也说过黑山"在汉阳，靠近汉口"。"赫山"见于《湖北省一九三一年水灾档案选编》，大致在汉阳的郭茨口。一位名叫过志毅的摄影师于 1931 年出版了《武汉水灾留影》（*China's Unprecedented Flood of 1931: Wuhan Section*），内容包括水灾现场的照片，并配有中英文对照的图释，其中"黑山"与"赫山"的照片都有，而两处的英文均为"Black Hill"。根据以上资料，本书提到的"黑山"与"赫山"有几种可能性：有可能分别指两地，有可能是同一个地方但有两个名字，也有可能是外国（地）人将两个地方混为一谈，因为"赫"与"黑"在武汉方言中的发音都是"he"。我要感谢徐斌和宋时磊，我就这个问题咨询了他们，也感谢沈宇的意见。关于上述解释的任何错误都是我的责任。——作者

的人也提供口粮。辛普森接受了这样一个事实，即这"符合中国的原则"。[137] 似乎很少有人想到，这种没有明显饥饿的情况，实际上可能证明了朱庆澜所谓的非理性救济策略的成功。

随着救济工作的深入，管理者能够制定更严格的纪律，将他们认为不值得分配的人排除在外，并要求留下的人从事体力劳动或参加手工业活动。[138] 李明珠描述了 1935 年黄河洪水期间，收容所的管理者如何利用他们的权力迫使难民遵守一系列现代公民所期望的新的身体标准。要想获得食物，男性就必须要剪掉传统的辫子，并且排队；女性则要放弃缠足。[139] 没有证据表明此类规定在 1931年被采用，但难民收容所肯定被用作了政治和社会宣教的场地。

在城市的难民收容所，管理者只有有限的权力来掌控难民紧急口粮的分配；而在农村地区，救济水灾委员会则几乎完全放弃权力，将救济粮分配的权力委托给村长。[140] 几乎没有史料证据可以用来描述分配在实践中是如何运作的。其他地区的研究表明，当委托地方精英分配救济粮时，可能会出现严重的委托代理腐败问题。[141] 20 世纪 30 年代的中国农村景况无疑加剧了这一问题。杜赞奇描述了 20 世纪初（华北）乡村治理结构的重大崩溃，地主退出了乡村权力中心，"掠夺型经纪"取代了更具家长作风的地方领袖。[142] 在湖北，正如罗威廉所描述的那样，这些结构性变化发生在贫民和农村精英之间残酷的政治暴力背景下。[143] 鉴于这种不稳定的景况，地方领袖当然会利用他们对救济的垄断控制权，来推进自己的经济和政治利益。然而，我们还不能断定情况就是这样。皮埃尔·富勒令人信服的研究指出，传统的家长式风气在许多农村地区仍然存在。[144] 救济水灾委员会的领导人似乎没有考虑到乡村精英无法提供救济的可能性，他们更担心后者会"慷慨过度"，会难以拒绝乡里乡亲。[145] 这种担忧很大程度上反映了弥漫在救济水灾委员会的一种奇怪的优先意识，即委员们更担心的是食物能否送到更多的人手中，而不是最需要的人手中。

在难民收容所和村庄分发救济粮的同时，刘瑞恒和他的同事们推出了一系列旨在应对日益严重的健康危机的措施。新招募的警察接受了卫生检查员的培训，以努力在收容所内建立卫生规范。难民被雇来挖厕所、处理垃圾、将污水倒入水箱中、用明矾和氯石灰进行消毒。[146] 人们建立了紧急医院以提供医疗援助。那些被发现感染天花和霍乱的人被安置在特殊的隔离病房。[147] 政府关了医学院，让医学院的学生去协助救济水灾委员的接种工作。[148] 医疗小组在街道上设点，走访家庭，建立流动诊所，如图 5.4 所示。[149] 卫生工作者总共进行了 200 多万次疫苗接种，这是一个令人印象深刻的数字，但这也只占受洪水影响的人口的一小部分。不幸的是，大多数人仍然被孤立在村庄里，或者被困在洪水泛滥的孤岛上，这远超出接种的范围。

救济水灾委员会疫苗接种小组的努力，遇到了不愿接种的难民的抗议。[150] 人类学家许烺光在他对 1942 年云南一场霍乱疫情的经典民族志研究中，描述了有许多人选择不接种疫苗，而是依靠传统医疗和仪式的结合手段，包括限制饮食、禁止屠宰和禁欲。[151] 这反映了疾病因果关系的宗教概念化，类似于道德气象学中的宇宙学原理；事实上，我们可以将其描述为一种道德病因学。那些抵制救济水灾委员会接种运动的人似乎对外国药物的功效也有类似的怀疑。毫无疑问，他们对官员的不信任加剧了这种

184

图 5.4　1931 年的疫苗接种运动

出自 1931—1932 年《国民政府救济水灾委员会报告书》，上海：国民政府救济水灾委员会，1933 年。剑桥大学三一学院图书馆供图

怀疑，对此我们将在下一章进一步讨论。

185　　　大卫·阿诺德描述了印度民众对疫苗接种的抵制与他们对英国帝国主义的普遍反感密切相关。[152] 对于中国民众来说，类似的协会也为他们提供了疫苗接种，不过他们的排斥更多地针对自己的政府及其过于狂热的现代化政策。曾经拆除寺庙和嘲笑环境信仰的政府现在呼吁人们摒弃道德病因学和传统治疗方法，将自己的身体交给外来的生物医学。重要的是，不要将对接种疫苗的抵抗纯粹归因于文化。对疼痛的恐惧也是一个问题，就像在欧洲和印度一样。[153] 尽管许烺光不相信这些世俗的因素，但他在云南的许多调查对象声称，他们不想接种是因为打疫苗会疼。[154] 这可能也是 1931 年难民抵制疫苗的一个原因。

救济水灾委员会开展了全面的宣传活动，以说服难民接种疫苗。[155]公共卫生工作者伍长耀后来详细介绍了他们使用的诸多方法，包括发布华丽的海报、广播无线电公告、在电影院放映教学片，甚至从飞机上投下传单。[156]一些健康教育者甚至采用专利药小贩惯用的方法，站在街角，用充满爱国口号的鼓舞人心的演讲来讨好观众，然后赞扬接种和住院的优点。最有趣的方式之一是游行。伍长耀观察到，"精心策划和执行良好的游行"可能是公共卫生倡导者的"有效武器"。他说："中国人沉浸在古老的礼仪传统中，如端午节、葬礼和婚礼都会有长达数英里的游行，中国人尤其容易受这种游行吸引。"[157]民间信仰的象征性力量再次被重新利用。尽管公共卫生工作者可能具有创新精神和敬业精神，但他们所传达的信息却难以渗透到城市以外的地区。即使信息确实传到了农村，难民也并不总是乐于接受。在某些情况下，救济水灾委员会的工作人员被迫采取更具强制性的策略，拒绝向那些不愿注射疫苗的人提供救济物资。[158]这种依靠饥饿的强迫在难民和卫生专员之间建立起的信任是值得怀疑的。

186

在近一年的时间里，救灾政策受到灾害实际影响的制约，并受到国内和国际冲突的制约。直到1932年春的灾后重建阶段，救济水灾委员会才能够实施一项充分反映其机构意志的战略。正是在这个阶段，华洋义赈会开始对政府政策行使巨大的制约权。政客们只是将所有重大重建项目的责任交给这个私人组织，他们认为委员会雇用的专家迄今为止在开发"控制劳工的方法"方面拥有最丰富的经验。[159]这一定程度上只是权宜之计。堤防体系需要尽快建设，以免中国在1932年夏天再次遭遇水灾。这也是一

图 5.5　1931—1932 年华中地区参与工赈的劳工

出自 1931—1932 年《国民政府救济水灾委员会报告书》。剑桥大学三一学院图书馆供图

图 5.6　1932 年被救济的劳工在重建堤坝

出自 1931—1932 年《国民政府救济水灾委员会报告书》。剑桥大学三一学院图书馆供图

个政治问题。由于日本的入侵分散了政府的注意力，宋子文和他的同事们很乐意将责任推给一个有热情的外部组织。因此，国民政府选择将超过110万名公民的劳力和生命交到这个由外国主导的组织手中。[160]这是华洋义赈会将其理念推广给中国人的最佳时机。在接下来的几个月里，仍在承受灾害创伤的难民接受了极其苛刻的劳动救济。如图5.5和图5.6所示的劳工队很快就会在整个洪泛区辛勤劳作。

救济水灾委员会付给劳工食物作为报酬。他们别无选择，因为美国政府禁止他们出售小麦。虽然是必需品的问题，但事实证明，这一策略是确保劳工遵守规定的有效手段。救济水灾委员会最初抱怨，小麦赊购的消息对劳力产生了"不良的心理影响"。[161]这意味着，小麦赊购的预期到来导致了粮食价格的下降，使劳工的不安全感大大降低。几个月来，食物价格似乎第一次变得可以负担得起了。由于看似处境不那么危险，劳工们有勇气就更有利的雇佣条件进行谈判。但通过用小麦配给取代现金工资，华洋义赈会破坏了劳工们的这一谈判地位。劳工们不得不接受严格的 187–188 劳动排班，以赚取分配给他们的口粮。事实上，低薪是华洋义赈会所倡导的"科学"工赈法的重要组成部分。低薪是一种旨在将"职业乞丐"排除在救济项目之外的策略，其逻辑是，正如马洛里推测的那样，"以其他方式能勉强生活的人，不会为了低于正常水平的工资而辛苦工作"。[162]这种逻辑与19世纪主导英国济贫院的"低资格"（less eligibility）原则相呼应。为了确保只有真正贫困的人才能得到安置，济贫院的管理人员设法将雇用条件定得低于外部劳动力市场的标准。[163]这种技术也被用于英属印度开发的试验营，作为判定饥荒的工具。[164] 如果印度劳工愿意接受无法让人果腹的工资，管理者就可以确定生存危机正在发生。华洋义赈会并没有将低薪作为判定饥荒的手段，而是作为确定难民在道德上是否有资格获得援助的一种手段。

救济水灾委员会采用的报酬支付方案是合理的，因为它人为地把救济工作和劳动力市场划分开来。在非危机时期，难民将他们的劳动力当作商品出售是不被理解的。事实是，他们被以慈善的形式"给予"一份工作。这是一个便利的谎言，为各国政府提供了必要的劳动力，以进行原本代价高昂的基础设施建设。难民每天必须工作 11 个小时，并按他们搬运的土石量计件领取工资。[165] 救济水灾委员会认为这仍然太慷慨了，后来削减了盐和燃料的配给，并让劳工自己购买这些物品，以及他们可能想要的任何蔬菜或肉类。对于组织工赈的人来说，舒适和卫生并不是优先考虑的事项。劳工们经常生活在拥挤肮脏的环境中。在江苏的一个收容所，劳工们睡在长长的棚子里，连躺下的空间都没有。没多久许多工人就开始患皮肤病。[166]

189 　　劳工们想到了创造性的方法来改善这些条件。洪灾发生多年后，王国威回忆起他和他的工友们如何参加多次粮食分配，假装成不同的人来欺骗他们的雇主。这使他们能够获得高达其规定额三倍的配给。[167] 华洋义赈会一直在担忧这种欺骗。然而，最终证明他们所有的节约都是不必要的，因为重建工作的成本实际上大大低于预算。[168] 这被华洋义赈会视为骄傲，因为这表明他们以高效和经济的方式组织了重建工作。似乎没有人思考这样一个事实，即如果薪酬计划不那么疯狂地节俭，那么预算盈余就可以用于救济贫困的难民。这种考虑，对于那些在实际人道主义这一不可逾越的意识形态障碍背后行事的人来说，是不可想象的。

　　并非所有的难民都参加了劳工救济。救济水灾委员会也资助了一些家庭进行农田复垦。同样，这是建立在前十年华洋义赈会所制定政策的基础上的。[169] 互助会和农村合作组织也在向那些原本被迫以高利率向高利贷者借款的人提供信贷。[170] 这些计划的目标人群是勤劳朴实的农民——这是许多赈济人员脑海中挥之不去的穷人和乞丐的镜像。农田复垦似乎产生了相当积极的影响。它帮助农村家庭购买农具和种子来重建他们的生存系统。这可能促成了 1932 年的高产。[171] 这一策略展示了当救济机构信任难民可以自主恢复管理时，可以取得好的效果。[172] 遗憾的是，只有 36 万户农户获得了农田复垦贷款，而这不过是沧海一粟。约翰·霍普·辛普森后来承认，农田复垦是救济工作中最不成功的方面。[173]

　　尽管华洋义赈会在重建工作中功不可没，但他们只负责重建大型堤坝。重建村庄堤坝和围塘的任务被委派给了本地精英。[174] 那些原本负责分配紧急口粮的人，现在被委任去雇用接受救济的劳工。这一策略对中国的重建方式有着深远的影响。救济水灾委员会意识到，在洪水之前，水利系统一直是"零散的"，因为它"最初不是根据现代科学计划建造的"。[175] 堤坝的普遍损毁为重新设计和标准化整个水利系统创造了特殊的机遇。然而，委员会仅在淮河开始全面的水利治理工作，其他地方不过是修修补补损毁的部分而已。[176] 虽然这在一定程度上只是权宜之计，因为所有项目都必须在夏季降水之前完成，但这一决定也是对本地精英的让步。水利网络的合理化和标准化是一项复杂的工作，涉及租约重定和对受影响的土地所有人的补偿。允许人们重建一个不那么可靠的水利系统肯定是容易很多的。

有一个群体被授权使用救济金，但没有得到任何官方报告的记录。宋子文和辛普森利用秘密渠道向共产党人支付费用，后者以此重建根据地的水利系统。他们在这件事上往往别无选择。共产党要求，必须让他们主导自身地区的劳工救济计划，并允许他们在不受国民党骚扰的情况下完成工作。[177]共产党地区采用的救济方法与华洋义赈会的救济方法有很大不同。即劳工每天工作6小时，而不是11小时，他们的报酬更高，薪酬按人头算，而不是计件算。[178]当时他们的目标是强化工人享有的权利和保障劳工报酬。当路易·艾黎后来以中国共产党的非官方外交发言人的身份撰写关于1931年洪灾的文章时，高度赞扬了贺龙和红军通过重建堤坝拯救民众的事实，而国民政府地盘周围的村庄都在遭受机枪的扫射。[179]他忽略了一个事实，红军其实也接受了救济水灾委员会提供的小麦。

胜利有很多父亲 *

所有参与者似乎都相信救济水灾委员会取得了巨大的成功。对于国民党政府来说，执政最初几年一直受到一连串灾害和战争的困扰，这次救援行动似乎标志着其治理能力向前迈出了坚

---

* 来自习语"Victory has many fathers, but failure is an orphan"（胜利有很多父亲，但失败是一个孤儿）。

定的一步。宋子文自豪地写道，一个拥有 7 000 多名员工的组织招募和培训了数百万劳工，并保护他们免受掠夺。救济水灾委员的成功有助于强化官方的合法性，结果是"农民现在对中央政府更加感兴趣和尊重"。[180] 新重建的水利系统似乎将政府对人民的承诺具体化了。长江沿岸修建了 1 812 公里的堤坝，汉江沿岸修建了 337 公里的堤坝。在短短六个月内进行的土方工程量，就足以在整个赤道长度上建造一座高 2 米、宽 2 米的堤坝。[181] 更值得高兴的是，这一惊人的工程壮举是在预算内完成的！

参与救援行动的每个非政府组织都声称自己在这场胜利中占有一席之地。对于华洋义赈会来说，灾后重建阶段似乎也证明了其科学的劳动力管理方法是正确的。德怀特·爱德华兹总结说："已经非常明确地证明，铁锹是救济饥荒的最佳工具，并且已经超过了直接提供食物。在某些情况下，虽然直接给粮食的接济方式仍是必要的。但穷人一直都有，只要有人提供，他们就会更愿意吃免费的食物。"[182] 新教传教士很高兴，他们认为，终于让这个曾经冷漠的东方民族明白了慈善事业的价值，并指出，虽然他们也曾经为中国工作，但现在终于是在引领中国人工作了。[183] 他们的天主教同行也感谢上帝，洪水让他们在"异教徒"中获得了"大量的皈依者"。[184] 国际联盟曾因在政治上回应日本侵略行为不力而饱受批评，救援运动表明其与中国政府的技术合作要更加成功。[185] 而美国则希望借此改善与中国的新关系，在 1933 年给中国继续提供价值 5 000 万美元的小麦和棉花赊购额度。[186] 各方都在庆祝自己做得很好。

这些积极的评价并非故意误导。在大多数情况下，评价者

192

自身很可能认为事实就是如此。因为似乎没有理由怀疑那些参与救济的人除了富有同情心之外还有什么其他的动机。即使是那些在正确对待贫困人口方面持某种刻板套路的人，也在以自己的方式试图改善受灾人口的命运。问题是，他们都通过使用选择性标准，排除了任何不利的证据，得出了积极的结论。在所有高度赞许救援工作的言论中，明显没有哪个有讨论洪水致死率问题。当提到死亡人数时，它只是被用来强调灾害最初的严重程度。死亡人数从未被用作衡量国民政府政策成功与否的指标，而官方声称幸存者与死难者都是大自然的受害者。

各方都没有参考这些最重要的统计数据，而只是使用反映自己专业偏好的指数。在罗伯特·钱伯斯（Robert Chambers）的工作基础上，亚历克斯·德瓦尔指出，灾害专家提供的评估可能会受到各种形式的专业偏见的影响。当人们只专注于某个自己有特定预防或救济专长的领域时，就会发生这种情况。这导致人们无法理解围绕灾害的所有复杂问题的"紧密联系和相互交织的性质"。[187] 救济水灾委员会将救援工作划分为一系列要解决的孤立问题，这是专业偏见的完美孵化器。医务人员根据接种的数量来判断它们的有效性，慈善机构量化他们收到的捐款，工程师使用方程计算土壤搬运对小麦的消耗，传教士统计他们的皈依者。各方都陷入一种循环推理之中，他们特定的战略目标成为确定成功的唯一标准。而死亡人口数据的统计差距竟达到数百万。

即使使用技术专家青睐的系统改进指数，救济水灾委员会也远未达到其所声称的压倒性成功。堤坝水利系统在 1932 年的汛期幸存下来是非常幸运的。19 世纪及以前许多最致命的洪水都发生在长江连续两年决堤的情况下。[188]然而，1932年没有发生洪灾并不完全是救济水灾委员会的努力所致，而是那一年根本没下太多雨。[189]三年后，当水利系统遭受严峻考验时，其再次失败，导致了1935年长江的特大洪水。[190]问题不在于救济水灾委员会建造的堤坝太小或太弱，而是他们根本没有从洪水中吸取任何教训。在分析对灾害的历史反应时，克里斯蒂安·菲斯特区分了"累积学习"（cumulative learning）和"根源学习"（fundamental learning）两种形式，前者促使社会按照既定模式做出反应，后者促使社会采取针对根本原因的更全面的解决方案。[191]为方便起见，同时又不想扰乱农村产权制度，救济水灾委员会完全按照旧有模式重建了堤坝。[192]这是一种累积学习行为，它没有意识到不协调和零散的堤坝系统导致了这场灾难。从这个意义上说，重建工作在某种程度上是浪费了进行更系统性地改革的机会。

虽然救济水灾委员会大量谈论已建造的堤坝，无论是有意还是无意，他们倾向于回避对死亡人数进行仔细分析。这样做是有政治原因的，因为大量人口死亡会破坏他们试图讲述的关于洪水的正面故事。官方叙述的胜利是带有炫耀性的，描述了国民政府逐渐在混乱中建立秩序的进步轨迹。这种不真实的解释说明了政治考量如何扭曲致灾机制的实际情况，创造了带有误导性的衡量成功与否的指数，并掩盖了因果关系的真实性质。死亡率统计实际上揭示了在面对洪水时，官方政策是多么地无关紧要。正如我们在前几章中所看到的，那些在救济水灾委员会管理下的难民收容所中的死亡人数，似乎远远高于那些留在农村地区自谋生路的人数。在江西的一个难民收容所，20 249名居民中的2 476人在

194　短短三个月内死去，年死亡率达到惊人的 48.9%。[193] 在下一章中我们将看到，在某些情况下，国民政府对疾病恶化负有直接责任。在大多数情况下，死亡是由实际上无法控制的大规模难民流动和卫生体系崩溃造成的。面对这种致命的疾病生态系统，官方粮食配给和公共卫生运动都无能为力。尽管救济水灾委员会的专家们资历深厚，理论见解丰富，技术装备精良，但他们往往只不过是微生物书写历史的被动见证者。

注释

[1] 转引自林恩（Madeleine Lynn）《长江》（*Yangtze River*），第 48 页。

[2] 朗尼·约翰逊：《破碎的堤坝蓝调》（*Broken Levee Blues*）。这是一首灵感来自 1927 年密西西比州洪水期间非裔美国人经历的歌曲。在某些版本中，歌曲后几句是："我没有建造堤坝，木板都在地上，我没有钉钉子。"（I ain't drilling no levee; the planks is on the ground, and I ain't drivin' no nails）

[3] 这一段描写是改编自安妮·林德伯格（Anne Lindbergh）讲述的一段故事。她当时并不在现场，她的描述也是基于她丈夫的回忆。参见安妮·林德伯格《从北方到东方》（*North to the Orient*），第 140 页。

[4]《北华捷报》，1931 年 9 月 29 日。

[5] 刘瑞恒，英文名 J. Heng-Liu。

[6] A. 斯科特·伯格（A. Scott Berg）：《林德伯格》（*Lindbergh*）。

[7] 如《中央日报》，1931 年 9 月 18 日；《林白所摄之中国水灾照片》，《东方杂志》1932 年第 29 卷第 2 号；《发表林白勘灾报告》，《东北文化》1931 年第 169 期；《北华捷报》，1931 年 9 月 29 日。

[8] 转自林恩《长江》。

[9]《北华捷报》，1931 年 9 月 29 日。这枚勋章现作为林德伯格收藏品的一部分存放在密苏里州历史博物馆。

[10] 李慈：《于国无用》，第 72—74 页。

[11] 宋子文英文名为 T. V. Soong。

[12] 曾玛莉曾表示，这一时期的国民政府可以分为两个松散的派系。第一个是蒋介石领导的军事派，其成员认为消灭共产主义威胁是国家建设的最紧迫的当务之急。另一个是以汪精卫为中心的重建派，其成员认为建设国家的经济基础是重中之重。高级成员的联合与倾向可能比这派系划分更复杂和多变，但曾玛莉的分类仍然是一种有用的启发式方法，有助于捕捉当时国民党的派系分歧和政府

意图。见曾玛莉《拯救国家》。

[13] 1933 年宋子文辞去财政部长职务，以表示对蒋介石军费开支的抗议。参见班国瑞《新四军》(Benton, *New Fourth Army*)，第 140 页。

[14] 这些人里包括宋子文的另一个姐夫孔祥熙——英文名 H. H. Kung——一位著名的金融家和政治家，还有负责重组赈务委员会的政府高官许世英。关于许世英，参见燕安黛《20 世纪初中国赈灾的国际化》('The Internationalization of Disaster Relief in Early Twentieth-century China')。

[15] 有关国民政府救济水灾委员会职员名录，参见 RNFRC，第 211—215 页。包括卫生部长刘瑞恒在内的两名医生成员是宋子文的哈佛同学。席德炯（ T. C. Hsi ）、周厚坤（ H. K. Chow ）和周象贤（ Z. Y. Chow ）都来自麻省理工学院。关于麻省理工学院华人协会的会员资格见《中国学生月刊》1914 年 6 月，第 618 页。该期刊的协会版面显示，在这段时期，哈佛大学和麻省理工学院的小型协会之间经常接触。

[16]《中国学生月刊》，1913 年 3 月。在 1914 年，哈佛大学和麻省理工学院举办了一场中国式的节日表演，节目中有龙王、牛魔王和其他传统人物。这场演出的组织者之一就是年轻的宋美龄。见《中国学生月刊》，1914 年 5 月。

[17]《中国名人录》(*Who's Who in China*)，第 192—193 页。

[18] 玛丽·布洛克（ Mary Brown Bullock ）：《石油王子的遗产：洛克菲勒在中国的慈善事业》(*The Oil Prince's Legacy: Rockefeller Philanthropy in China*)。

[19] 牛惠生，英文名 New Way-Song，是宋子文的哈佛同学。金宝善，英文名 P. Z. King，是一名在日本接受教育的内科医生，曾在北京参与早期的公共卫生工作，后进入国民政府卫生部工作。参见《中国名人录》第 52 页；也可参见叶嘉炽《卫生与国家重建》。颜福庆，英文名 F. C. Yen，在一战期间曾在中国劳工旅服役，后前往哈佛大学学习。参见《中国名人录》第 277 页。关于布莱恩·戴尔，参见 RNFRC，第 155 页。

[20] 布洛克：《石油王子的遗产：洛克菲勒在中国的慈善事业》。

[21] 布洛克：《美国移植：洛克菲勒基金会和北京协和医学院》(*An American Transplant: The Rockefeller Foundation and Peking Union Medical College*)。

[22] 黎安友：《中国华洋义赈救灾总会史》。

[23] 艾睿思·布罗维：《大思维》。

[24] 佩德森：《守护者》，第 9 页。

[25] 同上。

[26] RNFRC，第 182 页；艾睿思·布罗维：《大思维》；拉西曼：《拉西曼报告书》，第 13 页。

[27]《刘瑞恒致穆罕默德·沙欣》，1931 年 11 月 22 日，埃及国家档案馆，档案号：0078-022795。非常感谢双文提供这份参考文献。

[28] 穆罕默德·沙欣·帕夏既是国王福阿德的私人医生，也是国王的副秘书。参见兰弗兰奇（ Sania Sharawi Lanfranchi ）《揭开面纱》(*Casting off the Veil*)，第 184 页。

[29] RNFRC，第 155 页。

[30] 其中包括在雅加达和布拉格接受培训的眼科专家施文连，他后来成为印度尼西亚总统苏加诺（Sukarno）的私人医生之一。苏亚迪纳塔（Leo Suryadinata）：《杰出的印尼华人》（*Prominent Indonesian Chinese*），第 148 页。

[31] 威尔莫特（Donald E. Willmott）：《1900—1958 年间印尼华人的国民地位》（*The National Status of the Chinese in Indonesia 1900-1958*）。

[32] RNFRC，第 155 页。

[33] 伍长耀、伍连德：《海港检疫管理处报告书》。

[34] 约翰·霍普·辛普森引人入胜的职业生涯细节可以在 JHS 10 找到。

[35] 佩德森：《守护者》。

[36] 李明珠：《华北的饥荒》，第 306 页。

[37] 陈怡君（Janet Chen）：《贫穷有罪：中国都市贫民，1900—1953》（*Guilty of Indigence: The Urban Poor in China, 1900-1953*）。

[38] 被称为 M. T. Liang。

[39] 梁如浩：《与饥荒之龙战斗》（'Combating the Famine Dragon'）。梁如浩曾被袁世凯任命为交通部长。韦瑟利（Robert Weatherley）：《让中国强大》（*Making China Strong*），第 72 页。

[40] 马洛里：《中国：饥荒国度》，第 87 页。

[41] 贝克：《解释中国》（*Explaining China*），第 231—235 页。

[42] 正如罗威廉所观察到的那样，洪亮吉的观点遭到文人包世臣的质疑。见罗威廉《包世臣与 19 世纪早期中国的农业改革》（'Bao Shichen and Agrarian Reform in Early Nineteenth-Century China'）。

[43] 特拉斯科特（Paul B. Trescott）：《约翰·亨利、孙中山与中国》（'Henry George, Sun Yat-Sen and China'），第 366 页。

[44] 吴景超：《〈中国：饥荒国度〉（沃尔特·H. 马洛里）》，《社会学刊》1929 年第 11 期；陈汀泓：《灾荒与中国农村人口问题》。

[45] 马洛里：《中国：饥荒国度》，第 184 页。应该指出的是，马洛里所倡导的优生学说关联的是避孕解决方案，而不是德国国家社会主义党（纳粹）等政权更为险恶的做法。

[46] 这是马尔萨斯理论支持者的普遍逻辑。例如，人口学家弗兰克·诺特斯坦认为，即使那些剥夺了数百万中国人生命的可预防疾病能够治愈，但"清醒的学者可能会在利用这一力量之前思考很久"，因为人们认为这会带来可怕的人口后果。参见诺特斯坦《中国 38256 个农家的人口统计学研究》，第 77 页。

[47] 贝克：《解释中国》，第 244 页。

[48] 马洛里：《中国：饥荒国度》，第 172 页。

[49] 关于托德对自己活动的描述，参见托德的《在华二十年》。要进一步了解这位以才华和自负著称的人物，参见李明珠《华北的饥荒》，第 330 页。

[50] 在 1920—1921 年华北饥荒标志着外国力量对饥荒救济的参与度升级。在此期间，关于救济是用救济金还是工赈的问题，存在相当大的争论。最终，后一

种观点胜出，外国红十字会工作人员认为，工赈将恢复"组织能力"和"自豪感"，从而将中国"从国际'穷亲戚'类别提升到自力更生、进步的大国"。美国红十字会：《中国灾荒救济报告（1920年10月—1921年9月）》（*Report of the China Famine Relief, October, 1920—September, 1921*）。

[51] 燕安黛：《20世纪初中国赈灾的国际化》。

[52]《约翰·霍普·辛普森致 K. 齐拉库斯的信》（John Hope Simpson to K.Zillacus），1932年6月29日，JHS 6i。

[53] 卡特（James Carter）：《佛之心、中国心》（*Heart of Buddha, Heart of China*），第111—112、126页。

[54] 高万桑、帕尔默：《宗教问题》。

[55] 洛宾斯汀：《传教士和其他西方人在抗洪救灾中的工作》，SOAS Archives，10/7/15。

[56]《F. G. 昂利牧师工作报告》（Report of the Work of Rev. F. G. Onley），1931年，SOAS Archives，65/10。

[57] 对于韦伯式的社会学家来说，这种关于劳动道德的神学区别并不奇怪。参见韦伯（Max Weber）《新教伦理》（*The Protestant Ethic and the Spirit of Capitalism*）。

[58] 巴雷特：《红漆门》，第281页。关于西方基督教内关于慈善的争论，另见富勒《军阀时期中国的饥荒救济》（'Struggling with Famine in Warlord China'），第344—345页。

[59]《约翰·霍普·辛普森致鲍迪龙先生的信》节选，1932年1月16日，SOAS Archives，10/7/15。

[60]《约翰·霍普·辛普森致宋子文的密信》（John Hope Simpson Confidential Letter to T. V. Soong），1931年11月23日，JHS 6i。

[61]《约翰·霍普·辛普森致曼迪书信》（John Hope Simpson to Maddie），1931年11月23日，JHS 6ii。

[62] 费利克斯·博金（Felix Boecking）、莫妮卡·舒尔茨（Monika Scholz）：《国民政府是否操纵了中国债券市场？》（'Did the Nationalist Government Manipulate the Chinese Bond Market?'），第132页。

[63] RNFRC，第17—18页。

[64] 费利克斯·博金、莫妮卡·舒尔茨：《国民政府是否操纵了中国债券市场？》，第132页。

[65] RNFRC，第18—19页。

[66] 以美元计算。RNFRC，第14页。

[67] 里夫斯（Caroline Reeves）：《中国红十字会：过去、现在和未来》（'The Red Cross Society of China, Past, Present and Future'）。

[68] 杜赞奇：《跨国主义与主权的困境：中国1900—1945》（'Transnationalism and the Predicament of Sovereignty: China, 1900-1945'）。

[69] 中国红十字会在武汉很活跃。见《中国红十字会汉口分会掩埋工作文》，HSSDX；《不幸的天灾》，《文华》1931年第24期；世界红卐字会在处理上海

难民危机中发挥了积极作用。见郑道霖《世界红卍字会泗县分会》，1931 年 12 月 12 日，Q120-4-302，1931 年（SMA）。他们也参与了汉口的救灾工作；见谢茜茂《一九三一年汉口大水记》，第 23 页。有时红十字会和红卍字会会一起工作，见《中央日报》，1931 年 10 月（牛津大学博德利图书馆和上海市立图书馆备有汇编版，第 1046 页）。

[70] 艾志端：《铁泪图》。

[71]《中央日报》，1931 年 9 月 12 日。

[72]《北华捷报》，1931 年 8 月 18 日。

[73] 同上。

[74] 同上。

[75]《北华捷报》，1931 年 8 月 18 日。通信一直持续到 1931 年 8 月 25 日《北华捷报》。甚至伍连德也受影响给该报写信，感叹"布鲁斯·洛克哈特先生及其同行们的善心"。《北华捷报》1931 年 8 月 18 日。

[76] 同上。《北华捷报》，1931 年 9 月 22 日。

[77] 赛珍珠：《大地》。关于系列洪水故事选集可以在赛珍珠的小说《原配夫人》中找到。

[78] A. 斯科特·伯格：《林德伯格》。

[79]《汉口先驱报》，1931 年 9 月 5 日。梅兰芳是京剧"男旦"（男演员扮演女角色）风格的大师，他不仅是中华民族舞台上的杰出人物，还成为中国文化的使者，游历了日本、美国和苏联等多个国家。参见田民《梅兰芳与 20 世纪国际舞台》（ *Mei Lanfang and the Twentieth-Century International Stage* ）。

[80] 亚历山大（David Alexander）：《名人文化》（ 'Celebrity Culture, Entertainment Values ... And Disaster' ）。

[81]《北华捷报》，1931 年 9 月 15 日；《北华捷报》，1931 年 10 月 6 日；《汉口先驱报》，1931 年 9 月 13 日。

[82] 唐纳德·乔丹（Donald A. Jordan）：《中国的烈火审判：1932 年的上海战争》（ *China's Trial: The Shanghai War of 1932* ）。

[83]《北华捷报》，1931 年 9 月 29 日。

[84]《教务杂志》，1931 年 5 月。

[85]《约翰·霍普·辛普森致约翰·坎贝尔先生的信》，1932 年 3 月 19 日，JHS 6i。

[86]《中国 1931 年洪水简况》，SOAS Archives，10/7/15；《中国抗洪救灾》，《海峡时报》1931 年 9 月 8 日；《中国抗洪救灾》，《海峡时报》，1931 年 9 月 23 日。见郭惠英（Huei-Ying Kuo）《超越帝国的网络》（ *Networks beyond Empires* ）。

[87]《海峡时报》，1931 年 10 月 24 日。

[88] 同上。应该指出的是，新加坡以外的报纸并没有提到这一鼓舞人心的新加坡捐赠。见《北华捷报》，1931 年 10 月 6 日。

[89] 郭惠英：《超越帝国的网络》。

[90] RNFRC，第 158 页。约翰·霍普·辛普森在信件中承认了海外华人共同体的作用。参见《约翰·霍普·辛普森致约翰·坎贝尔先生的信》，1932 年 3 月

19 日，JHS 6i。

[91]《约翰·霍普·辛普森写给帕利斯的信》（John Hope Simpson to A. A. Pallis），
1932 年 2 月 13 日，JHS 6i。

[92]《约翰·霍普·辛普森致鲍迪龙先生的信》节选，1932 年 1 月 16 日，SOAS 档
案，2015 年 10 月 7 日。

[93] 赛珍珠：《原配夫人》，第 260 页。

[94] 怀特（Richard White）：《它是你的不幸，而毫不是我本身的不幸：美国西部新
历史》（It's Your Misfortune and None of My Own: A New History of the American
West），第 464 页。

[95] 保罗·康金（Paul Conkin）：《农场革命：1929 年以来美国农业的转型》
（Revolution Down on the Farm: the Transformation of American Agriculture since
1929），第 56 页。

[96] 城山智子：《大萧条时期的中国》。

[97] 王维骃：《救济水灾中之小麦问题》，《工商半月刊》1931 年第 3 卷第 21 期。

[98] 皮大卫：《工程国家》。

[99] 仇华飞：《1931 年中美小麦借款得失研究》，《江海学刊》2001 年第 2 期，第
144—149 页。

[100] 19 世纪末，随着中国富裕城市消费者对美国面粉产品的需求猛增，美国磨坊
主经历了短暂的出口繁荣。这个市场在一定程度上被 1905 年的反美抵制活动
扼杀了。在此期间，中国爱国者抵制美货，以报复美国的歧视性移民政策。
当然，更重要的因素是本土工业面粉加工业的发展。参见梅斯纳（Daniel
J. Meissner）《1890—1910 年间中国资本家对美国面粉业的抵制》（Chinese
Capitalists versus the American Flour Industry, 1890-1910）。

[101] 关于这些关税，参见方德万《潮来潮去：海关与中国现代性的全球起源》。

[102] 贾赫兹（Ruth Jachertz）、努泽那德尔（Alexander Nützenadel）：《应对饥饿？》
（'Coping with hunger?'）。

[103] 贾赫兹、努泽那德尔：《应对饥饿？》；阿尔伯格（Kristin L. Ahlberg）：《移植
伟大的社会》（Transplanting the Great Society）。

[104] 在这种情况下，美国政府是在捆绑贷款而不是援助，实质上是让中国购买其
不想要的剩余产品，然后要求中国连本带利偿还。

[105] RNFRC，第 17 页。庚子赔款是 20 世纪初八国联军向清朝要求的赔款。直到
今天，庚子赔款仍然是西方学术研究和其他风险投资的资金来源。

[106]《汉口先驱报》，1931 年 8 月 20 日。一个令人心痛的讽刺场景是，一幅标语
上写着"粮食腐烂"，紧接着另一幅标语写着"急需救援"。

[107]《北华捷报》的市场版显示，外国商人敏锐地掌握了小麦赊购对国内和国际
粮食价格的影响；如见《北华捷报》，1931 年 7 月 28 日。

[108] 王维骃：《救济水灾中之小麦问题》。

[109] 到 9 月 1 日，汉口的大米价格从每担 15 美元涨到了 16.5 美元。11 月初，随
着贷款的到来，米价跌到了 15 美元。这仍高于 14.3 美元的"非危机价格"。

谢茜茂：《一九三一年汉口大水记》，第 11 页。

[110] 仇华飞：《1931 年中美小麦借款得失研究》；王林：《评 1931 年江淮水灾救济中的美麦借款》，《山东师范大学学报》2011 年第 1 期。

[111] 李明珠：《华北的饥荒》，第 119 页。

[112] 城山智子：《大萧条时期的中国》，第 93 页。城山智子对 20 世纪 30 年代初期的中国农村萧条有出色的研究，不过她没有考虑 1931 年美国小麦贷款的经济影响。

[113] 20 世纪 30 年代初，汉口的本土面粉行业因进口的大幅增长而遭受重创。1930 年，进口额仅为 31 133 美元，1931 年上升到惊人的 464 986 美元，1932 年为 437 921 美元。见袁继成《汉口租界志》，第 102—104 页。

[114] 城山智子：《大萧条时期的中国》。

[115] 同上。

[116] 方德万：《潮来潮去：海关与中国现代性的全球起源》，第 4 页。

[117] 仇华飞：《1931 年中美小麦借款得失研究》。

[118] RNFRC，第 29 页。

[119]《约翰·霍普·辛普森致宋子文的信》，1932 年 2 月 11 日，JHS 6i。关于日军进攻闸北的全部细节，请参见亨里奥特（Christian Henriot）《风暴下的邻里关系：闸北与上海之战》（'A Neighbourhood under Storm: Zhabei and Shanghai Wars'）。

[120]《日本领事致约翰·霍普·辛普森的信》，1932 年 3 月 6 日，JHS 6i。

[121]《约翰·霍普·辛普森致国际联盟》，1932 年 2 月 17 日，JHS 6i。一些间接证据肯定地支持辛普森的说法。亨里奥特描述了 1932 年日军如何经常对闸北的平民施加暴力。参见亨里奥特《风暴下的邻里关系：闸北与上海之战》。

[122] 林德伯格：《从北方到东方》，第 139 页。

[123]《约翰·霍普·辛普森致鲍迪龙先生的信》，1932 年 2 月 23 日，JHS 6i。

[124] 比林斯利（Phil Billingsley）：《民国时期的土匪》（Bandits in Republican China），第 1 页。

[125] RNFRC；约克：《中国变化》，第 61 页。

[126]《约翰·霍普·辛普森致鲍迪龙先生的信》，1932 年 2 月 23 日，JHS 6i。

[127] 同上。

[128] RNFRC，第 88 页。

[129] 巴雷特：《红漆门》，第 265—285 页。

[130]《约翰·霍普·辛普森：与麦克波林（MacPolin）神父和桑兹神父会面的笔记》，1932 年 12 月 7 日，JHS 6i。

[131]《约翰·霍普·辛普森致齐拉库斯的信》，1932 年 6 月 29 日，JHS 6i。

[132] 李明珠：《华北的饥荒》，第 93 页。

[133] RNFRC，第 192 页。

[134] 同上，第 126 页。

[135] RNFRC，第 63 页。

［136］《北华捷报》，1931 年 9 月 1 日。

［137］《约翰·霍普·辛普森：关于国民政府救济水灾委员会报告》，1932 年 6 月 30 日。JHS 6i。

［138］孔祥成：《民国江苏收容机制及其救助实效研究——以 1931 年江淮水灾为例》，《中国农史》2003 年第 1 期，第 95 页。

［139］李明珠：《一场中国饥荒中的生与死》（'Life and Death in a Chinese Famine'），第 474 页。

［140］RNFRC，第 78 页。

［141］关于救济中的委托代理问题，见奥·格拉达《饥荒》，第 210 页。

［142］杜赞奇：《文化、权力和国家》。

［143］罗威廉：《红雨》。

［144］富勒：《饥荒重现华北》。

［145］RNFRC，第 81 页。

［146］同上，第 161—162 页。

［147］孔祥成：《民国江苏收容机制及其救助实效研究——以 1931 年江淮水灾为例》。

［148］洛宾斯汀：《传教士和其他西方人在抗洪救灾中的工作》，SOAS Archives，10/7/45。

［149］RNFRC，第 151—161 页。

［150］RNFRC，第 166 页。《中国红十字会汉口分会呈掩埋工作文》，1931 年 9 月 28 日，HSSDX。

［151］许烺光（Francis Hsu）：《中国小城流行的霍乱疫情》（'A Cholera Epidemic in a Chinese Town'），第 141 页。

［152］阿诺德：《殖民身体》，第 219—222 页。

［153］哈里森：《疾病与现代世界》。

［154］许烺光坚称这只是混淆视听，他以针灸的流行为证据来反驳中国村民害怕针头的说法。许烺光：《中国小城流行的霍乱疫情》，第 144 页。

［155］RNFRC，第 177 页。

［156］伍长耀英文名为 C. Y. Wu。这些方法在 1931 年和 1932 年都用上了。参见伍连德等《霍乱：中国医疗行业手册》，第 145—178 页。

［157］伍连德等：《霍乱：中国医疗行业手册》，第 154 页。

［158］RNFRC，第 177 页。

［159］同上，第 114、124 页。

［160］同上。

［161］同上，第 60 页。

［162］马洛里：《中国：饥荒国度》，第 174 页。

［163］奥·格拉达：《饥荒》，第 212 页。

［164］穆克吉：《饥饿的孟加拉》。

［165］RNFRC，第 126 页。救济水灾委员会再次夸大了他们做法的创新性。其实，帝制时期的官员不仅通过计算土方来量化报酬，而且支付给工赈劳工们的报

酬比通常建造堤坝的工资低得多。见李明珠《华北的饥荒》，第 59 页。

[166]《北华捷报》，1932 年 4 月 12 日。

[167] 王国威：《复修堤防贪污分肥》，《武汉文史资料》总第 13 辑，第 146—147 页。

[168] RNFRC，第 115 页。

[169] 黎安友：《中国华洋义赈救灾总会史》。

[170] RNFRC，第 92—103 页。

[171] 虽然相对较好的收成也要归因于洪水淤肥和有利的气象条件。有关气候模式的分析，参见郭益耀《中国农业的不稳定性 1931—1990》。

[172] 对现有救济政策的批评者认为，成功的救济政策必须用于支持社区本身的自主生存策略，而不是强加自上而下的计划。参见德瓦尔《致命的饥荒》、埃德金斯（Jenny Edkins）《谁的饥饿》（ Whose Hunger ）。

[173]《约翰·霍普·辛普森：关于国民政府救济水灾委员会的报告》，1932 年 6 月 30 日，JHS 6i。

[174] RNFRC，第 82 页。

[175] 同上，第 189 页。

[176] 关于淮河的研究，参见皮大卫《工程国家》。

[177]《约翰·霍普·辛普森：共产党诉求概要》，1932 年 12 月 7 日，JHS 6i。

[178] 约克：《中国变化》。

[179] 艾黎：《抗洪英雄》（ Man against Flood ），第 16 页。艾黎后来声称在说服救济水灾委员会向贺龙提供小麦方面发挥了重要作用。辛普森当然认识当时在上海市议会工作的艾黎，但在他的文件中没有提到艾黎与这一决定有关。见威利斯·艾黎《一个在中国学习的人：路易·艾黎》，第 103—104 页。

[180] RNFRC，第 193—194 页。

[181] 同上，第 138—139 页。

[182] 德怀特·爱德华兹：《工程师与饥荒救济》（ 'The Engineer and Famine Relief' ），DEP，12/7/97。

[183]《教务杂志》，1931 年 11 月。

[184] 巴雷特：《红漆门》，第 284 页。

[185] 艾睿思·布罗维：《大思维》。

[186] 曾玛莉：《拯救国家》。

[187] 德瓦尔：《致命的饥荒》，第 21 页。

[188] 正如我们在第一章中看到的，例如 1592 年和 1593 年，以及 1869 年至 1870 年的连续三个洪水年。

[189] 郭益耀：《中国农业的不稳定性 1931—1990》。

[190] 同上。

[191] 菲斯特：《从自然灾害中学习》，第 17—40 页。

[192] RNFRC，第 189 页。

[193] 同上，第 74—75 页。

第六章

流　民

我们经常被告知，穷人对慈善心存感激。毫无疑问，他们中的一些人是这样的，但穷人中最优秀的人永远不会感激。他们毫不领情，心怀不满，不顺从，叛逆。他们这样做是完全正确的。在他们看来慈善只是一种可笑的、不充足的赔偿，或者只是一种富人为了更专制地统治他们，附带着无理企图的感情用事的施舍。

奥斯卡·王尔德（Oscar Wilde）[1]

据最近调查，流离灾民尚有陆续增加之势，本分局一再派员指导该灾民等前赴各收容所安身就食，无如各灾民以顾虑家具什物，不忍割爱离开灾区，自愿在山搭棚居住。复经分途婉劝，并许以负责代为保存器具，而各灾民仍属百呼不应。

警察局长 苏世安[2]

到 1931 年 8 月初，数以万计的难民在武汉北部的铁路路堤上避难。记者谢茵茂租了一艘舢板去调查情况。当他的小船穿过漂浮着残骸和动物尸体的一条小巷时，他的目光被一位老妇人吸引住了，她正在绝望地哭泣，紧紧地抓着一具尸体。她告诉谢茵茂，她是城市北郊的菜农，她的家在堤坝倒塌时被洪水冲毁了。她和所有的家人失散了，除了怀里已经死去的孩子。正当她讲述

196 她的悲惨故事时，一名手持刀枪的士兵走了过来。他告诉聚集在堤岸上的难民，当地政府准备向他们提供援助，将他们重新安置到一个有组织的收容所，在那里他们将获得食物和住所。对于那些在这种不稳定的环境中挣扎生活的人来说，这似乎是一个有吸引力的提议，但难民们却持怀疑态度。"你们是来骗我们的，"其中一人说，"说什么一日三餐，只怕一顿粥也吃不着。"另一个人解释说，他不可能离开他宝贵的财产："我们的东西，是辛辛苦苦得来的，比不得有钱人，不算什么，救命就要救东西。"士兵的援助被拒绝了，于是他离开了。[3]

这一看似微不足道的事件，为我们提供了一个了解普通难民对官方援助的态度的难得机会。他们的言行与许多关键假设相矛盾，而这些假设是救济机构所倡导的方法的基础。那些聚集在铁路堤岸上的难民并没有甘心走一条阻力最小的路，过着毫无希望的依赖生活，而是选择拒绝慈善，认为慈善对保障他们的长期经济福祉是无效的。他们不信任身穿制服的官方代表所提供的保证，更愿意依靠自己的自主应对策略。这不是难民唯一一次以这种方式行事。本章开头提到的当地警察局长苏世安的任务，就是将难民重新安置在汉阳。他感到恼火的是，难民们不断拒绝离开他们扎营的山坡，尽管他一再保证他们的生命和财产将得到保障。[4] 在一个更极端的例子中，一名被军方运送去接受工赈的难民选择跳进洪水中，然后游走逃跑。[5]

在最后一章——构成本书的六个历史面向中的最后一个，我们深入武汉被淹没的街道，探讨普通难民的行为。我们没有像救济机构经常认为的那样，将流离失所者定性为需要技术管理的问题，而是考察难民在面对不利的自然和政治环境时使用的乡土专业知识。人们选择拒绝救济的原因之一是他们对官方产生了深深的不信任。尽管这种不信任是由洪水期间制定的高压的难民管理政策所激发的，但在过去几年中，国家与社会的剧烈冲突也助长了这种不信任。当地军事领导人即使在好年景也是好战的，他们也承诺在洪水期间使用任何必要的手段来防止社会和政治混乱。但他们采取的严厉政策摧毁了在难民和国家之间仅存的最后一丝信任。

难民危机的军事化处理弱化了武汉民间组织为减轻流离失所者的苦难所付出的巨大努力。它还影响到难民本身采取的应对策略。当地政府禁止应对灾害的乡土知识行为，有时甚至将其定为刑事犯罪。随着合法的营养和收入来源的消失，许多人不得不依赖地下经济——一个以各种方式将人体商品化的阴暗市场。最终，随着官方的焦虑日渐强化，军方将难民从街头驱逐出去，并制定了强制收容的政策。然而，这些被称赞为国家慈善的措施，可能提高了难民的死亡率。流离失所的人被匆忙安置在准备不充分的收容所，在那里他们暴露在一系列致命的流行病的威胁中。被认为对国家构成威胁的难民本身也受到国家的威胁。在一种常见的模式中，暴力和镇压成为致灾机制中的关键催化剂，极大地加剧了洪灾带来的人道主义影响。

流动与流浪

难民危机并不是什么新鲜事。几千年来，中国基层一直在应对这些问题。帝国行政长官将因社会或环境灾难而流离失所的人描述为"流民"。[6]这个词的使用时间从来没有像 1931 年这样合适，当时成千上万的难民在水上浮动着寻找食物和寻求安全。即使在这个习惯于难民危机的国家，当时人口流离失所的规模也是异常的。据当时的估计，可能有 1 000 万人被迫离开家园。[7]最近的研究表明，这些历史数据大大低估了危机的严重程度。[8]平均而言，受洪水影响的人有 40% 被迫离开家园。而在皖南，这一比例达到了 61%。[9]相较而言，在 1937 年至 1945 年的中日战争期间，全国百姓流离失所和无家可归的平均比例达到 26%，其中最高的省份达到 43%。[10]当然战争引起的流离失所持续时间更长，受影响人数也更多。这种将战争与洪水造成的流民比重进行对比的做法，也在一定程度上说明了洪水的社会影响。

中国经常被讽刺有安土重迁的文化，人们不愿背井离乡。[11]这是不准确的。传统中国在阻止人口流动方面可能比大多数国家都更积极，这往往与地方有很强的文化联系，但流动仍然是塑造中国历史的一个至关重要的过程。19 世纪末 20 世纪初，中国内地向东北地区东北部的移民规模就相当于美国西部运动中的移民规模，后者使从爱尔兰进入美国的移民翻了一番，尽管从爱尔兰来的移民起始基数要大很多。[12]与此同时，华南的移民聚集在东南亚的大部分地区，在马来亚、新加坡、荷属东印度群岛和其他许多地区形成了巨大的华人飞地。在长江流域，移民一般是向城市迁移的。在罗威廉对晚清汉口的精彩研究中，他描述了连续的国内移民浪潮帮助打造了一个充满活力的城市，其中地方群体主导着特定的行会、宗教组织和社区。[13]有些人因受商业机会吸引而迁入城市，有些人则因贫困和灾害而离开家园。20世纪初前往武汉的移民，往往是被蓬勃发展的工业提供的就业机会而吸引来的。许多人最终只能从事临时工作，当码头工人或人力车夫，他们的身体在为城市的人力能量机制提供动力。相当多的一部分人最终只能从事街头职业，比如当乞丐、算命先生、杂技演员和歌剧演员。这群人在传统上被称为"游民"，构成了一种流动的亚文化，长期以来，这种亚文化被认为是对儒家安土重迁观念的挑战。[14]

魏丕信认为，在帝国晚期，"漫无目的地流浪的农民的威胁……（是）政府在危机时期的主要关注点之一"。[15]几乎所有的减灾政策都是为了确保暂时离开家乡的流动人口不被归入到永久无根的流浪人口的行列。重建纳税的农业生产是当务之急。随着时间的推移，国家推出了一系列意识形态和机制，旨在防止人们离开家园，如果失败了，国家也会在灾害发生后尽快遣返他们。儒家思想强化了人们对于出生地的依恋，宗族组织和同乡会等机构也如此。这些组织的意识形态基础有助于说服人们，他们应该继续扎根于自己的家园。与此同时，人口登记制度，尤其是家庭联保制度（保甲制），实际上提高了迁移的难度。[16]在危机期间，这些制度经常被用来规范分配救济，这意味着，在急赈的紧急阶段结束后，难民只有回家才能得到粮仓里的粮食。当劝说失败后，政府军队奉命禁止难民进入城市，并驱逐拒绝离开的难民。

在19世纪，国家控制人口流动的能力显著下降了。减灾基础设施的恶化恰逢——并助长了——难民危机数量的增加。随着长

199

江中游陷入水利危机，大规模的难民流离失所成为生活的常态。到 19 世纪 80 年代，汉口几乎每年接收大约 30 000 名难民。[17] 这种情形在民国初期也一直持续，新的铁路系统让武汉成为贫困人口的主要目的地。武汉在 20 世纪 20 年代经历了一连串的难民危机。当地社区的反应表明，慈善和武力之间的紧张关系日益加剧。1920 年，河南大旱，饥荒迫使 30 000 名饥民登上火车逃往汉口。本地的慈善机构为难民提供了相当大的援助，当地政府购买了 300 万公斤大米以帮助难民过冬。[18] 到 1921 年初，随着难民人数又增加了 10 000 人，当地军队决定阻止更多的难民进入市中心。在这一阶段，难民仍被收容了半年，之后才受到军事管制。1928 年，市政当局就没那么有耐心了。当仅有 2 000 名难民因河南的干旱和蝗虫袭击而来到武汉时，新生的国民政府禁止难民进入城市，让他们登上开往南京的船只。[19] 这种慈善和武力之间的紧张关系，将决定当地对 1931 年难民危机的反应。

难民城市

春末，源源不断的难民开始抵达武汉。到初夏，难民已演变为洪流。当城市堤坝系统开始溃败时，该市就已经在努力寻找庇护农村移民的空间了。涌入武汉的洪水估计影响了 782 189 人，其中 70% 以上在汉口。[20] 农村移民和无家可归的城市居民合流后，武汉成了一个巨大的难民城市。市政当局建造的为数不多的临时避难所很快就人满为患。之后，在任何可以找到的干燥土地

上，难民自发搭建的棚户区如雨后春笋般涌现。成千上万的难民
最后像"被关的沙丁鱼"一样挤在各种建筑里，包括学校、寺
庙、教堂、旅馆和仓库。[21] 其他人则在干燥的地面上、堤坝顶
部甚至树杈上建造自己的小屋。30 000 名难民在六英里长的铁
路路堤上寻找落脚之地。一些人则前往城郊的高地。20 000 人
在汉阳的黑山避难。[22] 这是众多洪水泛滥形成的孤岛中的难民
岛之一。

　　那些报道难民危机的人，极力强调棚户区的恶劣生活条件是
可以理解的。但很少有人去考虑，用从洪水中打捞出来的瓦砾和
木料建造临时居所所需的高超技艺和聪明才智。用芦苇和竹子制
作简单小屋是穷人需要掌握的重要技能。这些小屋可能没能为穷
人应对恶劣天气提供最好的保护，但它们廉价而且便于拆走。单
个家庭的小屋高度和宽度都在 1 米左右，长 3 米。[23] 后来，政府

图 6.1　汉江两岸难民营中的芦苇小屋

转自《汉口水灾摄影》，武汉：真光照相馆，1931 年

救援机构利用同样的建筑技术，委托难民用竹子、席子和芦苇建造大片收容所，甚至医院。像本地人所具有的捕鱼和觅食知识一样，这种建筑知识是当地灾害文化的重要组成部分。然而，当人们书写洪水的历史时，小屋建造者的聪明才智与大多数形式的乡土专业知识一样，完全被忽视了。

很快，难民危机就超出了人们记忆中的历史经验范畴。社区领导成立急赈会，负责协调当地慈善团体、职业公会和同乡会的活动。在帝制后期，诸如此类的地方组织构成了曼素恩所说的"礼仪治理"（liturgical governance）体系的基石，在这种体系中，地方精英而不是国家承担起关键的管理责任。[24]随着清王朝的崩溃，而民国初期统一的政府没有出现，这种礼仪治理体系的残余往往成为受灾社区唯一拥有的救济机制。皮埃尔·富勒在对1920年至1921年华北饥荒的研究中，认为与更有名的国际组织相比，地方慈善网络提供了更有效和及时的救济。[25]华洋义赈会的工作人员约翰·厄尔·贝克和沃尔特·马洛里可能承担了大部分的责任，但大部分的救济是由持家长作风的地方精英提供的，只是他们的工作不在新闻媒体的视线之内。

20世纪20年代的暴力和混乱在很大程度上削弱了传统的礼仪治理制度，但地方救济在武汉的难民危机期间继续发挥着至关重要的作用。在首批美国粮食抵达中国的几个月前，急赈会就在为数十万流离失所的人提供食宿。[26]仅在第一个月，他们就筹集了超过100万银元。[27]他们用这些筹款开设粥厂，并为难民分发馒头。[28]急赈会甚至开始制定洪水后的善后方案，建议为贫困人口建造大量永久性住房，并推广商业贷款制度，帮助他们重新立足。[29]宗教组织也发挥了关键作用。当他们被反传统的记者诽谤为宿命论者和冷漠者时，佛教僧侣却负责在寺庙中为难民提供住房和食物。[30]

本地民间组织不仅为难民提供食物，还寻求解决新出现的健康问题。他们分发开水，试图阻止难民饮用洪水，并收拾尸体。早在刘瑞恒赶来开展医学救灾行动前，中医已在为难民提供免费治疗了。[31]他们用温热的抹布按摩饥饿者的腹部，以保存他们的元气，并将粉末状的草药填充在饥民的耳朵和鼻孔中。[32]那些提倡科学救济方法的人可能批评了当地社区采用的传统方法，但民间组织、僧侣和中医医生早在实际人道主义者到来之前就肩负起了照顾难民的责任。[33]他们还帮助建设了运作良好的基础设施，后来救济水灾委员会相当依赖这些基础设施。毋庸置疑，他们的努力在官方文献中只被粗略提及。

难民不一定想依赖精英的慈善事业。他们首先求助的人往往是自己的亲属。亲属体系作为一种非正式的信用合作形式发挥了作用，为那些陷入财务困境的人提供了一个可行的替代方案，不必再依赖放债人或典当商。亲属体系的痕迹在今天仍然可以寻到。人类学家阎云翔认为，仍能帮助农村社区度过经济困难的是礼物和关系代表的非正式经济，而不是正式的信贷。[34]在民国时期，这种体系的存在更为重要。当时大多数人完全生活在正规银行或政府救助的覆盖范围之外。马洛里对中国传统社会的许多方面都持批评态度，但他对亲属体系作为非正式救助网络的功能印象深刻——"家族中较富裕的成员或分支，为较贫穷的成员提供临时失业、疾病或作物损失方面的帮助。"[35]这些横向的救济

203

渠道反映了一种道德经济的存在，这种经济很大程度上是在国家视线之外运行的。[36]这似乎已经超越了直系亲属。自愿分发粮票的伊迪丝·S.威尔斯对难民间的团结极为赞赏："我常常惊叹穷人对彼此的善良……他们提醒我把注意力放到真正需要帮助的事情上，如果我为真正需要帮助的事给粮票，甚至有时给钱，他们一句怨言也不会说。"[37]即使在极度饥饿的情况下，仍然有一种伦理准则支配着经济关系，即便那些失去亲属的人也受到影响。

这种道德准则有助于解释为什么这么多人似乎能够通过乞讨来生存。据估计，在灾害发生的前100天里，多达五分之一的流民靠乞讨为生。[38]即使在非危机时期，乞讨在武汉城市生活中也无处不在。20世纪初，该市登记的乞丐人数从数百人增加到数千人——这可能只是实际乞讨人口的一小部分。[39]历史学家卢汉超描述了自帝制晚期以来中国就有的令人着迷的乞讨亚文化。乞丐可能声名狼藉，但仍然是一个公认的职业。[40]和其他地方一样，在武汉的乞丐也有自己的行会，甚至管理学徒，学徒在那里学会从事这个行业的基本技能。一些人为了讨钱，利用真的或假装的残疾来引起同情；另外一些人则采取有辱人格的自残行为，诸如将针扎进手腕，或在头顶上烧香。[41]乞丐行会当然不是慈善机构，他们的成员也会参与一系列犯罪活动，包括卖淫和贩卖人口。然而，他们确实有严格的道德准则。核心规则之一是乞丐只能在自己的领地行乞。在分配给另一个乞丐的领地内，任何非该领地的乞讨者一经发现都可能会被放逐、殴打甚至经历更糟的情况。[42]这种领地主义意味着职业乞丐不欢迎难民，难民会侵占他们的地盘，扰乱他们与本地社区建立的微妙关系。难民不遵守适当的规矩，在当地人已经向乞丐行会施舍的街区乞讨。1911年长江中游发生洪水时，汉口的商人斥责当地乞丐首领未能控制好难民。反过来，乞丐首领又抱怨市政当局允许难民与登记的职业乞讨者竞争。[43]

洪水使整个中国的乞丐人数急剧增加。在武汉，警方很快就表达出对职业乞讨者和其他流浪汉渗入合法难民行列的担忧。[44] 其他人则担心依赖慈善救济，会对普通劳动者带来贫困化效应的影响。一位在武汉的外国居民指出，一些乞丐"已经养成了这样的习惯，他们不是等着别人给他们食物，而是去施舍的人家里，把那里当成自己的家，主动索取而不是被动接受施舍"。他担心，在过了这样相对轻松的生活后，很多人不会再把工作当作谋生手段了。[45] 作为对这种担忧的回应，警方试图将所有乞丐和流浪艺人赶出武汉。那些反抗的人被送到一个专门的流民收容所，在那里他们被监禁，之后被强行驱逐出城。[46] 找不到关于收容所如何运行的描述，但它在当时是很有代表性的。

整个20世纪初，武汉市政当局建立了一系列机构来安置贫困人口。这些机构并非都是全新的。为乞丐和寡妇等贫困群体提供临时庇护的特殊庇护所，已存在了几个世纪。[47] 然而，这些新机构奉行的意识形态和方法论，标示着它们具有独特的现代性。陈怡君观察到，济贫院在20世纪初成为中国城市景观的一个共同组成部分，其设计理念是济贫院有教育和惩罚的功能。济贫院首先将贫困的乞丐从值得救助的穷人中分离出来，然后试图给他们灌输对劳动和社会该有的规范态度。[48]武汉的济贫院似

205

乎既有经济功能，也有社会政治功能。有些济贫院还生产手工艺品，有一个甚至有自己的工厂。[49]当国民党在1927年掌权时，警察在管理这些机构方面发挥了更加积极的作用，为贫困的妇女、儿童和乞丐建立了新的设施。[50]贫困现在被视为治安问题，这一事实可能有助于进一步解释为什么一些难民不愿寄身于国家机构。或许，与其因为贫穷而面临被监禁的风险，不如在街头流浪。

商业与犯罪

并非所有1931年前往武汉的人都在寻求慈善。一些人希望通过利用对服务的新需求来将灾难转化为他们的优势。商品价格的快速重新制定往往对低收入职业的从业者不利。不过生活在河流边的人是一个特殊的例外，他们在水上捕鱼、运送货物或运送人员。当武汉的街道变成运河时，这些人发现他们可以通过出租船只作为"水上出租车"来赚取巨大的利润。[51]不久，媒体就报道舢板船主"收获了丰厚的船费"。[52]通常情况下，从武汉乘船到黄陂的乡村客运需花费2元，但洪水期间，却要花费25元。[53]在城市内，租一艘舢板的价格涨到正常价格的38倍。[54]这对依赖舢板疏散货物的商人来说尤其令人沮丧。[55]当人们明确知道在街头转运能赚钱时，2 000艘舢板就涌向汉口。城内的主干道很快就变得拥堵而无法通行，那些住在大房子里的人在围墙上方铺设带刺的铁丝网，以防止船只进入。[56]最终，由于担心船只的聚集会对公共秩序构成威胁，当局发布了一项公告，规定只有

图 6.2　武汉洪水泛滥的街道上的小船

转自《汉口水灾摄影》，武汉：真光照相馆，1931 年

挂着船务局旗帜的舢板才能在街道上运营。[57]

　　交通警察担心航路堵塞，军方则担心犯罪分子和政治不法分子藏身于舢板经营者中间。长江上的船民一直是官方怀疑的对象。这并非完全没有道理。长期以来，船民从事各种非法活动，特别是走私活动。臭名昭著的上海黑帮组织青帮就是这样形成的。[58] 众所周知，土匪还使用舢板对河边社区进行抢劫袭击。[59] 军方非常清楚土匪的这种作风。7 月中旬，当一个谣言开始流传时，他们最担心的事情似乎要发生了。谣言称，一支由 1 000 艘携带枪支和炸弹的船组成的土匪船队，正向武昌逼近。就在惊慌失措的驻军准备打一场水战时，这支实际上由十艘运载手无寸铁的难民的船组成的所谓致命船队，在军方警报响起时，就自发地散去了。[60] 事实上，这一谣言没有任何真实成分，但这并没有

207

消解官方的偏执。最终，省政府颁布了一项禁令，禁止在几条敏感的水道上使用船只。[61]9月初，军方在武汉扣押了200多艘舢板，原因是这些船没有悬挂正确的旗帜。[62]这一系列措施，并没有区分土匪和那些将船只用于更无害的目的（例如捕鱼和运输）的人。具有讽刺意味的是，舢板船主表现出的行为正是政府和救援机构经常称赞的那种职业道德和自给自足。官方的焦虑影响了最可行、最无害的应对策略之一，也减少了受灾群众本已稀缺的资源。被剥夺了船的舢板船主成了普通难民。

随着合法的生存途径消失，一些人转向犯罪。虽然武汉的饥饿程度不像农村地区那么严重，农村已经发生了几次抢粮暴动，但到了8月下旬，抢劫已无处不在。[63]难民抢劫了米店，有一次还袭击了装着面包的人力车，直到被警察击退才停下来。[64]在这些由饥饿引发的自发行为中，更多的职业犯罪也在发生。废弃的房屋和商店很容易成为窃贼的目标。[65]富裕的家庭聘请警卫保护他们的财产，而那些贫穷的人则轮流看守他们的社区，向任何未能充分说明其来意的船只投掷石块。[66]无家可归的难民只能随身携带他们所有最值钱的财物。[67]究竟是谁对这些罪行负有责任还不确定。在帝制末期的武汉，犯罪团伙经常利用灾害造成的混乱来掠夺同胞的财产。[68]地方当局倾向于将此类犯罪归咎于"流氓"，这是一个定义模糊的群体，可以涵盖从小罪犯到帮派组织的各色人等。[69]在被淹没的城市中犯下的罪行是绝望行为还是机会主义行为——或两者兼而有之——很难确定。奥·格拉达观察到，饥荒往往会导致轻微的犯罪行为，因为饥饿加剧了绝望，从而削弱了人的自制力。[70]值得注意的是，在饥荒往往最为严重的难民收容所，目击者却说那里没有犯罪。有可能是难民收容所没有什么东西可以偷，而外面的城市可以获取更多的不义之财。而那些在流离失所的人群中开展救济工作的人，把这归因于穷人的团结。他们认为，尽管难民绝望，但他们不会互相残害。[71]

针对财产的犯罪必须放在洪灾的经济环境中来看待。虽然许多武汉市民表现出令人钦佩的慷慨，但也有不少人试图利用这场灾难牟利。甚至在这座城市被水淹没之前，商人们就已经在提高粮食价格了。[72]很快，日常蔬菜以正常价格的两倍在出售。在极少数情况下人们可以买到肉，但肉的质量通常太差，甚至无法食用。外国人也抱怨他们日常的饮食变得过于昂贵，许多人选择在俱乐部用餐，而不是在市场上购买食物。[73]事实证明，对穷人来说，最具破坏性的是主粮价格的上涨。即使是最便宜的大米品种，很快也会以极高的价格出售。[74]随着囤积的粮食在被洪水淹没的仓库中腐烂，难民开始遭受严重的营养不良。[75]在这种情况下，抢劫就是一种可以理解的应对策略——绝望的人们无视法律制裁，以减轻本可避免的饥荒影响。

那些维持街头治安的人很少考虑犯罪的经济背景。首先，抢劫者可能会坐牢。其次，他们有被处决的风险。鉴于被监禁人员只有少得可怜的供应，后一种的可能性更大。随着洪水向武汉推进，市政府没有试图去疏散那些被夏口法院监禁的犯人。当监狱被淹没时，大约有300名囚犯在里面。伤亡报告各不相同，一些报告称只有10名囚犯被淹死，另一些报告则估计有100多人被淹死。[76]一位记者讽刺说，无论这些囚犯面临的是有期徒刑还是

209

终身监禁，现在都已被判处死刑。[77]这或许是监狱当局的疏忽造成的，也可能是出于维护公共秩序的目的而施行的无情算计。无论是哪种情况，这一事件都揭示了被监禁人员在灾害期间所面临的特殊处境。同样的事件在 2005 年卡特里娜飓风袭击美国时发生了，由于没有制定疏散计划，被关在奥尔良教区监狱中的人在肮脏的水中生活了好几天。[78]和武汉一样，监狱里那些被认为最危险的人也是最脆弱的人。

水上妓女与性别生存

洪水期间，为了求生，有些人乞讨，有些人借贷，有些人偷窃，而有些人则出卖自己的身体。卖淫是武汉城市生活中的常态。自帝制后期以来，性服务市场就呈现出高度的多样化，迎合了各种品味和经济状况的客户。那些有足够钱的人可以去豪华的妓院或停泊在港口的豪华花船。那些品位较低、钱包空瘪的人可以去诸多便宜的场所，甚至可以花钱在一条僻静的后街上购买"快餐"式的服务。[79]沙家巷的红灯区无疑满足了更节俭的客户。在 20 世纪 10 年代，诗人罗汉写过一篇轻佻的诗文，称赞该地区的优点，指出虽然这里的妓女可能不是最漂亮的，但她们因价格优惠而广受欢迎。[80]仅仅十年后，人们的态度就发生了很大的变化，至少在某些方面是这样。在调查记者芝薰看来，沙家巷是一个低贱的"人肉市场"，被毫无同情心的女老鸨和皮条客控制着。由于在暴力和性病的环境中生活，在巷子里工作的妇女

210

很快变成了"青年骷髅头"。[81]娼妓的现实生活既没有被罗汉不敬的诗歌捕捉到，也没有被芰薰的说教性新闻所关注。尽管妓女无疑经常受苦受难和遭到残酷剥削，但她们不甘于仅仅是不幸的受害者。她们也善于在城市的经济和道德边缘寻找生存之道。

洪水可能摧毁了武汉的妓院，但仅靠洪水是不足以根除卖淫现象的。在汉语口语中，妓女通常被称为"鸡"。在洪水最严重的时候，记者郭镜蓉描述了"水鸡"是如何在被洪水淹没的街道两旁的船上进行卖淫的。[82]这些妓女是否能找到顾客又是另一个问题。极端饥饿会抑制性欲，因为营养不良会降低睾丸激素水平，而人体会寻求保存能量。[83]由于成千上万的人都面临着食物短缺，性服务市场看起来也并不乐观。为此，谢茜茂主张，从事卖淫服务的妇女也应该与普通难民一起被送往收容所。[84]然而，生存危机并没有均等地影响到整个城市社区。由于一些人仍然能够获得食物，他们对性的欲望可能并没有减少。对于那些在洪水之前就一直从事卖淫活动的人来说，真正的威胁不是食物的缺乏，而是来自难民的日益激烈的竞争。就像职业乞丐一样，她们发现自己在一个饱和的市场中工作——无论是实际上还是象征意义上。

我们不知道武汉有多少难民卖淫。无论是职业卖淫者，还是难民中的临时卖淫者，都不愿主动记录他们遭遇的细节。从历史上看，处于类似情况的妇女最终常常沦为妓女。[85]他们是自愿进入这一行业还是被迫的，又是另一个问题。在洪灾最严重的时候，一名外国记者报道说，"白奴"正"努力从难民手中买下长相漂亮的年轻女孩。这些穷人正陷入除了一个女儿外一无所有的困境"。[86]尽管使用"白奴"这个词可能暴露出这位记者具有东

211

方人是性变态的刻板印象，但这些说法很可能有一些道理。绑架和强迫卖淫并不少见。芰薰描述了一个名为"叫鸡子"的神秘组织，他们专门绑架年轻女孩，并把她们卖给妓院。[87] 在所谓的"剿匪"运动中，政府军绑架了成千上万的妇女和儿童。[88] "剿匪"是国民党反对共产党所用的名义。这般做法到底有多普遍仍是一个有争议的问题。贺萧观察到，反对强迫卖淫的国民党法律鼓励妇女声称自己是被绑架的，因为这样她们就更容易从皮条客和老鸨那里获得法律赔偿。许多人可能是自愿被家人卖掉的，或者是迫于贫困而进入这个行业的。[89] 马钊描述了许多被指控绑架妇女的人声称（有时是有理由的），绑架是帮助她们脱离经济困境的家庭安排。[90] 即使在光景好的年份，穷人也不得不做出艰难的选择。洪水期间，成千上万的丈夫卖掉了妻子，这样两人都可能会有更好的前景。[91] 对于媒体来说，绑架提供了一种容易理解的叙事，在这种叙事中，犯罪的幽灵掩盖了严峻的经济现实。通过将女性描绘成男性性变态行为的受害者，记者可以在报道此类问题的同时，保持对女性贞洁、顺从配偶和家庭神圣性的普遍性别期望。

在洪水最严重的时候，一位名叫曾宪和的作家写了一篇短篇小说，想象了一位进入城市的女难民的生活。一开始她坐在角落里，"两眼灰白脸无肉，终日无力沿街走"。通过小说我们了解到她的丈夫在与土匪的战斗中丧生，而她的其他亲属则在洪水中死去。她不想再婚，在生命的最后一刻，她希望能和她的丈夫死在一起。[92] 这种虚构的叙述暴露了20世纪初作家的某种倾向，即杜赞奇所描述的所谓"父权遗产"。[93] 尽管具有现代现实主义风格，但这个虚构的叙述围绕的是一个贤惠寡妇的性别主题，这在儒家道德体系中是合适的。即使在 19 世纪，当传统性别规范的影响力大大增强时，也不是每个人都接受这种"处方"的有效性。在 1848 年洪水期间，叶调元谴责保守派文人学者们指责那些"风流好乞钱"的妇女的言行。[94]然而这种同情并不常见。许多描述灾害的文人宁可他们的女人身处窘境，也要女人在道德上无可指责。这不是中国所独有的。女性受苦的形象一直是世界各地描述灾害的常见主题。[95]

性别与灾难之间的联系远比这些叙述所暗示的要复杂一些。社会科学家经常辩称，女性遭受灾害风险的比例很高。他们指出，在危险最为严重的贫困社会中，妇女往往在经济上处于最不利的地位。这种不利地位将贫困转化为更大的灾害脆弱性。[96]性别规范也会抑制女性的应对策略。例如，在 2004 年印度洋海啸期间，泰米尔纳德邦（Tamil Nadu）的印度妇女遭受了不成比例的伤亡，因为大多数妇女没有学会游泳。[97]在 1931 年，还没有关于性别弱点影响的研究。我们知道女性比男性更为贫穷，可以认定诸如缠足这样的性别针对行为会使她们处于身体上的劣势。尽管有这些限制因素，统计证据显示，女性的存活率仍略高于男性。在救济收容所中，性别比例略偏向女性，女性的人口比例为 51% 至 49%；而在农村，女性与男性的比例分别为 45% 至 55%。即使是那些编制这些统计数据的人也承认，这些数据是不可靠的，家庭成员里没有包括所有遇难者。[98]民国时期，女性死亡人数经常被低估，尤其是因为溺婴的受害者常常是女婴。[99]希望避免道德谴责或法律制裁的受灾家庭，会被动隐瞒女孩的死亡。[100]

213

　　然而，我们不能仅将性别影响视为统计数据中一个简单的漏洞。社会科学家将女性相对突出的灾害脆弱性视为众所周知的常识，而与社会科学家不同的是，人口学家早就认识到，在饥荒期间男性的死亡率通常高于女性。[101]对此问题可以有多重解释。由于这种女性存活优势既是跨文化的，也是跨历史的，因此很可能存在生物遗传因素。女性在身体上似乎比男性更能承受长期的饥饿。[102]艾志端已确认了其他几个额外的文化因素，包括女性在食物准备中经常扮演着更重要的角色，这意味着她们可以更好地获得营养，并且通常扮演护理的角色，这在危机情况下更为重要。另一个重要因素是，女性比男性更容易卖淫或缔结各种形式的契约婚姻。[103]这表明，尽管她们可能被污名化、被同情，但那些从事妓女工作的人可能有生存优势。

　　女性并不是唯一的生存受到性别规范影响的群体。在洪水期间，人们对男性的期望往往更苛刻。男性被期望要有男子气概，在这种期待下，男性不仅要承受身体上的折磨，还要尽量少地接受慈善救济。救济机构习惯性地排斥男性，认为他们应该能够独立生存。在武汉，有一个专门的妇女救济所，每天给2 000人分发两顿粥，而男性无论身体状况如何都不允许进入。[104]传教士组织还筹集了专门用于女性难民的专项资金。[105]妇女不必参加繁重的劳工救济计划，而在需要她们工作的地方，她们通常只从事较轻的工作，如手工业生产。相比之下，有能力去从事有体力要求的劳动是救济机构的性别道德的核心。坚持让男性劳动的规定成为那些控制营养流动的人用来保证男性难民顺从的先决条件。不符合勤奋劳工标准的男人可能会得不到食物。

214

拯救儿童

卖淫只是难民从事非法经济活动的方式之一。那些不能从事卖淫的人有时会卖掉他们的孩子。非常年轻的人和非常年老的人都最容易遭受灾害的影响。他们没有承受灾害以及面对随之而来的严重营养不良的体力，对疾病的免疫力也最低。从历史上看，当中国父母发现自己身处绝望的境地时，他们通常认为卖孩子是提高共同生存概率的可行选择。这当然比杀婴或坐视孩子们挨饿这些残忍的选择更可取。年轻女孩被贩卖的概率最高，这反映了她们在性别亲属结构中的地位普遍较低。一些女孩子最终在有钱人家当仆人，而另一些则可能进入妓院，慢慢向老鸨或皮条客偿还最初购买的费用。由于要定期征收房租和其他相关费用，这种债务可能会持续数年。[106]年轻男孩也会被卖，尽管这种情况不太常见。一些人可能最终成为男妓，尽管男性性工作者在文献记录中较少出现。其他人则成为仆人或工人。[107]童工约占纺织厂劳动力的 8%，还有的受雇于火柴制造等危险行业，在这些行业，火灾和磷中毒一直是很危险的。[108]

贩卖儿童背后的逻辑是赤裸而残酷的，但它仍然事出有因。一个家庭可以将收到的钱用来养活剩下的成员，而孩子也有更好的机会得到新监护人的扶养。然而，作为一种非常现实的解决方案，贩卖儿童一直备受争议。自 19 世纪末以来，贩卖儿童的情况变得更严重，当时外国传教士公开地反对这种做法，将其等同于儿童奴役。[109]正如雷切尔·莱奥所观察到的那样，那些购买

215

儿童来充当仆人的人在道德上有不同的看法。他们认为这是一种慈善，既帮助了孩子，也帮助了出售孩子的贫困家庭。[110] 传教士似乎拒绝这种逻辑，认为这是一种用来掩盖其剥削实质而编造的混淆视听之词。这些道德上的反对并没有阻止一些基督徒自己也参与儿童买卖。法国天主教徒通过购买孤儿来吸纳宗教信徒，（基督教）救世军（Salvation Army）*也卷入了一桩丑闻，当时该组织的一名工作人员为了类似的目的购买了 100 名女孩。[111] 他们的逻辑是，如果购买孩子的目的是为了拯救孩子的灵魂，那就不算不道德。到了 20 世纪 20 年代，在传教士的施压下，英国殖民统治下的华人社区禁止了儿童奴役。[112] 十年后，国民政府紧随其后，颁布法令废除儿童奴隶制。事实证明，这些新法律在很大程度上是无效的，因为那些购买儿童的人会声称收养了他们。[113]

父母——尤其是母亲——被迫与孩子分开的画面，特别能唤起外界对洪水的关注。赛珍珠在她的一篇短篇小说中，虚构了一对父母因洪水失去土地，被迫痛苦地卖掉女儿的故事。[114] 这种虚构的塑造来源于现实。洪水灾区到处都有饥民出售儿童的报道。[115] 在武汉的难民收容所，男孩女孩都在被出售，而出价只有几块银元。如果找不到买主，有些难民干脆把孩子送人。[116] 在正常情况下，孤儿院为被遗弃在城市里的儿童提供救助庇护。而

---

* 救世军是 1865 年由凯赛琳、威廉·布斯（Catherine and William Booth）夫妇在英国伦敦成立的基督教会和国际慈善组织，以准军事方式组织。该组织自称在全世界有 150 多万名成员，包括士兵、军官和被称为救助者的信徒。该组织试图通过满足穷人、赤贫者和饥饿者的"身体和精神需求"来拯救他们，在 127 个国家设有办事处，经营慈善商店，为无家可归者提供庇护所，并向发展中国家提供个人卫生产品、救灾物资和人道主义援助。

在洪水期间，孤儿院很快就没有足够空间可使用了。仅在黑山难民收容所，10万难民中就有一半是儿童，估计有4 000名儿童是孤儿。[117]

随着冬天的到来，本地市民请求市政府建立一个临时孤儿院，收容无家可归的儿童。政府张贴了特别通告，号召无力承担照顾子女负担的父母可以将孩子安置在这些机构。[118]本地人显然并不像一些批评中国文化的人所说的那样，对儿童的苦难缺乏同情心，只是他们根本没有足够的设施来照顾这么多人。关于中国父母冷酷无情的刻板印象也没有事实依据。例如，一位丧偶的父亲不忍心将他有语言障碍的孩子留在医院，因为他担心护士无法理解孩子想要牛奶时做出的特殊手势。[119]尽管如此，贩卖儿童的问题很快变得十分严重，这引起儿童福利活动家吴维德的注意。[120]在目睹了问题的严重性后，他游说市政当局发布了反对贩卖儿童的公告。[121]然而，法律制裁无法打消驱使家庭采取这种绝望措施的深层需求。

因问题十分严峻，外国慈善机构也开始干预儿童市场。据约翰·霍普·辛普森说，总部设在日内瓦的慈善机构"拯救儿童"（Save the Children）斥资从父母那里购买孩子，否则这些父母会"将孩子卖给肯定不是慈善机构的机构。这些孩子得到安抚、照顾和喂养，在饥荒结束时被送回他们的父母身边"。[122]当然，前提是他们的父母存活了下来。在其他地方，据辛普森透露，因担心儿童可能会落入无良的工厂老板手中，救济水灾委员会也自行购买儿童。[123]涉足这一市场的外国组织意识到，拯救儿童的实际必要性胜过关于人类商品化的简单道德判断。然而，似乎很少有人注意到这样一个事实，即保留仆人的中国精英们使用完全相同的论据来为他们的行为辩护——声称他们是为了拯救孩子才购买孩子的。

"赤匪"与戒严

1931年8月8日，两名士兵在武汉刘家花园附近一条被淹的街道上划着小船。因不善于荡桨，他们将路边的茅屋撞塌。有一位年近七旬的老妪，避水于屋上，亦被撞溺于水中。所幸行人救援，老妪被救起后说道："真鲁莽。"她又对那些粗心大意的士兵说了几句话。士兵非但没有道歉，反而对其拳打脚踢，要将老妪淹死，幸得旁观者打抱不平，才没有得逞。这两名士兵都没有因为这次无理而残忍的打人事件受到任何正式的处罚。[124] 虽然她遭受了身体上的伤害，但这位近70岁的老人还是要比一些人幸运。一名下等骑兵觉得一个叫李金芳的摊贩给他的豆浆加的糖不够，要求她多加点糖。在短暂的口角之后，这名士兵将李金芳踢进了洪水中。可能是她不会游泳，或可能是水流太急，也可能是士兵的击打使其受伤，不管怎样，几分钟后，李金芳就死了——因为一碗豆浆被淹死了。[125]

诸如此类的肆意暴行使救济工作变得更加困难，这加深了民众对政府的不信任感。不幸的是，这种事件在当时的湖北太常见了。方德万认为，"暴力文化"在这一时期渗透到了中国的各个角落。虽然这种文化是多年的军阀混战孕育的，但这种情况在"北伐"期间尤其明显,因为遏制暴力的屏障已经坍塌。[126] 受不负责任的气氛的感染,军方剥夺了普通公民本就很少享有的自由。很少有地方的暴力文化比湖北发展得更恶劣,湖北是国共内战的中心。[127] 在1931年难民危机期间发展起来的军事镇压是一种被暴力破坏的治理模式。正如爱德华·麦考德所观察到的,将地方军阀与国民党政权联系起来的真正"意识形态黏合剂"是对共产党人的共同反对,而不是对孙中山主义的崇高信仰。[128] 这并不是说对共产党革命的恐惧是虚构出来的。就在几年前,李立三领导的共产党军队发起了一次曲折的起义,目标是夺回华中的一个城市根据地。[129] 当起义失败后,他们暂时放弃了在城市建立根据地的希望。但尽管如此,共产党人至少还有两个农村苏维埃根据地距离武汉很近,北边的领导人是张国焘,西边的领导人是贺龙。[130]

由于担心共产党会利用难民危机秘密潜入武汉,国民党军队随即建立了严格的监视制度。与夏斗寅配合作战的是军事指挥官叶蓬,他是另一个在平定匪乱运动中获得军功的凶悍人物。[131] 在洪水泛滥的初期,卫戍部队的士兵就奉命监视棚户区,借口是要保护难民不受流氓的骚扰。[132] 从表面上看,这种家长式的监视似乎是针对难民本身的。后来,这种伪装也没有了,因为军方派间谍监视难民成了公开的秘密。[133] 警方也密切监视局势,派出便衣警员混入人群,希望铲除捣乱分子。[134] 正如约翰·霍普·辛普森后来报道的那样,当局自认为难民"大部分是共产党"。[135] 他们因此得到了中华总商会的支持,商会的成员请求南京增兵。[136] 媒体几乎没有采取什么措施来平息这些担忧。国民政府的喉舌报刊还报道称"共产党人"骚扰难民。[137] 英国在华通

218

219

商口岸办的报业紧随其后，指控共产党犯下了各种罪行，包括纵火袭击和蓄意破坏堤坝。[138]7月下旬，三名"赤匪"被抓获，据称他们试图炸毁铁路堤坝，将洪水引入武汉。[139]其实说不清共产党能从这一行动中获得什么。谢茜茂也只是简单地以"扰乱治安"作为其间接动机。以水力作为攻击力量在历史上并不鲜见，但此类袭击的一般动机是解决水权纠纷或者是企图打乱敌人的部队调动。[140]这三名所谓的"赤匪"被指责执行看似毫无意义的恐怖主义政策，让人费解。由于拒绝透露他们的"匪首"的身份，三人被仓促处决。[141]目前尚不清楚军方是否相信这一高度可疑的说法，或者他们的领导人是否只是将其用作实现自己政治目标的借口。不管是哪种情况，当地军队很快就奉命开始镇压。士兵们在武汉郊区的一座小山上建造了一个坚固的营地，他们可以在那里监视进入城市的人，并在周围的农村发动对敌人的攻击。[142]这使得真正的难民更难以在武汉获得救济，而讽刺的是，这些难民是试图避开鄂北真正的国共冲突才逃入武汉的。[143]

即使是这些新的严厉措施也未能让当地军事领导人满意，他们很快宣布进入戒严状态。警察和军队被授权使用杀伤性武力来镇压任何形式的政治或社会动乱。几十年来，戒严一直是政府喜欢使用的法律手段。军阀的士兵被派上街头，通过宵禁和即时处决来平息骚乱。[144]国民党人同样喜欢援引这一手段。他们政权建立之初的暴力就是在戒严的幌子下开展的，当时蒋介石在1927年对他以前的共产党盟友发动了清洗。之后，右派势力借助戒严令镇压武汉的激进运动。[145]在随后的几年里，国民党制定了几项扩大治安管理权的法律。从1931年1月起，那些散布反动宣传或发表颠覆性言论的人将面临被监禁的风险。[146]湖北省政府尤其严厉。如果一个人被发现窝藏共产党或破坏国家财产，他所在的整个村庄都将被追究责任。正如美国领事馆工作人员柯乐博所观察到的，"包庇窝藏的处罚经常是死刑"。[147]

洪水期间的戒严，使军队的最后一丝克制也没有了。最直接的后果就是上述的即时处决这样的暴力场面。戒严令可能会让多疑的市政府官员感到安全，但它是一种危险而生硬的手段，它允许纪律不佳的士兵在实际不受惩罚的情况下行动。[148]他们滥用这一权力，不仅实施了毫无意义的暴力，还随意没收财产。不想支付舢板船主收取的高额费用的士兵，干脆把船主们的船抢走。[149]同样在一名士兵威胁要用扁担殴打谢茜茂后，谢茜茂也只能放弃了他租来的一艘船。[150]有一次，一名船夫因为拒绝交出他的船，竟被士兵近距离开枪打死了。[151]军人还向难民勒索钱财，甚至是救济的口粮。[152]这并不少见。士兵经常滥用职权谋取私利。一种普遍的做法是士兵们用枪瞄准行人，然后威胁说如果不支付高昂的贿赂，就将他们当作共产党处决。[153]在洪水期间，即使是这样明显的诡计也不需要了，士兵们被赋予了随心所欲的权力。

对难民的虐待不仅仅是军队目无法纪的结果。军事指挥官也以戒严令为借口，开展了一场政治和社会镇压运动。被征用的舢板上装有机关枪，以便士兵日夜巡逻城市。他们对罪犯的惩罚可以是殴打，乃至法外处决等。[154]到8月下旬，士兵的身影"非常常见"，"行刑队"也很常见。[155]他们突击围捕那些涉嫌煽动活动之人。[156]学生受到特别严密的监控，那些参加共产党抗日活动的人遭到镇压。[157]艾黎后来说，叶蓬和他的团伙四处搜寻，

221

试图抓住任何可能被指控为共产党的人，然后在海关大楼前将他们分批处决。[158] 尽管艾黎的消息来源可能不是最客观的，但他对士兵即时处决的描述得到了其他目击者的证实，其中包括一名传教士，他看到政府军枪杀了11名难民。[159] 很多被以共产党身份处决的人，不过是试图组织难民进行自救的群体。[160] 我们不知道有多少人成为政治镇压的受害者。一些历史学家认为这个数字可能已经达到了好几百。[161]

清街

即使是戒严令也无法平息官方的焦虑。到8月底，叶蓬所领导的叫嚣派认为，唯一可行的解决办法是大规模清理难民。[162] 棚户区将被拆除，难民们将搬迁到武汉郊区更大的有组织的营地。驱散铁路路基上的人是当务之急，因为他们不仅对公共秩序构成威胁，而且还阻碍了交通干线的重新开放。[163] 正如我们在本章开头所看到的那样，尽管条件恶劣，许多难民仍不愿意离开。鉴于戒严令和肆意的暴力事件，公众对官方承诺的不信任也就不足为奇了。在最初的游说尝试无效之后就是强制搬迁。市长何葆华命令警察强迫难民离开，驻军则提供18艘船将难民送到收容所。[164] 但仍然有一些难民留了下来，他们或爬到站台上，或爬进部分被洪水淹没的火车车厢。[165] 警方最终采取了停发救济粮的办法，让这些离群的难民挨饿。[166]

事实证明，武汉的本地居民更难驱逐。许多人拒绝离开他

们被淹没的家园，无论家园的情况变得有多糟糕。令军方恼火
的是，这些本地人更善于躲避驱逐。一些人待在被水淹的房子
的高层楼上；另外一些人则躲在屋顶，用衣服搭起小帐篷，以
防止太阳直晒。[167]那些房子已完全不能住的人，只能在附近的
树上搭建临时住所。[168]对撤离的抵制并不少见，而这些抵制行
为往往被视为不合理的。那些拒绝离开的人因影响国家治理灾
害的效果而受到批评。然而，人们抵制疏散的原因其实有很多。
在 2008 年洪水期间的印度戈西河沿岸，大约 15% 的人口选择留
在自己的村庄，因为他们更担心财产损失，而不是洪水泛滥的风
险。[169]1991 年，菲律宾圣丽塔（Santa Rita）的居民受到皮纳图
博（Pinatubo）火山爆发带来的泥石流的威胁，他们选择向神灵祈
祷，而不是放弃家园。[170]当 2005 年卡特里娜飓风席卷新奥尔良
时，许多老人也拒绝离开，因为不想放弃他们的宠物。[171]那些
在武汉抵制撤离的人似乎主要是出于物质考虑，不想把家园丢给
洪水或抢劫者。他们的行为表现出一定程度的战略性长期规划，
依偎在离家较近的情感依恋中。谢茜茂在报告中说，他与一位来
自黄陂的难民交谈，难民解释说，他们根本不相信军方的保证。
他说："他们现在给我们免费食物，但能持续多久呢？"[172]这暴
露出该难民对当局严重缺乏信任。这个问题也表明，在制定生存
战略时，他的眼光超出了眼前的食物和住所需求。亚历克斯·德
瓦尔对 20 世纪 80 年代中期的苏丹饥荒进行研究，他也观察到当
地农民抵制住了食用种子的诱惑，因为他们知道如果这样做了，
下一季就没有什么可种的了。有些人甚至把小米和沙子混在一
起，这样就不能吃了。[173]那些在武汉抵制撤离的人，至少在一

223

定程度上是出于同样的保存经济能力的动机。他们放弃了在短期内获得舒适待遇的机会，以保有他们的财产和经济能力。

不幸的是，军事指挥官并没有准备好接受这些策略。到 8 月底，他们下令"用刺刀"将难民从武汉强制驱逐。[174]这些清理行动提供了处理政治可疑人群的另一个机会，将那些有共产党嫌疑的人与难民分开，并进行处决。[175]约翰·霍普·辛普森的结论是，"大量人口从城镇迁出"，导致了"巨大的苦难"。[176]后来，在洪水的官方报告中没有提及强制撤离和安置难民所涉及的暴力胁迫。相反，官方报告呈现的都是积极的描述，即难民收容所成为慈善救济场，流民们自愿进入。事实上，驱逐政策是在能提供足够住宿之前就制定了的。救济水灾委员会命令军事指挥官在难民收容所做好准备之前不要清理城市街道上的难民。卫生专员们也响应了这些指令，他们认识到，尽管驱逐难民很重要，但必须采取紧急措施来防止流行病的传播。[177]然而这些请求被置若罔闻，保护城市安全的命令高于任何其他有关难民福祉的考虑。[178]事实证明这些行动的结果是灾难性的。

仓促的重新安置导致卫生规范很难得到实施。虽然不能用某个单一因素来解释席卷难民收容所的流行病病因，但值得注意的是，在强制收容政策执行后，疾病死亡率急剧上升。在 9 月中旬，就在难民被从城市街道清理出来时，痢疾在黑山难民收容所开始流行，导致每天四五十人的死亡。[179]大约在这个时候，卫生部长刘瑞恒指出，数千人在"被救援船运送到安全的地方后，死于疾病"。[180]中国红十字会的报告称赫山难民收容所的死亡率激增，在 9 月中旬的 15 天里，有 656 人死亡。[181]一位医疗传教

士描述这所收容所当时处于一种"可怕状态"。[182]问题不在于
难民太多,而在于收容所还没有准备好。收容所的入住人数继续
增加,11月上升幅度更大。不过十分重要的是,此时难民收容所
的卫生规范和组织能力已经有了很大的改善,以至于新进入的难
民并没有引发类似的疾病死亡率上升的情况。[183]我们只想知道,　225
如果在强制重新安置难民之前就制定了这样的政策,是否会挽救
更多生命。

　　建造难民收容所采用了与棚户区相同的乡土建筑技术,尽管
有救济组织分发的垫子。在一些收容所,如图6.3所示,每家建
一个单独的小屋子,他们在屋里睡觉并准备自己的食物。[184]而
在其他地方,难民住在一起,数千人挤在一个单棚屋檐下,在大

图6.3　1931年武汉的一个难民收容所

出自1931—1932年《国民政府救济水灾委员会报告书》。剑桥大学三一学院图
书馆供图

型公共食堂里吃饭。进入秋天，救援人员就已经设法大大改善了收容所的卫生状况。60 名来自当地警察学院的新兵被任命为卫生检查员。收容所救援人员雇用难民挖厕所，并进行消毒，开发清洁饮用水源，并开展消灭苍蝇运动。[185] 配合新成立的检疫部门工作的医务人员也开展了疫苗接种活动。武汉很快就拥有了八家急诊医院和自己的细菌实验室。这些措施帮助逐渐减少了在难民中传播的与洪水相关的疾病。

226

善行与监禁

在现代世界出现的所有制度化模式中，灾害收容所似乎是最无害的。这些救援机构似乎蕴含了现代国家最具慈善性的意图，寻求庇护其国民免受环境变化无常的影响。乍一看，收容所与臭名昭著的制度模式（例如集中营或劳改营）之间似乎没有什么相似之处。然而，收容救济和拘禁并非总是泾渭分明的。今天，"集中营"一词指的是一种不经法律程序就将人监禁的场所，其原因是特定的政治或种族关系。这种制度化模式通常可以追溯至19 世纪晚期。在古巴、菲律宾和南部非洲，来自欧美的殖民列强将集中营作为战争武器，在冲突期间监禁部分人员。[186] 然而，在第二次世界大战前，集中营一词也经常用来指收容灾难和冲突导致的难民的场所。事实上，这可能是该术语的原始用法。在印度的英国殖民官员已经描述了 19 世纪 70 年代末饥荒期间，将救济劳工"集中"在难民营的情况。这些饥饿的难民被迫从事艰苦劳动，以获得最低限度的口粮。这一事实表明，善行与拘禁之间的区别从来没有像现在看起来那样明确。[187]

　　乔治·阿甘本和珍妮·埃德金斯等学者对收容所和集中营之间的许多概念重叠进行了研究，将它们视为米歇尔·福柯所描述的现代国家的生命政治*治理的两个化身。[188]我们没有必要纠缠于用拐弯抹角的福柯方法来揭示这两种制度模式之间的相似之处。近代史上充斥着灾害救济营（收容所）明确充当先发制人的拘禁机构的例子。最臭名昭著的例子之一发生在1927年密西西比州洪水期间，当时大量非裔美国难民被安置在堤坝顶部的"集中营"中。这些机构的命名不是语言上的纰漏那么简单。由于担心非裔美国佃农会以这场灾害为借口向北方迁徙并逃避苛刻的债务关系，白人农场主精英将他们的租户拘禁在营地中，用铁丝网包围，并由武装警卫看守。全美有色人种促进会（National Association for the Advancement of Colored People）会长沃尔特·怀特（Walter White）亲眼看见了因洪水而流离失所的非裔美国人的遭遇。他发现：

　　　　被关在集中营里的黑人难民，未经其农场主同意，国民警卫队不允许他们出来。我还发现，在许多情况下，黑人被迫为红十字会免费提供的救济支付费用。当他们无力偿还债务时，许多人失去了他们所有的一切，这些"债务"就由附

---

* 福柯的生命政治（bio-politique）指政治权力直接作用于生物性生命。参见［法］福柯：《必须保卫社会》，钱翰译，上海人民出版社2018年版。

近种植园的主人承担，黑人在看守下被带到种植园去偿还债务。[189]

在 20 世纪 40 年代初的孟加拉饥荒期间，难民也被抢先拘禁了。贾纳姆·穆克吉描述了加尔各答贫困难民是如何抵制政府将他们安置在设备简陋的劳动救济所的企图的。作为回应，当局下令将数千名难民赶出街道，安置在特殊的"遣返营地"，在那里他们将不再对城市的社会秩序和卫生安全构成威胁。[190] 历史学家克劳斯·穆尔哈恩将集中营定义为：将特定种族或政治群体成员拘禁的机构，"不是因为他们的行为，而是因为他们的身份"。[191] 在近代各国历史上，似乎有许多例子表明，仅仅成为灾害的受害者，就足以让一个人被以慈善的名义拘禁。

1931 年在武汉郊区营建的机构使用了无恶意的术语："难民收容所"（refugee relief shelters）。而外国记者和救援人员则会交替使用"难民营"（refugee camps）、"隔离营"（segregation camps）和"集中营"（concentration camps）等术语。[192] 这种术语上的不统一，暴露了救济和拘禁之间并不严密的划分标准。难民收容营地表面上是避难所，但也助长了各种形式的生理、社会和政治的隔离。人们把有可能感染病毒的人，封闭在由水和铁丝网构成的警戒线后面。这有助于阻断流行病在城市人群间传播，但增加了难民受感染的风险。难民营还作为社会隔离的一种模式，将贫困人口重新安置在远离市中心的地方。而在市中心他们可能会因为受引诱而沉迷于反社会或犯罪活动。难民一旦被疏散，就会受到进一步的内部隔离。那些被认为值得官方救助的人会被

228

送到正规的收容所，而那些被认为不道德的穷人会被送到监狱或流民收容所接受惩罚性改造。难民收容所的作用就像教养所（workhouses），收容穷人，同时教导他们正确的价值观。[193]

难民收容所的最后一个功能是镇压政治暴动。军方官员通过派遣士兵和间谍在收容所巡逻来管理难民。[194] 难民还受到旨在培养对政府的恰当态度的政治宣传。蒋介石亲自写了一份宣言，向武汉难民收容所里的难民大声宣读，解释当时面临的政治局势。*

> 被难同胞亦应共体斯意，严守秩序，镇定心神，以应付此严重之环境，毋为奸人邪言所惑……听受赈济人员之指导。[195]

军方当然不满足于依靠这种说服的办法，他们还采取强制手段。一名外国记者报道了当地政府建造了一个"戒备森严的难民营"，以拘禁"政治上可疑"的人。[196] 除了这条简短的参考文字外，没有其他有关这个机构的文献记录。然而，该机构的存在表明，在洪水期间，一些机构正危险地接近于现代意义上的集中营。事实上，洪水过后不久，在中国就有了真正的集中营，是由日本军队在东北背荫河建立的。[197] 国民政府很快效仿，建立了被委婉地称为"学校"的机构，将囚犯关在带刺的铁丝网内，并

229

---

* 查 1931 年 9 月 1 日《湖北省政府公报》刊载的《蒋主席告水灾被难同胞书》，并无此段引文，应出自当日《申报》第 3 版刊载的《蒋主席告灾同胞书》。不同版本的内容可能略有差异，此处引文由作者提供。

对其进行常规酷刑和即刻处决。[198] 尽管存在深刻的意识形态差异，这些不同的派别都倾向于政治监禁。

毫无疑问，对许多流动人口来说，收容所是真正的避难所。他们得到食物、住所和医疗援助。由于救济人员和志愿者的奉献精神，许多被收容者的生存前景得到了改善。为贫困难民的需要提供服务的人有时要将自己置于相当大的风险之中。这些志愿者还记录了我们掌握的有关普通难民生活的许多信息。然而，国民政府对灾害的反应还有另外一面，这一面是由个人和团体构建的，他们与难民的互动没有被记录。而正是官方创造了戒严制度，他们在枪口下强行疏散私自占地者，或者将政治上可疑的人押往难民营，或者将其处决。正是这后一群人使难民对官方援助产生怀疑。当普通人意识到慈善与拘禁之间只有一线之隔时，难民们很快就发现再难相信任何身穿制服的人。

1931年武汉的经历证明了政治局势对致灾机制的关键影响。暴力及其引发的不信任是人道主义灾难的放大镜。政治上的互动也是灾害经历的一个重要方面，对难民的行为方式产生了深远的影响。社区内的互动有助于确定参与处理危机的各种行为者之间的合作程度。如果这种局势变得失控，那么那些希望利用灾害获取政治或经济利益的人胆子可能会更大，因为可以不受法律或道德的谴责。致命的致灾机制往往在专制的政治政权中蓬勃发展，这绝非巧合。而1931年的洪水灾害就是这样。

尽管存在普遍的不信任，但中国各地数百万的难民最终还是住进了难民收容所。不过还是有一些人逃过了这一命运。1932年年初，武汉街头仍然挤满了难民，他们设法躲避军警，向更富有一些的难民乞求帮助。[199] 由于没有衣服抵御寒冬，这些难民的处境堪忧。[200] 当时，这些人的存在被视为救济工作失败的证据。然而，他们是否会在难民收容所疾病传染风险更高的环境中有更好的生存机会，这是有争议的。事实上，有可能是抵制被收容的能力改善了他们的生存前景。1932 年 1 月，武汉的当地记者对难民带来的公共秩序威胁表示担忧。有人指出，虽然许多难民是真正"贫困"的，但也有许多"狡黠者"试图利用这一局面。因此，有人认为，为了加快农业复苏，必须尽快遣返流民。[201]

警方开始登记遗留在市区的临时小屋居住者，[202] 与此同时，派出水警监视在水上活动的居民，以确保没有共产党人混进城里。[203] 1932 年 1 月下旬，省政府下令关闭粥厂，所有形式的救济必须在七天内停止。政府发布一项法令，宣布有组织的收容所将被关闭。那些有足够资源的人拆除了他们的棚屋，回到了自己的家乡。其他人则被送往长江上游距武汉几英里的一个较小的收容所。[204] 对市政当局来说，灾害已然结束。对流民来说，却没有明显的如释重负之感。因为饥荒和流行病带来的艰难处境至少持续到 1932 年夏天。这场洪水的恶性后果还将持续数年。

注释

[1] 王尔德：《社会主义下人的灵魂》（ *The Soul of Man under Socialism* ），第 4 页。

[2] 苏世安：《公安局呈难民逃集龟山及兵工厂被淹后情形文》，HSDDX，第 293—294 页。

[3] 谢茜茂：《一九三一年汉口大水记》，第 147 页。

[4] 苏世安：《公安局呈难民逃集龟山及兵工厂被淹后情形文》，第 293—294 页。

[5] 谢茜茂：《一九三一年汉口大水记》，第 78 页。

[6] 卢汉超：《叫街者：中国乞丐文化史》（ *Street Criers: A Cultural History of Chinese Beggars* ），第 18—19 页。这不应与"流动人口"一词混淆，"流动人口"在今天

用于描述居住在户口所在地之外的人口。

［7］卜凯：《中华民国廿年水灾区域之经济调查》，第 27 页。

［8］夏明方：《民国时期自然灾害与乡村社会》，第 389 页。

［9］卜凯：《中华民国廿年水灾区域之经济调查》，第 33 页。

［10］1931 年的洪水所造成的破坏，无法与规模更大、时间更长的抗日战争相比。战争难民总数为 9 544.875 3 万人，超过了 1931 年的 5 000 万—6 000 万人。参见麦金农《抗战初始的难民逃亡》（'Refugee Flight at the Outset of the Anti-Japanese War'）。

［11］关于所谓中国人安土重迁文化的研究，参见费孝通《乡土中国》。

［12］高鹏程（Thomas R. Gottschang）：《经济变革、灾害与移民：以东北历史为例》（'Economic Change, Disasters, and Migration: The Historical Case of Manchuria'）。

［13］罗威廉：《汉口：一个中国城市的商业与社会（1796—1889）》。

［14］卢汉超：《叫街者：中国乞丐文化史》，第 18—19 页。这个词大致相当于英语中的"流浪汉"一词。毛泽东在 20 世纪 20 年代的著作中，使用了"游民无产者"这个词，字面上的意思是流浪无产阶级（vagrant property-less class），相当于马克思主义术语流氓无产阶级（lumpen-proletariat）。参见陈怡君《贫穷有罪：中国都市贫民，1900—1953》。

（流氓无产阶级，来自马克思主义理论对无产阶级的划分，特指相对普通无产阶级或产业无产阶级的那些在合法的基础上没法找到工作的人（流氓）。如妓女、乞丐和流浪汉。马克思认为，流氓无产阶级的特性使之无法产生阶级意识，因此对无产阶级革命无法做出贡献，甚至阻碍了无阶级社会的创建。——译者注）

［15］魏丕信：《官僚制度与荒政》，第 49 页。

［16］万志英：《中华帝国的户籍、产权与徭役：原则与实践》（'Household Registration, Property Rights, and Social Obligationsin Imperial China: Principles and Practices'）。

［17］罗威廉：《汉口：一个中国城市的商业与社会（1796—1889）》，第 227 页。

［18］富勒：《饥荒重现华北》，第 22 页。

［19］李慈：《于国无用》，第 72—74 页。

［20］与洪水期间提供的所有统计数据一样，这些数字是提示性的，而不是完全精确的，不得不以常规的怀疑态度对待。数据来自《武汉市志：民政志》，第 145 页。最接近当时情况的数据来自《申报》。该报估计，在整个武汉市，洪水影响了 16.3 万户家庭或 78 万人，见《申报》1931 年 8 月 8 日。谢茜茂估计，武汉三个城区有 40 万无家可归者，其中汉口有 20 万人，武昌有 5 万人，汉阳有 3 万人住在有组织的难民收容所，其余人口分散在城市各处。见谢茜茂《一九三一年汉口大水记》，第 107 页。约翰·霍普·辛普森认为，仅汉口一地就有 30 万人无家可归。见《约翰·霍普·辛普森致鲍迪龙先生的信》，1932 年 2 月 23 日，JHS 6i。

［21］《北华捷报》，1931 年 8 月 25 日；F. G. 昂利：《书信节选》，SOAS Archives，10/7/15。

［22］《北华捷报》，1931 年 9 月 15 日；谢茜茂：《一九三一年汉口大水记》，第 19 页。

［23］《约翰·霍普·辛普森致鲍迪龙先生的信》节选，1932 年 1 月 16 日，SOAS Archives，10/7/15。

［24］曼素恩（SuSan Mann）：《地方商人与中国官僚，1750—1950》（*Local Merchants and the Chinese Bureaucracy, 1750-1950*）。

［25］富勒：《饥荒重现华北》。

［26］《教务杂志》，1932 年 11 月，第 667—680 页。

［27］《汉口先驱报》，1931 年 9 月 4 日。

［28］章博：《论政府在灾荒救济中的作用——以武汉 1931 年水灾为个案的考察》，《江汉论坛》2006 年 12 月，第 87—90 页；《汉口传教士笔下的长江洪水》（The Yangtze Valley Floods by a Hankow Missionary），SOAS Archives，10/7/15。

［29］《汉口先驱报》，1931 年 9 月 8 日。

［30］武昌的洪山塔是一个主要的难民收容所所在地。汉阳的归元寺为数千人提供了救济。汉口的古德寺在重建阶段提供了资金和物质援助。RNFRC，第 70 页。参见谢茜茂《一九三一年汉口大水记》，第 96 页；《武汉市志：民政志》，第 145 页；章博《论政府在灾荒救济中的作用》；《收容难民》，HSSDX，第 52—57 页。古德寺捐赠的详细信息详见古德寺外的功德碑。

［31］谢茜茂：《一九三一年汉口大水记》，第 62 页。

［32］《急赈会令》，HSSDX，第 167 页。

［33］梁如浩：《与饥荒之龙战斗》。

［34］阎云翔：《礼物的流动——一个中国村庄中的互惠原则与社会网络》（The Flow of Gifts: Reciprocity and Social Networks in a Chinese Village）。

［35］马洛里：《中国：饥荒国度》，第 24 页。

［36］斯科特：《农民的道义经济学》。

［37］伊迪丝·S. 威尔斯：《汉阳 1931》，SOAS Archives，10/7/15。

［38］卜凯：《中华民国廿年水灾区域之经济调查》，第 15 页。

［39］商若冰：《"丐帮"探秘》，肖志华、严昌洪编《武汉掌故》，1994 年。

［40］卢汉超：《叫街者：中国乞丐文化史》，第 17 页。

［41］商若冰：《"丐帮"探秘》。

［42］同上。

［43］卡尔·克劳（Carl Crow）：《四万万顾客》（Four Hundred Million Customers），第 258—263 页。

［44］《灾赈中之治安》，HSSDX，第 44 页。

［45］《北华捷报》，1931 年 8 月。

［46］《灾赈中之治安》，HSSDX，第 44 页。

［47］在 1927 年的最初几个月里，妇女团体对纪念贞洁寡妇的厅堂（即清节堂——译注）非常不满，称其为"牛圈"。参见罗威廉《红雨》，第 278 页。

［48］陈怡君：《贫穷有罪：中国都市贫民，1900—1953》。

［49］1910 年，武汉建立了第一个现代游民习所，雇用了 200 名囚犯。《武汉市志：民政志》，第 151—163 页。

［50］汪华贞：《汉口特别市妇孺救济院的过去现在和将来》，《新汉口》1929 年第 1 卷第 4 期；商若冰：《"丐帮"探秘》；《武汉市志：民政志》，第 151—163 页。1927

年，当左派的武汉政府短暂地管理这座城市时，工会似乎发挥了更大的作用，为在城市中生活在边缘的码头工人开设了一个特殊的救济机构（收容所）。《汉口民国日报》，1927 年 1 月 6 日。

[51] 这是洪水期间的常见策略。在 19 世纪，抵达汉口的难民舢板船主留下来并开始了商业渡轮服务。见罗威廉《汉口：一个中国城市的商业与社会（1796—1889）》，第 231 页。

[52]《华北捷报》，1931 年 8 月 4 日。在洪水初期，记者陈兵每天只需要 5 毛钱就能租到一艘舢板。后来有外国记者称，每天收取的费用高达 6 美元。陈兵：《市区陆地行舟浮桥连接》，第 142—145 页。

[53] 谢茜茂：《一九三一年汉口大水记》，第 149 页。

[54]《汉口先驱报》，1931 年 8 月 29 日。

[55]《汉口先驱报》，1931 年 8 月 18 日。

[56]《胡宇森书写摘录》，1931 年 8 月 28 日。SOAS Archives，2017 年 10 月 7 日。

[57] 谢茜茂：《一九三一年汉口大水记》，第 75—76 页；《汉口先驱报》，1931 年 9 月 2 日。

[58] 罗威廉：《汉口：一个中国城市的商业与社会（1796—1889）》，第 231—235、261—262 页。魏斐德（Frederic Wakeman）：《上海警察（1927—1937）》（ *Policing Shanghai, 1927-1937* ），第 25—27 页。

[59]《灾赈中之治安》，HSSDX，第 39 页。

[60] 同上。

[61] 同上，第 43—44 页。

[62]《汉口先驱报》，1931 年 9 月 4 日。

[63] 欧阳铁光：《灾荒与农民的生存危机》，《怀化学院学报》2006 年第 7 期。

[64]《北华捷报》，1931 年 8 月 25 日。

[65]《灾赈中之治安》，HSSDX，第 42 页。

[66] 谢茜茂：《一九三一年汉口大水记》，第 146 页。

[67] 柯乐博：《中国洪水》；《胡宇森书写摘录》，1931 年 8 月 28 日，SOAS Archives，10/7/15。

[68] 罗威廉：《汉口：一个中国城市的冲突与社区（1796—1895）》，第 220 页。

[69] 案例可见谢茜茂《一九三一年汉口大水记》，第 75 页；《武汉日报》，1932 年 1 月 1 日。

[70] 奥·格拉达：《饥荒》，第 53—56 页。

[71] 欧文·查普曼：《中国抗洪救灾》，SOAS Archives，10/7/15。

[72] 谢茜茂：《一九三一年汉口大水记》，第 16 页。

[73]《北华捷报》，1931 年 8 月 11 日；《汉口先驱报》，1931 年 9 月 10 日。

[74] 谢茜茂：《一九三一年汉口大水记》，第 16 页；没有按照正常价格出售的次等大米，参见 RNFRC，第 190 页。

[75]《北华捷报》，1931 年 8 月 25 日；《汉口先驱报》，1931 年 8 月 20 日。

[76] 谢茜茂：《一九三一年汉口大水记》，第 74 页；《北华捷报》，1931 年 8 月 11 日。

[77] 转引自皮明麻主编《武汉通史：民国卷》（上），第 213 页。

[78] 菲利斯·科泰（Phyllis Kotey）：《灾难下的审判：卡特里娜飓风对刑事司法系统的影响》（'Judging Under Disaster: The Effect of Hurricane Katrina on the Criminal Justice System'）。

[79] 罗威廉：《汉口：一个中国城市的冲突与社区（1796—1895）》，第 194—195 页；关于花船可参见叶调元《汉口竹枝词校注》，第 193 页。一些历史学家声称，法租界是一个主要的卖淫中心。见费成康《中国租界史》（上海社会科学院出版社，1992 年），第 290 页。大多数当代的描述似乎表明，妓院实际上存在于所有地区，包括中国城市。当然，在上海的外国租界有大量的妇女卖淫。魏斐德估计，在 1915 年，在公共租界每 16 名妇女中就有一个是妓女。见魏斐德《上海警察（1927—1937）》，第 12 页（译注：应该是第 7 页）。

[80] 罗汉：《民初汉口竹枝词》，第 24 页。

[81] 芰薰：《汉口人肉市场——沙家巷》，《光明》，1936 年。

[82] 郭镜蓉：《武汉灾后片片录》。

[83] 奥·格拉达：《饥荒》，第 106 页。

[84] 谢茜茂：《一九三一年汉口大水记》，第 158 页。

[85] 罗威廉：《汉口：一个中国城市的冲突与社区（1796—1895）》，第 195 页。

[86] 《北华捷报》，1931 年 8 月 11 日。

[87] 芰薰：《汉口人肉市场——沙家巷》。

[88] 班国瑞：《山火》，第 315 页。

[89] 贺萧（Gail Hershatter）：《现代化的性与性的现代化》（'Modernizing Sex, Sexing Modernity'），第 167 页。

[90] 马钊：《战时北京的逃妇、城市犯罪和生存策略 1937—1949》（*Runaway Wives, Urban Crimes, and Survival Tactics in Wartime Beijing, 1937-1949*）。

[91] 《武汉日报》，1932 年 1 月 1 日；李文海等：《中国近代十大灾荒》。

[92] 曾宪和：《难民苦》，《高农期刊》1931 年第 1 卷第 1 期。

[93] 杜赞奇：《真实性的机制》（'The Regime of Authenticity'）。

[94] 叶调元：《汉口竹枝词校注》，第 189 页。

[95] 凯莱赫（Margaret Kelleher）：《饥荒的女性化》（*The Feminization of Famine*）；艾志端：《铁泪图》。

[96] 埃纳森（Elaine Enarson）：《前言》（'Preface'），载埃纳森等编《妇女、性别与灾害：全球问题和倡议》（*Women, Gender and Disaster: Global Issues and Initiatives*）。

[97] 瓦尔德斯（Helena Molin Valdés）：《减少灾害风险的性别视角》（'A Gender Perspective on Disaster Risk Reduction'）。

[98] 卜凯：《中华民国廿年水灾区域之经济调查》，第 35 页。

[99] 坎贝尔：《1949 年前中国的公共卫生工作及其对死亡率的影响》，第 190 页。

[100] 李明珠：《中国饥荒中的生与死》。

[101] 麦金太尔（Kate Macintyre）：《饥荒与女性死亡率优势》（'Famine and the Female Mortality Advantage'）；奥·格拉达：《饥荒》，第 99—100 页；艾志端：《铁泪

图》，179 页。在 1984 年至 1985 年的苏丹，以妇女为主导的家庭没有以男性为主导的家庭贫穷，而且从长远来看也如此。德瓦尔：《致命的饥荒》，第 143 页。

[102] 戴森、奥·格拉达：《饥荒人口统计学》。

[103] 艾志端：《铁泪图》。

[104]《武汉日报》，1932 年 1 月 7 日。

[105]《布恩大院与洪灾救济》(The Boone Compound and Flood Relief)，1931 年 10 月 3 日，SOAS Archives，10/7/15。

[106] 芰薰：《汉口人肉市场——沙家巷》。

[107] JHS 10，第 165 页。

[108] 欧查德：《中国苦力》，第 577、583 页。

[109] 1880 年，一位名叫戴维斯 (J. A. Davis) 的传教士写了一部名为《中国女奴》的小说，讲述了一个因家乡人口过多而陷入贫困的家庭，被迫卖掉女儿，任其陷入劳苦、残酷和堕落的生活，成为一名仆人。见戴维斯《中国女奴》(The Chinese Slave Girl)。

[110] 雷切尔·莱奥 (Rachel Leow)：《你有非华裔妹仔吗？重新审视 1919—1939 年马来亚和香港的种族和女性仆人》('Do You Own Non-Chinese Mui Tsai? Re-examining Race and Female Servitude in Malaya and Hong Kong, 1919-1939')。

[111] 沈艾娣：《给中国小孩一便士》('A Penny for the Little Chinese')；富勒：《军阀时期中国的饥荒救济》，第 306 页。

[112] 雷切尔·莱奥：《你有非华裔妹仔吗？重新审视 1919—1939 年马来亚和香港的种族和女性仆人》。

[113] 雷切尔·莱奥：《你有非华裔妹仔吗？重新审视 1919—1939 年马来亚和香港的种族和女性仆人》，第 1743 页；贺萧：《现代化的性与性的现代化》。

[114] 赛珍珠：《原配夫人》。

[115] 如《武汉日报》，1932 年 1 月 8 日；李文海等：《中国近代十大灾荒》，第 213 页；基思·吉利森 (Keith Gillison)：《1931 年年度报告》，SOAS Archives，65/10。

[116] 欧文·查普曼：《中国抗洪救灾》，SOAS Archives，10/7/15。

[117]《教务杂志》，1932 年 3 月。

[118]《武汉日报》，1932 年 1 月 8 日。

[119] 伊迪丝·S. 威尔斯：《汉阳 1931》，SOAS Archives，10/7/15。

[120] 英文名为 Andrew V. Wu。曾任中国外资儿童福利协会秘书长。简介见《中国名人录》第 267 页。

[121]《教务杂志》，1932 年 3 月。

[122] 约翰·霍普·辛普森：《向国际联盟提交的报告》，1932 年 6 月 30 日，JHS6i。

[123] JHS 10，第 165 页。

[124] 谢茵茂：《一九三一年汉口大水记》，第 81 页。

[125] 同上，第 128 页。

[126] 方德万：《1925—1945 年中国的战争与民族主义》，第 94 页。

[127] 关于这一时期鄂北的暴力事件，见罗威廉《红雨》。正如罗威廉所指出的，这不

仅仅是一个国民党针对共产党的故事。还涉及贫农协会、红枪会、土匪和军阀之间的多层次冲突。

[128] 麦考德：《现代中国形成过程中的军事与精英力量》，第 120 页。麦考德在这里指的是何健，后者是军事抗洪救灾中的关键人物。见艾黎《抗洪英雄》，第 12 页。

[129] 帕特里克·莱斯特特：《李立三轶事》。

[130] 根据艾黎的说法，军方最关注的是贺龙。艾黎：《抗洪英雄》，第 12 页。

[131] 同上。

[132] 谢茜茂：《一九三一年汉口大水记》，第 75 页。

[133]《汉口先驱报》，1931 年 9 月 3 日。

[134]《汉口先驱报》，1931 年 9 月 8 日。

[135]《约翰·霍普·辛普森爵士致鲍迪龙先生的信》节选，1932 年 2 月 23 日，JHS 6i，10/7/15。

[136]《汉口先驱报》，1931 年 8 月 26 日。

[137] 参见 1932 年 1 月 8 日的《武汉日报》和 1932 年 1 月 17 日的《武汉日报》。

[138]《北华捷报》，1931 年 8 月 11 日；《北华捷报》，1931 年 9 月 15 日；《北华捷报》，1931 年 8 月 25 日。

[139] 在这个时期，共产党人总是被称为"匪"。1931 年初，蒋介石发布公告，下令将他的敌人称为"赤匪"。参见柯乐博《共产主义在中国》，第 27 页。

[140] 张家炎：《清至民国江汉平原的水灾与堤防管理》；罗威廉：《治水与清政府决策程序：樊口大坝之争》。

[141] 谢茜茂：《一九三一年汉口大水记》，第 82 页；《北华捷报》1931 年 7 月 28 日也报道了类似的事件，可能是同一事件。

[142]《北华捷报》，1931 年 9 月 1 日；谢楚珩：《汉口水灾实地视察记》。

[143] 欧文·查普曼：《中国抗洪救灾》，SOAS Archives，10/7/15。

[144] 萨皮奥（Flora Sapio）：《中国主权与法律》（Sovereign Power and the Law in China），第 42—43 页；魏斐德：《上海警察》，第 10、24 页。

[145] 参见韦慕庭在《剑桥中华民国史》所撰章节，第 671 页。

[146] 中华民国政府：《危害民国紧急治罪法》。

[147] 柯乐博：《共产主义在中国》，第 105 页。

[148] 方德万：《1925—1945 年中国的战争与民族主义》，第 116 页。

[149] 艾黎：《抗洪英雄》，第 12—13 页。艾黎对洪水的描述可能很难做到客观，但他对当时国民党士兵虐待舢板船主的描述得到了下文引用的几位当代证人的证实。有关艾黎的政治倾向，参见布雷迪（Anne-Marie Brady）《中国之友》（Friend of China）。

[150] 谢茜茂：《一九三一年汉口大水记》，第 139 页。

[151]《北华捷报》，1931 年 8 月 25 日。

[152] 约克：《中国变化》，第 72 页。

[153]《F. G. 昂利牧师工作报告》，1931 年，SOAS Archives，65/10。

[154]《灾赈中之治安》，HSSDX，第 37 页；《北华捷报》，1931 年 8 月 11 日；谢茜茂：

《一九三一年汉口大水记》，第 82 页。

[155]《北华捷报》，1931 年 9 月 1 日。外国记者并不反对这些活动。

[156]《北华捷报》，1931 年 9 月 15 日。

[157]《北华捷报》，1931 年 12 月 8 日。

[158] 艾黎：《抗洪英雄》，第 14 页；威利斯·艾黎：《一个在中国学习的人：路易·艾黎》，第 100 页。

[159]《F. G. 昂利牧师工作报告》，1931 年，SOAS Archives，65/10。

[160] 威利斯·艾黎：《一个在中国学习的人：路易·艾黎》，第 100 页。

[161] 李文海和他的同事们引用了一份同时代的报告，称有数百名难民被以政治犯罪名杀害。见李文海等《中国近代十大灾荒》，第 211 页。

[162] 艾黎将这一行动归咎于叶蓬。事实上，由于艾黎的视角，加上后来叶蓬投靠日本加入通敌卖国的政权（伪政府），也可能影响了艾黎对这些事件的回忆。艾黎：《抗洪英雄》，第 14 页。

[163] 谢茜茂：《一九三一年汉口大水记》，第 67 页。

[164] 同上。

[165]《汉口传教士笔下的长江洪水》（The Yangtze Valley Floods by a Hankow Missionary），SOAS Archives，10/7/15；《汉口先驱报》，1931 年 8 月 19 日。

[166] 谢茜茂：《一九三一年汉口大水记》，第 67 页。

[167]《北华捷报》，1931 年 8 月 25 日。

[168] 阿栋：《汉口水灾真相》；《北华捷报》，1931 年 9 月 1 日；柯乐博：《中国洪水》，第 205 页。

[169] 克拉布特里：《噩梦的深层根源》。

[170] 班考夫：《灾难文化》，第 168 页。

[171] 哈特曼（Chester Hartman）、斯奎尔（Gregory D. Squires）：《卡特里娜飓风前后》（'Pre-Katrina, Post-Katrina'）。

[172] 谢茜茂：《一九三一年汉口大水记》，第 149 页。

[173] 德瓦尔：《致命的饥荒》。

[174]《约翰·霍普·辛普森致鲍迪龙先生的信》，1932 年 2 月 23 日，JHS 6i。一名记者报道称，军方"强行驱逐了数千名难民"。见《北华捷报》，1931 年 8 月 25 日。

[175]《F. G. 昂利牧师工作报告》，1931 年，SOAS Archives，65/10。

[176]《约翰·霍普·辛普森致鲍迪龙先生的信》，1932 年 2 月 23 日，JHS 6i。

[177]《汉口先驱报》，1931 年 8 月 23 日。

[178] 显然，这些温和的声音也并非完全被忽视，卫生专员说服了军队，反对将难民分散到距武汉 30 英里的难民收容所的战略。由于没有为如此庞大的人口提供食物或住房的安排，约翰·霍普·辛普森估计如果那样做了（将大规模难民遣送收容所），将导致数万人死亡。引自威利斯·艾黎《一个在中国学习的人：路易·艾黎》，第 102 页。

[179]《一位不知名人士以日记形式手写的与汉口洪水有关的笔记》，SOAS Archives，5/1201。

[180]《汉口先驱报》，1931 年 8 月 11 日。

[181]《中国红十字会汉口分会呈掩埋工作文》，第 167 页。

[182]《一位不知名人士以日记形式手写的与汉口洪水有关的笔记》，SOAS Archives，5/1201。

[183] 同上。

[184] RNFRC，第 69—70 页。M. 帕特里克（M. Patrick）修女描述了其中一个典型难民小屋，见巴雷特《红漆门》，第 275 页。

[185] RNFRC，第 147—148、159—164 页。欧文·查普曼：《中国抗洪救灾》，SOAS Archives，10/7/15。

[186] 穆尔哈恩（Klaus Mühlhahn）：《全球历史视角中的集中营》（'The Concentration Camp in Global Historical Perspective'）。

[187] 霍尔-马修斯：《印度西部殖民地的农民、饥荒和国家》，第 182 页。

[188] 阿甘本：《无尽之意》（*Means without Ends*）；埃德金斯：《创伤和政治记忆》（*Trauma and the Memory of Politics*）；福柯：《性史》（*History of Sexuality*）。

[189] 怀特：《一个叫怀特的人：沃尔特·怀特自传》（*A Man Called White*），第 80—81 页；也可参见帕特里克·奥丹尼尔（Patrick O'Daniel）《当堤坝决堤时》（*When the Levee Breaks*）。

[190] 穆克吉：《饥饿的孟加拉》。

[191] 穆尔哈恩：《集中营》，第 544 页。

[192] 参见《教务杂志》，1931 年 11 月，《教务杂志》，1931 年 12 月。另参见梅乐和《中国近代海关历史文件汇编》，第 552、557 页。

[193] 陈怡君：《贫穷有罪：中国都市贫民，1900—1953》。

[194] 有一次，一名医生被一名路过的士兵的手电筒弄瞎了眼睛，导致他掉进开挖的河道里而受伤。参见《一位不知名人士以日记形式手写的与汉口洪水有关的笔记》，SOAS Archives，5/1201。

[195] 蒋中正：《告水灾被难同胞书》，编入谢茜茂《一九三一年汉口大水记·序》。

[196] 1931 年 8 月 25 日和 1931 年 9 月 1 日的《北华捷报》。

[197] 穆尔哈恩：《集中营》，第 550 页。

[198] 魏斐德：《间谍王：戴笠与中国特工》（*Spymaster: Dai Li and the Chinese Secret Service*），第 217—220、457（451）、473（469）页。穆尔哈恩：《集中营》，第 553 页。

[199]《教务杂志》，1932 年 11 月。

[200]《武汉日报》，1932 年 1 月 12 日。

[201]《武汉日报》，1932 年 1 月 13 日。

[202]《武汉日报》，1932 年 1 月 15 日。

[203]《武汉日报》，1932 年 1 月 17 日。

[204] 伊迪丝·S. 威尔斯：《汉阳 1931》，SOAS Archives，10/7/15。

结 语

只有当人民群众做了社会的主人，在新的历史时期中，救荒史才能打开新的一页。

邓拓[1]

到1931年深秋，世界上大多数人已经忘记了这场洪水。几个月以来一直被洪水淹没的中国景象所吸引的全球媒体，现在将焦点转向了中国北方，目视着日本一步步吞并中国东北。正是因为这一侵略行为，1931年成为中国历史记忆中不光彩的一年。即便人们还记得那场具有更大人道主义影响的洪水，也仅仅视之为此次入侵的背景。而对于那些生活在灾区的人来说，他们的家园被洪水淹没的情景是更难以忘记的。

当洪水退去，街道上的积水被排干，洪水留下的恶臭，以及厚厚的淤泥覆盖的地表景观，还提醒着这场洪水曾经发生过。[2]由于不能再用舢板穿越武汉的街道，行人不得不在泥泞中行走。人行道很快变得湿滑，人们被迫把草鞋绑在靴底。[3]20世纪初，在中国生活的观察家经常评论：老百姓与泥土关系密切。[4]人们住在夯实的泥土房子里，吃着用粪便施肥的泥土产出的粮食——

他们的田地和肠道被限定在一个联系紧密的营养循环中。当人们死后，他们的身体又加入这个循环，被埋葬在家乡的土地上，坟墓由当地的土地神守卫。在极端情况下，人们会食用某些类型的土壤来抵御饥饿和缓解疾病症状。对于人类学家费孝通来说，这种人与土地的亲密关系虽然构成了中国人"光辉历史"的基石，但也存在很大问题。中国人生活中的"乡土"属性造就了其安土重迁的乡土社会，这阻碍了"国家向现代世界迈进"。[5]然而，洪水揭示了土壤——静止的隐喻——并不像人们想象的那样静止不动。在人类看来固定不变的东西，实际上总是在移动，它以一种难以察觉的方式穿越土壤圈。这场洪水还表明，大多数中国人居住的泥土建筑仍然处于令人苦恼的可溶状态。现在行人跋涉踏过的厚厚泥泞曾经是公共建筑的物质基础，人们从坚固的建筑物上冲走沉积物，这些沉积物中混杂了脆弱的邻近房屋的残留，甚至是尸体。

相比而言，洪水的另一些"残留物"不太明显。对于那些失去土地、动物和家园的人来说，洪水以债务的形式继续存在。与贫困永无尽头而又徒劳无功的抗争，消耗了恢复社区的能量，大萧条使这场斗争变得更加困难。大萧条既导致了农产品价值的急剧下降，也导致了长期的资金短缺。[6]渐渐地，洪水造成的贫困流行被纳入了一个更广泛的地方性贫困结构中，这本身就是一场慢性的灾难。更糟糕的是，许多水灾受害者的体内仍然残留着致病性物质。疟疾疟原虫和血吸虫尾蚴在洪水冲击期间都很猖獗，之后在重建者的肠道和肝脏中又找到了适宜的栖息地。洪水损害个人和集体的免疫系统，留下了疾病后遗症。1932年的霍乱暴发可能就是最明显的后果。不过，洪水过后，许多之前已缓解了的疾病又重新抬头。在武汉，天花、破伤风、白喉和脑膜炎的感染率在 20 世纪 20 年代末有所下降。但在 20 世纪 30 年代初再次上升。[7] 这种疾病流行趋势不是由任何单一因素造成的，但洪水肯定有助于创造对疾病有利的社会和生态条件。

233　　洪水也给当地留下了政治残余。在救援工作中建立的国际关系网络以全国经济委员会的形式得到巩固，该委员会旨在促进更广泛的经济重建计划。[8] 为了不受国民党政权军事势力的干涉，委员会需要有自己的收入来源。宋子文再次与国际联盟的路德维克·拉西曼密切合作，通过从美国获得一系列棉花和小麦贷款，以保障这种收入来源。[9] 美国在洪水期间首创推行的农业剩余产品倾销政策，如今在固定的双边合作关系中被奉为圭臬。在全面抗日战争期间（1937—1945 年），国民政府严重依赖美国的贷款，以至于那些讨好华盛顿的人给了蒋介石一个羞辱性的绰号"现金支票"（Cash My Check）。[10] 很少有人去反思这个活期账户最初是如何开立的，这反映了前一代美国政客与中国建立的一种不对称的债务关系，目的是改善他们自己陷入困境的农村经济。

　　然而，即使是美国的财政援助也无法拯救国民党。在 1931 年，很少有人会预料到，当时被饿死在山上，并在街头被枪杀的共产党人会最终获胜。随着激烈的国内冲突在整个 20 世纪 30 年代继续席卷中国，人们对洪灾的记忆变得高度政治化。冲突双方都看到了电影《狂流》*为自己行为的辩护，该电影使用汉口洪水期间拍摄的真实新闻片来描绘一对恋人因灾害和父母的期望而

---

* 电影《狂流》由夏衍编剧，1933 年由程步高导演，胡蝶、龚稼农等当红演员主演，影片讲述在长江大水灾中，一位小学教师与当地地主阶级抗争、带领乡民抢险的故事。

分离的故事。电影中的主要反派是本地士绅，他们带着原本打算用于堤坝重建的赈灾款潜逃。[11]对于共产党人来说，这是一场如黄雪蕾所说的"无产阶级的剧情片"，在水灾背景下揭示了阶级斗争。然而，由于电影把声讨的主体对象定位为士绅而不是政府官员，因此也吸引了国民党的关注，国民党特别称赞该电影，声称其展示了电影的教化力量。[12]

左翼作家丁玲的中篇小说《水》的倾向就十分明确了。[13] 在走访了受洪水影响的社区后，丁玲对灾区民众的经历进行了实验性的文学处理。在小说的前几段，读者会密集地读到杂乱无章的句子。渐渐地，很明显，这些都是女性村民的声音，当她们的男人努力在挽救村庄的堤坝时，她们正在胆战心惊地守夜。[14] 匡庐的另一篇小说《水灾》，虽然在今天远没有那么出名，但也探讨了非常相似的主题。该小说也展现了一个被阶级分化撕裂的农村社会的形象。[15]这场洪水被用来强化那些决心改革农村生活的人的政治抱负。丁玲和匡庐都用宗教迷信来表达洪水中老一辈人的无助，描述他们向佛祖祈祷，并绝望地向龙王求情的情景。相比之下，乡村青年拒绝承认神灵存在，而去拥抱一个觉醒的阶级意识世界。

尽管在风格上要更加平实，但对洪水的学术探讨也同样带有政治色彩。洪水可以成为任何意识形态的容器——提供证据来强化各种业已存在的政治观点和政策主张。在吴锐锋看来，这场灾害凸显了农村教育的迫切性。农民需要把精力从茶馆里的赌博和闲聊转移到建设性的水利工程上。[16]对社英而言，洪水揭示了女性应该在政治生活中发挥更积极的作用，因为这场灾害中最可

234

悲的特征之一就是女性未能带头组织救援工作。[17] 对于激进的经济学家钱俊瑞来说，洪水只是席卷全球的更广泛的"资本主义危机"的一个面相。正如灾害有助于巩固1848年欧洲和1918年印度的革命运动一样，钱俊瑞认为1931年的洪水将激励农村群众推翻旧的社会秩序。[18]

235　　　历史学家邓拓对这场洪灾进行过非常有意思的分析，收入他研究中国灾害史的开创性著作《中国救荒史》中。[19] 这部专著可以看作是对沃尔特·马洛里和约翰·厄尔·贝克的新马尔萨斯主义阐释的回应，该书利用了大量历史文献来论证，尽管环境和人口结构很重要，但这些从来不是饥荒的唯一原因。经过史料分析，邓拓展示了政治、救济和文化所发挥的关键作用。尽管他后来继续认同新中国的理念，但他在这个阶段的成果与1949年之后的截然有别。[20] 这部书提供了展示一位受过传统训练的历史学家如何过渡成为深思熟虑的马克思主义学者的迷人视角。

　　洪水串联起自然科学和社会科学的研究，这样的研究刺激了年轻一代学者学习水文学和水利工程学。包括黄万里，* 他后来成为新中国进取的水利工程的主要反对者。[21] 包括年轻的气象学家涂长望，他受到激发去探寻1931年降雨量过大的原因。他指出，该年水灾并非孤立事件，那一年世界上其他几个区域也经历了暴雨。[22] 他驳斥了用太阳黑子来解释这种同步气象活动的流行理论。相反，他认为存在一个由太平洋不断变化的海洋气流

---

* 黄万里（1911—2001），中国著名水利工程学专家、清华大学教授。早年毕业于唐山交通大学（现西南交通大学），后获得美国伊利诺伊大学厄巴纳—香槟分校工程博士学位。曾因反对黄河三门峡水利工程而被错划为右派。

压力驱动的"世界天气系统"。虽然他还没有描述出这种气象系统的全面动态图景,但他已指出被后来发现所证实的厄尔尼诺南方涛动现象。然而,后世的气象学家会发现,仅仅确定极端天气的原因并不能减轻其灾难性的结果。防止气象灾害演变为人道主义灾难需要协调一致的政治和经济行动。不幸的是,中国人直到几十年后才能实施这样的综合举措。

"战胜了洪水"

在 20 世纪 30 年代,关于洪水的痛苦记忆已然开始消退。但与所有的创伤一样,洪水永远不会被完全忘记。它不仅活在人们的记忆中,还被特意提起,洪水记忆的幽灵在接下来的几十年里萦绕在各个群体周边。今天,1931 年的洪水甚至不再被认为是那个时代最声名狼藉的洪水。这一"荣誉"被 1938 年的黄河大洪水接手了。尽管这场后来的灾难造成的死亡人数相对较少,影响范围也小得多,但这场后来的灾难却臭名昭著,很大程度上是因为它完全是人类行为造成的。[23] 河南花园口决堤是想减缓日军前进的速度。蒋介石在目睹了 1931 年的灾难场面后,他痛苦地表示自己的德行和能力不足,导致未能防患于未然。[24] 然而不到十年后,当他深思熟虑后下令掘开黄河河堤时,他一定是压制了或忘记了这种羞耻感。

事实上,蒋介石甚至不用追溯到 1931 年就能回忆起洪水的恐怖。就在救济水灾委员会修复完成备受赞誉的水利系统三年

236

后，长江中游的堤坝再次坍塌。1935 年的洪水规模可能不像 1931 年那次那么大，但它痛苦地提醒着中国在解决洪水问题上还有很长的路要走。1935 年，当记者陈赓雅在武汉附近与难民交谈时，他（她）困惑地发现，难民们认为命运是决定一个人在洪水中是否会经历"祸福"的唯一因素。[25]地方官无法保护难民免受洪水侵袭，即使官方能召集最聪明的人和百万劳工，因此这些难民的看法似乎也是有道理的。

在整个 20 世纪 30 年代末和 40 年代，中国首先遭遇了国际战争（日本侵略），然后是内战。这些战争冲突不仅造成了严重的破坏，而且导致行政上缺乏连续性。这两个因素导致水利系统的任何重大变革都是不可能的。1948 年，湖北下了一场大雨，43 个县再次被洪水淹没。[26]由于战事紧迫，省府和当地社区都无法妥善修复堤坝。因此，当人民解放军在第二年夏天穿越湖北时，士兵们都在涉水而行。1949 年长江中游的洪水是自 1935 年以来最严重的一次。[27]这次洪水的严峻考验，适当地提醒着共产党建立的新中国承担了水利治理的艰巨任务。在接下来的十年里，驯服河流将成为最重要的任务。在湖北，这一进程始于 1951 年荆江分洪区的建设。[28]如果长江的流量达到危险水位，官员可以通过大型水闸将长江引到以前的洪泛平原。这被誉为现代工程的伟大胜利，实际上不过是一个相当古老的解决方案。一千年前，宋代的水工们在首次加固长江的河堤系统时，就小心翼翼地将这种泄水水闸也设计在内了。[29]

政府没等多久就有机会测试新的洪水分流措施的效果。1954 年春天开始的降雨，58 天没有停。长江水位很快超过了 1931 年的水平，最终达到 19 世纪末有记录以来的最高点。[30]洪水从山区的支流汇聚于平原，到了夏天，湖北已有 1 000 万人受洪水影响。然而，已是国有工业重要中心的武汉并没有被淹没。[31]总工程师陶述曾向水宣战，声称必须要不惜一切代价保护武汉。[32]洪水被推到了夏竹丽所说的"与自然的战争"的前线，这是当时中国盛行的一种与自然"斗争"的环境管理方法。[33]1954 年 7 月中旬，湖北省政府在这场与洪水的战斗中动用了最后的武器，开启新的泄洪道。[34]与此同时，在武汉，数以万计的工人和士兵被部署去加固城市堤防。这支防洪大军不再以慈善形式向无助的难民提供工赈，防洪人员冒着生命危险与洪水作斗争，有时甚至用自己的身体堵住决口的堤坝。[35]

238

出版物一方面赞扬英勇工人的功绩，另一方面也在提醒人们 1931 年的防洪情况是多么糟糕。由此洪水的记忆被唤醒，1931 年被淹街道的照片与 1954 年干净街道的照片被放在一起。[36]1931 年洪灾发生时尚有多国记者向全世界的读者传达灾害信息，而 1954 年，中国以外的人只能依靠少量信息来了解灾害情况。在接下来的几年里，几乎唯一可用的外部资料是路易·艾黎写的一本标题为《抗洪英雄》的书。1931 年艾黎在武汉为国民政府救济水灾委员会工作，又在 1954 年洪水水位最高时访问了这座城市，因此他非常适合对两次洪水进行比较。他对 1954 年洪水的研究既基于目击者的证词，也很大程度上直接引用了官方资料的总结报告。

1954 年洪水的现实情况其实并非"战胜"字面上看起来那么乐观。武汉成功保卫住了，但这座城市的大片区域也被淹没了。

当环绕汉阳的堤坝倒塌时，大约有 26 300 名难民被迫逃往山上，就像 1931 年一样。[37] 值得庆幸的是，难民居住的营地条件要比 1931 年好得多。事实上，许多住在汉阳山上的人都记得，那场洪水是共产党执政者真诚勤勉的典型例子。[38] 值得称赞的是，政府对城市的难民危机做出了迅速有效的反应，提供了充足的食物并阻止了流行病的传播。而农村的情况有所不同。与官方统计数据不同，洪水发生后不久编写的一份政府内部报告显示，真实的遇难人数可能高得多。[39]

这场与自然的英勇作战付出了极大代价，这次洪水是 20 世纪下半叶大自然袭击中国——或许是世界——最致命的一次。生活在分洪区的人受灾最严重，当地遇难人数占总遇难人数的 70%。在进行适当安排之前，工程师已经打开了闸门。由于 1931 年洪水的痛苦回忆仍在，许多村民拒绝离开。也有部分原因是，他们担心自己的土地会因洪水威胁而被集体化。当他们最终被说服撤离时，他们发现自己已生活在非常不卫生的条件下。痢疾和麻疹直接导致许多灾民遇难，许多幸存者感染了血吸虫病。[40]

1931 年和 1954 年的洪灾有明显的不同，尤其是在最重要的城市层面。然而，它们也有显著的相似之处。最明显的是，致灾机制中的流行病因素尚未得到充分解决，这意味着可预防疾病在两次洪水期间都很猖獗。在两个案例中，对救灾政策的不信任都阻碍了官方管理流离失所人员的努力——前一种情况是由战争背景造成的，后一种情况则是革命正处于过渡阶段的体现。1954 年的洪水并没有体现出新社会与旧社会的显著区别，而显示出虽然政治体制已经改变，但致灾机制的许多方面还没有改变。

有观点认为洪水揭示了两种治理体系间的关键差异，即国民党贪污腐败，而共产党廉洁高效。这一观点——只是含蓄地——接受了邓拓等上一代学者已开创的分析灾害因果关系的社会经济模型，但是将这种分析模型简化为简略的讽刺理念。即决定灾害后果的主要变量不是灾害的环境状况，而是灾害发生时的政治和经济制度。这种立场的逻辑推论是，只要制度正确，任何灾难都可以避免。

240

到20世纪50年代末，关于这个问题的说法发生了突然的转变。中国陷入困难时期，矛头又指向了环境。今天有学者认为其实政治因素在饥荒中起到了很大作用。[41] 诚然，邓拓是少数几个当时敢于指出饥荒具有明确政治因素的学者之一。他也为此付出沉重的代价。在"文革"期间，他遭到了一段时间的批斗。随着压力加大，他选择结束了自己的生命。[42]

致灾机制的转变

如果邓拓多在世几年，他就会看到中国开始翻开了历史的新篇章，就像他在20世纪30年代梦想的那样。20世纪后半叶，致灾机制发生了深刻的变革。社区仍然容易受到洪水、地震和干旱等灾害的影响，但其成员面对灾害的最初和次级影响时的脆弱性大大降低。中国并不是唯一一个经历这种转变的国家。一些历史学家将20世纪末描述为大加速的时期。尽管几千年来人类一直在改变环境，而且至少从工业革命开始以来，人类对地球的生命

系统产生了日益显著的影响，但直到 20 世纪后期，人类才一头
钻进了一些大气科学家所描述的"人类世"——一个独特的地质
时代，在这个时代，人类成为塑造地球系统的主导力量。[43]这
种转变无可估量地改变了人类的生活，也因此彻底改变了致灾
机制。

最明显的是，中国人已经改变了他们与水的关系——这可
能是人类历史上关于水圈最重大的改变。历史学家倾向于关注促
进这一过程的大规模水利干预，但一些小规模的干预也发挥了关
键作用。随着泥土建筑被替换成砖和混凝土建筑，堤坝变得更
坚固、更高，芦苇小屋和土坯房从景观中消失。当然，如果你想
看，仍然可以找到。[44]随着电动水泵等节省劳力的设备取代了
人或牛驱动的踏板水车，农民能够更有效地排水，减轻低水平的
内涝问题，并以更快的速度开垦湿地。[45]政治也至关重要。更
严格的政府管理意味着水利系统受到监管和标准化。[46]令人庆
幸的是，水利设施故障现在比 1931 年洪水时少得多。虽然这些
措施提高了水利安全，但经济增长的必要性也导致了水资源管理
中的一些失误。增加农业生产的愿望——初期的计划经济推动和
后来的市场经济推动——鼓励湖北人民以前所未有的规模开垦
湖泊和沼泽。[47]几千年来，对湿地的逐渐破坏呈现指数级升级。
随着自然因经济发展而更受影响，扬子鳄和江豚等物种被推到濒
临灭绝的边缘。环境的消耗也减少了湿地文化的多样性。但在湖
北人的餐桌上，仍然可以找到灭绝了的水生动植物的踪影。当地
人喜欢吃清蒸鲷鱼、莲藕汤和麻辣鸭脖等美食，尽管现在的食物
更多来源于养殖和种植而不是捕猎和采集。然而，如果没有大

米，一顿饭就不完整——这种半水生植物征服了全世界的湿地，在长江中游，所有其他菜肴都要给它让位。

湿地的消失使河流失去了天然水库，这意味着土地不再能够吸收大的洪峰。官方对此的应对是投资兴建更加宏伟的水利设施。20 世纪 90 年代，三峡大坝终于在湖北西部开始建设。这个宏伟的计划常常被西方国家视为共产主义国家傲慢的表现，但自从孙中山在 20 世纪 10 年代首次提出以来，它得到了中国每一届政府的支持，也得到了许多西方工程师的支持。[48]正如生态学家帕特里克·麦卡利所观察到的，"水坝不仅仅是发电和蓄水的机器。它们还是技术时代主流意识形态以混凝土、岩石和泥土为形式的表达"。[49]这一观点反映了中国的情况，中国目前拥有世界上一半的大型水坝。[50]三峡大坝是所有大坝中最大的。

到了 20 世纪末，三峡大坝的环境影响开始在环保主义游说团体中引起争议。[51]于是洪水的记忆被唤起。1931 年的水灾再次被提起，而 1954 年的洪水不再被视为一场胜利，而是一场即使是专心奉献的共产主义国家也无法完全避免的悲惨灾难。[52]钢筋混凝土墙有助于防止此类灾难。争议者又指出，大坝溃坝可能导致洪水，其物理破坏性比该地区以前所见的任何事件都更具破坏性，和堤坝一样，大坝也容易受到环境危害和人为疏忽的影响，当它们失败时，释放出的破坏波远比自然界中任何能量都危险。[53]这些争议意味着，三峡大坝作为一项艰巨的管理任务被留给了子孙后代，这将需要持续的经济资源投资，无论回报是否随时间而减少。无论如何，政治和经济在致灾机制中占据了更重要的地位。

243

上述争议反映了存在一种认为洪泛区的洪水在某种程度上并无必要的观点。这种观点忽视了过度的人为干预在产生洪水风险方面所起的作用。在20世纪下半叶，三个主要的洪水产生过程——河流的渠道化、山坡的森林砍伐和湿地的开垦——都在加速推进。[54]三峡大坝免不了会扰乱洪水脉冲。由于它在21世纪10年代末才全面投入使用，其生态影响还有待进一步观察。有人担心，这会增加水的脱氧和污染，因为水流减慢，有毒重金属从河床沉积物中向上流动，导致许多稀有的特有物种永久消失，包括中华鲟和白鳍豚。[55]还有人担心，大坝还会使动植物栖息地变得碎片化，改变动植物的分布。大坝水库中的一些新岛屿承载着大量的地面啮齿动物，这威胁到了其他小型哺乳动物的生存。[56]湿地开垦和大坝建设从根本上扰乱了洪水脉冲。这重新调整了致灾机制，同时消除了洪水脉冲的有益和有害影响——包括灾害风险和生态禀赋。如果湖北今天发生像1931年那样的洪水，当地居民不太可能靠日渐减少的野生鱼、野生水禽和野生植物来长期生存。

幸运的是，中国人必须以野生农产品填饱肚子才能度过一段匮乏期的时代似乎已经过去了。20世纪最后几十年发生的营养革命，是这个时期地球上的生命所经历的最深刻的变化之一。没有什么比成功消除饥荒这样的事实更引人注目了，即使18世纪官员中的名臣也无法企及。这种成绩是通过经济、政治和技术的协同配合来实现的。李明珠描述了中国政府是如何调节粮食供应体系、保持大量储备和控制进出口市场的。[57]与此同时，随着高产作物和氮基化肥的引入，农业生产力也实现了巨大增长。[58]

244

绿色革命的中国篇章于 20 世纪 70 年代正式开始，普遍的饥饿感在改革开放以后进一步开始消退。[59] 毫无疑问，历史学家将继续争论，这到底是恰好赶上邓小平理论政策的制定，还是集体经济约束的解除刺激了农业生产。显而易见的是，尽管粮食安全可能仍是决策者面临的一个紧迫问题，但中国人民现在比以往任何时候都吃得好。[60] 所幸，饥荒的威胁在很大程度上已经从致灾机制中消除了。

　　与营养革命同样深刻的是 20 世纪下半叶的流行病学的转变。这比任何其他因素都更能减少灾难造成的死亡人数。虽然国民政府救济水灾委员的实际人道主义者不太可能在政治上认同新中国，但他们肯定会佩服新中国初期公共卫生运动中的大规模群众动员。一些历史学家甚至认为，著名的赤脚医生运动的内核——在这些运动中，受过最低限度训练的医疗工作者被安排在农村地区工作——可以追溯到约翰·格兰特这样的公共卫生工作先驱，他曾梦想在洪水发生前后推出类似的政策。[61] 在过去的七十年里，预防和急诊医学极大地改善了人们的健康，医学和化学干预措施限制或根除了天花、霍乱和疟疾等疾病的流行。[62] 最著名的成就之一是消灭血吸虫病，数百万农民被动员起来用最基本的技术灭杀钉螺。不过正如高敏所观察到的那样，通常是医疗技术而不是大规模动员使血吸虫病防治出现转机。[63] 事实的真相并不妨碍一个好的故事结果。无论何种因素在发生作用，从灾区清除血吸虫尾蚴对中国人民来说都是可喜的解脱。这不仅降低了洪水的危险性，还减轻了湿地社区的贫困。然而，感染血吸虫病的人显然已经在三峡大坝上方的水库边定居，这意味着中国可能不会像

245

许多人希望的那样，彻底根除可怕的大肚子病。[64]

到了 20 世纪末，湖北的居民已经不那么害怕洪水了，但不是因为他们用工程技术驯服了河流，而是因为他们消除了致灾机制中许多最致命的因素。这一点在 1998 年得到了生动的证明，当年长江爆发了 40 年来最严重的洪水。流经山谷的水量轻易超过了 1931 年，造成了重大的经济损失，并摧毁了近 50 万间房屋。尽管洪灾很严重，但仅造成 1 320 人死亡。[65]灾害中任何生命的丧失对灾民来说都是悲惨的。然而，放眼整个 20 世纪，洪水致死人数已从数百万下降到数千。幸运的是，洪水造成的许多最严重的社会影响也没有出现。农民大规模贩卖孩子和农具的历史一去不复返了，虽然食物短缺在 20 世纪 60 年代还有发生，但现在已完全不可想象了。

社会科学和自然科学学者经常声称，环境灾害的发生频率和强度正在增加。一定程度上确实如此。随着灾害多发地区人口密度的上升，暴露在灾害中的人数急剧增加。[66]但是我们在讨论长期趋势时经常忽视的一个因素是灾害强度的明显下降。湖北人的经历就是一个例子。在水文方面，20 世纪灾害增加，流域人口也急剧增加，我们可以笃定地说，该省受洪水威胁的人比以往任何时候都多。不过这只是人口扩张的问题。自 20 世纪 50 年代以来，无论是土地被淹的范围，还是洪水对经济的影响都有扩大。然而，由于洪水而死亡或生病的人数比以前少得多。[67]这是从根本上重新配置了致灾机制的结果。1998 年的洪水对湖北的经济造成了毁灭性的打击，但当地社区却没有历史上那么脆弱。主要的区别并不是水利工程师们成功地驯服了河流，而是生活和保健系统对灾害冲击不再那么敏感。事实上，直到现在，洪水仍在湖

246

北间断发生，比如 2016 年夏天，武汉的街道被洪水漫过。但这些洪水已经变得不那么危险了，很大程度上是因为当地社区不再极度贫困。

中国从未远离过灾害。2008 年四川发生地震，造成至少 80 000 人遇难，*这一点得到了淋漓尽致的体现。媒体报道就像 1954 年一样，描绘了英勇的军人将市民从废墟中拉出来，将灾民从可怕的地震敌人手中救出。然而，当数以千计的儿童因简陋的学校倒塌而丧生的消息传出时，还是很快引起了公众的强烈愤慨。[68] 贫穷和管理失职似乎仍然会使社区变得脆弱。虽然像这样的突发灾害已经变得相对罕见，但中国人民现在面临着越来越多新形式的缓发灾害的威胁。现在的河水不太可能导致霍乱和血吸虫病传播，但河流中往往携带许多危险的工业废弃物，再加上大气污染，可能导致癌症的多发。[69] 像 1931 年那样将石油和苯注入河流的功能失调的现代性，如今已成为常态。致灾机制并非无效了——它只是被重新调整了。随着人类在环境中找到新的生活方式，致灾机制也将继续进化。气候变化显然已成为人类世最可怕的副产品，现在似乎正在提高水文和气象冲击人类的强度和频率，包括厄尔尼诺南方涛动。[70] 因此，似乎还不能说湖北人民不会再经历洪水了。　247

随着老一辈人的逝去，1931 年灾难的最后记忆也正在消失。武汉洪水惨痛历史的唯一公共纪念碑是河边外滩上的一座方尖碑。这是为了纪念 1954 年的抗洪事件。没有纪念碑来纪念那些　248

---

* 　官方数据为 69 227 人遇难，17 923 人失踪。

图 7.1　当代龙王庙（作者摄）

在 1931 年输掉这场战斗的人。在灾害最严重的时候，湖北省当局曾向南京政府请愿，建议设立一年一度的洪水纪念日，以提醒市民不要再让这样的灾难发生。[71] 但这个提议没有任何下文。在灾难发生后的几年里，唯一能提醒人们洪水已经发生的实物是一艘搁浅的舢板，它是武汉人民留下的非正式纪念碑，作为高水位的指示物，当它在日本的空袭中被摧毁时，洪水最后的痕迹似乎也消失了。[72] 在过去的几年里，一个曾经的历史遗迹重新出现在城市景观中。2010 年，人们在长江和汉江交汇处重建了龙王庙，如图 7.1 所示。80 年前，龙王庙作为愚昧和迷信的象征而被拆除，如今又作为遗产的象征而复活。龙王庙毗邻一个购物中心，是在最近旅游建设期间涌现的无数景点之一。与过去几十年一直在复兴的其他宗教机构不同，几乎没有迹象表明龙王庙属于某个正在活跃的宗教传统。如果你与当地人聊天，大多数人似乎只是隐约意识到它的存在。在 20 世纪 30 年代，信徒们发现他们缺一座庙——而在 21 世纪 10 年代，这座庙却缺信徒。或许，随着时间的流逝，这座伟大河流城市的市民可能会重新找回他们失去的龙王，以及龙王曾代表的丰富的生态和文化遗产。我们只能希望人们再也不用被迫乞求龙王的保护。

注释

［1］邓拓：《中国救荒史》，第 397 页。
［2］《武汉日报》，1932 年 1 月 13 日；《汉口先驱报》，1931 年 9 月 2 日。
［3］伊迪丝·S. 威尔斯：《汉阳 1931》，SOAS Archives，10/7/15。
［4］最有名的例子是赛珍珠的小说《大地》。凯瑟琳（Keyserling）伯爵说："世界上没有其他地方的农民能给人这样一种绝对真诚、如此热爱土地的印象。"见马洛里《中国：饥荒国度》，第 xi 页。

［5］费孝通：《乡土中国》，第38—40页。

［6］城山智子：《大萧条时期的中国》。

［7］皮明庥主编：《武汉通史·民国卷（下）》，第322—324页。

［8］拉西曼：《拉西曼报告书》。

［9］曾玛莉：《拯救国家》，第93—95页。

［10］拉纳·米特（Rana Mitter）：《中日战争1937—1945：为生存而战》（*China's War with Japan, 1937-1945: The Struggle for Survival*）。

［11］遗憾的是，这部电影的版画没有保存下来，但剧本仍然可以在郑培为、刘桂清编选的《中国无声电影剧本》中读到。我非常感谢黄雪蕾为我提供这一材料。

［12］黄雪蕾：《上海电影制作跨越国界、连接全球1922—1938》（*Shanghai Filmmaking Crossing Borders, Connecting to the Globe, 1922-1938*），第117—118、212—218页。

［13］丁玲：《水》（《丁玲全集》第三册，张炯编）。有关丁玲的传记素描，参见拉纳·米特《苦革命：中国与现代世界的斗争》（*A Bitter Revolution: China's Struggle with the Modern World*）。

［14］丁玲：《水》。

［15］匡庐：《水灾》，《北斗》1932年第2卷第1期，第129—144页。

［16］吴锐锋：《天灾人祸中的农民教育》，《农民教育》1932年第2卷第8期。

［17］社英：《妇女应负救济水灾之责任》，《妇女共鸣》1931年第55期。

［18］钱俊瑞以陶直夫为笔名撰写文章。见陶直夫《一九三一年大水灾中中国农村经济的破产》。

［19］邓拓：《中国救荒史》。

［20］齐慕实（Timothy Cheek）：《邓拓》（*Propaganda and Culture in Mao's China: Deng Tuo and the Intelligensia*）。

［21］魏尚（音）：《为黄河而哀叹》（'Lamentation for the Yellow River'）。

［22］涂长望：《论1931年大洪水、1934年旱灾与远东活动中心的关系》，《"国立中央研究院"气象研究所集刊》，1937年第10期。

［23］戴安娜·拉里（Diana Lary）：《淹没土地：1938年黄河堤坝的战略性溃堤》（'Drowned Earth: The Strategic Breaching of the Yellow River Dyke, 1938'）；穆盛博：《战争生态学》。

［24］《汉口先驱报》，1931年9月6日。

［25］陈赓雅：《江河水灾视察记》，1987年。

［26］《湖北省志：民政》，第113—114页。

［27］《湖北省志：大事记》，第557、565页。

［28］迪雷：《新中国伟大的建设事业——荆江分洪工程》。

［29］魏丕信：《国家干预》。与宋代水闸分水的一个显著区别是，现代分水的主要目标之一是保护城市工业。见迪雷《新中国伟大的建设事业——荆江分洪工程》。

［30］余凤玲、陈中原等：《长江历史洪水分析》。

［31］《湖北省灾情简况》，1954年9月6日，HFKDX，第225—227页。有关1954年洪水的详细分析，见我的文章《与洪水的战争》（'At War with Water'）。

[32] 陶鼎来、李森林、周叶青:《陶述曾与1954年武汉大洪水》,《武汉文史资料》2005年第12期,第20—23页。

[33] 夏竹丽:《对自然的战争》(*Mao's War against Nature*)。

[34] 皮明庥主编:《武汉通史·中华人民共和国卷》,第70页。

[35] 有许多描写全年洪水的文章,典型的刊于1954年8月20日的《长江日报》。

[36] 武汉市防汛指挥部:《党领导人民战胜了洪水》,湖北人民出版社,1954年。

[37] 《溃口分洪区每日情况》;湖北省生产救济委员会办公室,1954年7月29日。HFKDX(《湖北省一九五四年防汛抗洪档案选编》)。

[38] 考特尼:《与洪水的战争》。

[39] 官方统计数据见宗永强(音)、陈喜庆(音):《中国长江1998年洪水》('The 1998 Flood on the Yangtze, China')。官方调查成果是《湖北省一九五四年水灾情况及灾后恢复情况统计》,HSD(武汉,1954)。当时其他报道也佐证了更高人数的可能性,参见我的《与洪水的战争》。

[40] 《与洪水的战争》。

[41] 参见弋玫、文浩:《吃苦》,塔克斯顿:《灾难和争论》等。

[42] 齐慕实:《邓拓》。

[43] 关于人类世的时间——甚至存在——存在着许多争论。虽然人类对环境的影响已经持续了几千年,但我认同麦克尼尔的观点,即在20世纪下半叶,人类对环境的影响出现了关键的加速。参见麦克尼尔《大加速》(*The Great Acceleration: An Environmental History of the Anthropocene since 1945*);也可参见克里斯蒂安《时间地图》。

[44] 过去几年里,我与湖北东部的许多农民谈论过洪水,许多人强调,混凝土加固是改善水利的主要因素。

[45] 李怀印:《乡村中国纪事》。

[46] 传统延续的管理系统首先被生产大队系统取代,然后被纳入综合的国家基础设施。高燕:《水政变迁》。

[47] 张强等:《ENSO对中国长江年最大径流量的可能影响》;鲍尔:《水王国》,第301—303页。

[48] 尹良武(音):《伟大的漫长探索》(*The Long Quest for Greatness*)。

[49] 麦卡利(Patrick McCully):《沉默的河流》(*Silenced Rivers*),第2页。

[50] 布莱恩·蒂尔特(Bryan Tilt):《中国大坝及其发展》(*Dams and Development in China*),第3—4页。

[51] 同上,第146页。

[52] 陶景亮(音):《三峡大坝的特点》('The Features of the Three Gorges Dam')。

[53] 易思(音):《最灾难性的大坝失事》('World's Most Catastrophic Dam Failures')。

[54] 在1998年的洪水之后,政府认识到,砍伐原始森林正在产生有害结果。马立博:《中国环境史》,第249页。

[55] 吴建国(音)、黄建辉等:《三峡大坝:生态视角》('Three Gorges Dam: An Ecological Perspective');威廉·乔宾(William Jobin):《水坝与疾病》(*Dams and Disease*),

第 463—464 页。

[56] 王建柱、黄建辉等：《三峡大坝的生态后果》('Ecological Consequences of the Three Gorges Dam')。

[57] 李明珠：《华北的饥荒》。

[58] 斯米尔：《中国的过去》。

[59] 在中国，许多人的饮食仍然不充足，而越来越多的人表现出过度肥胖的贫困症状。然而，这种情况不能与国民党时代以来普遍存在的营养不良相提并论。

[60] 斯米尔：《中国的过去》。

[61] 布洛克：《美国移植：洛克菲勒基金会和北京协和医学院》，第 162—189 页。

[62] 叶嘉炽：《疾病、社会和国家》；高敏：《永别了，瘟神》。血吸虫病现在在中国仅感染了大约 100 万人，这虽仍是一个严重的问题，但与 20 世纪 50 年代受影响的人相比，这一数字出现了惊人的下降，特别是考虑到人口同步增长。参见威廉·乔宾《水坝与疾病》，第 467 页；瓦格斯塔夫（Adam Wagstaff）等《改革中国的农村医疗保健制度》(Reforming China's Rural Health Care System)。

[63] 高敏：《永别了，瘟神》。

[64] 威廉·乔宾：《水坝与疾病》，第 466 页。

[65] 宗永强（音）、陈喜庆（音）：《中国长江 1998 年洪水》。

[66] 道格拉斯（Mike Douglass）：《亚洲灾害治理中的城市转型》('The Urban Transition of Disaster Governance in Asia')。

[67] 这一发现得到段伟利等《上个世纪中国的洪水和相关的社会经济损害》('Floods and Associated Socioeconomic Damages in China over the Last Century')一文的支持。

[68] 白劳锐（Lauri Paltemaa）：《中国饥荒、洪水与地震治理》(Managing Famine, Flood and Earthquake in China)。

[69] 罗拉-温赖特（Anna Lora-Wainwright）：《为呼吸而战》(Fighting for Breath)；鲍尔：《水王国》。

[70] 拉吉布·肖（Rajib Shaw）、普尔新（Juan M. Pulhin）、佩雷拉（Joy J. Pereira）：《适应气候变化和减少灾害风险：亚洲视角》(Climate Change Adaptation and Disaster Risk Reduction: An Asian Perspective)。

[71]《汉口先驱报》，1931 年 9 月 5 日。

[72] 夏士德：《长江的帆船与舢板》，第 382 页。

附 录

没人知道有多少人在这场洪水中遇难。通常引用的数字从 14 万到 400 万不等。据我所知，该估计数据的上限似乎是根据灾害流行病学研究中心（CRED）的 360 万数字计算得出的。[1] 这一数字在网上很流行，帮助了人们确定 1931 年水灾在世界巨灾排行榜上的位置。我们尚不清楚灾害流行病学研究中心计算时使用的方法。14 万的下限是基于对国民政府救济水灾委员会报告的误读，该报告称在洪水初期有这么多人被淹死。[2] 在中文研究著作中，经常引用的死亡数据是 422 499 例，这是基于李文海、程歗、刘仰东、夏明方的统计。[3] 虽然这一数据比其他任何估算都更系统，但他们似乎没有参考卜凯的"南京调查"，这是唯一可靠的与洪水同时代的死亡率统计工作。"调查"表明，有 15 万人溺死，这一数字在洪水前 100 天死亡总人数的占比还不到四分之一。南京调查也存在许多问题，其中很多作者自己也承认。比如

这个调查数据仅涉及洪水的前 100 天，当时饥荒和疾病的影响还没有完全显现出来。出于安全考虑，调查人员避开军事冲突区，因此没有前往饥荒最严重的地区。调查设计也存在一些偏见。该调查依赖幸存者关于他们家人死亡情况的陈述来进行统计。这不仅漏掉了那些直接遇难的家庭人口，还有少报死亡人数的可能，

特别是那些可能引起杀婴指控的死亡人数。以上这些统计偏向，意味着死亡人口数据被低估了。国民政府救济水灾委员会报告中提及的 200 万死亡人数似乎是合理的。然而，正如我们已经指出的那样，没有人知道究竟有多少人在洪水中丧生。

注释

[1] 灾害流行病学研究中心（CRED），EMDAT 数据库，http://www.emdat.be（2011 年 3 月 11 日访问）。菲利普·鲍尔指出，1931 年的洪水"被认为已造成多达 400 万人死亡"，但没有提供数据来源。见鲍尔《水王国》，第 30 页。

[2] RNFRC，第 6 页；该数据被以下研究所引用。徐中约（Immanuel Hsu）:《中国近代史》(*The Rise of Modern China*)（第四版），第 546—547 页；法兰奇（Paul French）:《卡尔·克劳》(*Carl Crow*)，第 185 页；温彻斯特（Simon Winchester）:《世界中央的河流》(*The River at the Centre of the World*)。

[3] 李文海等:《中国近代十大灾荒》，第 231 页（经核查，该数据来自本书 230 页——译者注）。李明珠《华北的饥荒》（第 284 页）引用了该数据。

参考文献

Abbreviations

DEP   Dwight W. Edwards Papers, *Yale Divinity School Library*.

HFKDX   *Hubei sheng yi jiu wu si nian fangxun kanghong dang'an xuanbian* 湖北省一九五四年
           防汛抗洪档案选编 (The 1954 Flood Control and Fight Against the Flood –
           Selected Archival Documents), (Hubei sheng dang'an guan, Wuhan, 1998).

HSD   Hubei Sheng Dang'anguan 湖北省档案馆. (Hubei Provincial Archives)

HSSDX   Chen Zhongxing 陈仲兴, ed., *Hubei sheng yi jiu san yi nian shuizai dang'an xuanbian*
           湖北省一九三一年水灾档案选编 (*The 1931 Hubei Flood – Selected Archival
           Documents*) (Wuhan: Hubei dang'an guan, 1999).

HSSI   Hankou Jiujiang shouhui Ying zujie ziliao xuanbian 汉口九江收回英租界资料选
           编 (Selected Materials on the Retrocession of the British Concessions in Hankou
           and Jiujiang). Wuhan: Hubei renmin chubanshe, 1982.

JHS   John Hope Simpson Papers, *Balliol College Archives*, University of Oxford.

RNFRC   National Flood Relief Commission *Report of the National Flood Relief Commission
           1931–1932* (Shanghai, 1933).

SOAS   School of Oriental and African Studies, University of London.

WFZZ   Wuhan shi fangxun zong zhihuibu 武汉市防汛指挥部 Wuhan Flood Control
           Committee.

Archives

Balliol College Archives

University of Oxford
Papers of John Hope Simpson
Folder 6 File i: Official Correspondence, China [JHS 6i]
Folder 6 File ii: China Family Letters, China [JHS 6ii]
Folder 10. Ian Hope Simpson, *Jack of All Trades: An Indian Civil
Servant in Retirement: Sir John Hope Simpson* [JHS 10]

   Egyptian National Archives

   Hubei Provincial Archives Hubei sheng dang'an guan 湖北省档案馆

[HPA]

Methodist Archives

University of Manchester

School of Oriental and African Studies

University of London

London Missionary Society

Subject 10, File 7 Box 15 [SOAS 10/7/15] 'Hankow Floods'

File 65 Box 10 [SOAS 65/10] 'Central China Reports, 1926−1931.'

(Wesleyan) Methodist Missionary Society

File 5 Box 1201 [SOAS 5/1201]

File 7 Box 1201 [SOAS 7/1202]

Presbyterian Church of England Foreign Missions Committee

File 6 Box 107a [SOAS 6/107a]

Shanghai Municipal Archives Shanghai shi dang'an guan 上海市档案馆 [SMA]

Yale Divinity School Library

Dwight W. Edwards Papers

Record Group 12 Box 14 Folder 153 [DEP 12/14/153]

Record Group 12 Box 7 Folder 97 [DEP 12/7/97]

Newspapers and Periodicals

Beidou 北斗 (1929)

Changjiang Ribao (1954)

The Chinese Recorder (1931−1932)

The Chinese Students' Monthly (1914)

Da Gongbao 大公报 (1931)

Daolu Yuekan 道路月刊 (1931)

Daxuesheng Yanlun 大学生言论 (1934)

Dongfang Huabao 东方画报 (1931)

Dongfang Zazhi 东方杂志 (1931)

Dongbei Wenhua 东北文化 (1931)

Funu Gongming 妇女共鸣 (1931)

Gaonong Qikan 高农期刊 (1931)

Gongshang Banyuekan 工商半月刊 (1931)

Guangming 光明 (1936)

Guowen Zhoukan 国闻周报 (1931)

Guoji Maoyi Daobao 国际贸易导报 (1932)

Hankou Minguo Ribao 汉口民国日报 (1927)

Hankow Herald (1931)

Illustrated London News (1931)

Jiuguo Zhoukan 救国周刊 (1932)

Luxing Zazhi 旅行杂志 (1952)

Nanjing Shi Zhengfu Gongbao 南京市政府公报 (1931)

The New York Times (1931)

Nongmin Jiaoyu 农民教育 (1932)

North China Daily News (1931)

North China Herald (1872–1932)

The Religious Tract Society in China (1927)

Shanghai Wujia Yuebao 上海物价月报 (1937)

Shehui Xuekan 社会学刊 (1929)

Shenbao 申报 (1931)

Shenghuo 生活 (1926–1931)

Shoudu Shizheng Gongbao 首都市政公报 (1931)

The Singapore Free Press and Mercantile Advertiser (1931)

The Straits Times (1931)

Time Magazine (1931)

The Washington Post (1931)

Wuhan Ribao 武汉日报 (1932)

Wuhan Shizheng Gongbao 武汉市政公报 (1929)

Xin Chuangzao 新创造 (1932)

Xin Hankou 新汉口 (1927)

Xinminbao 新民报 (1931)

Xuesheng Wenyi Congkan 学生文艺丛刊 (1924)

Yaxi Yabao 亚细亚报 (1931)

Zhongyang Ribao 中央日报 (1931)

Ziqiang Zhoubao 自强周报 (1931)

Books and Articles

A Dong (阿栋). 'Hankou shuizai zhenxiang 汉口水灾真相 (The Truth about the Hankou Flood)'. *Shenghuo (生活)*, 6: 37 (1931), 803–5.

Agamben, Giorgio. *Means without Ends: Notes on Politics*, trans. Vincenzo Binetti and Cesare Casarino. Minneapolis: University of Minnesota Press, 2000.

Ahlberg, Kristin L. *Transplanting the Great Society: Lyndon Johnson and Food for Peace*. Columbia: University of Missouri Press, 2008.

Aijmer, Göran. *The Dragon Boat Festival on the Hupeh-Hunan Plain, Central China: A Study in the Ceremonialism of the Transplantation of Rice*. Stockholm: Statens Etnograkiska Museum, 1964.

Airey, Willis. *A Learner in China: A Life of Rewi Alley*. Christchurch: The Caxton Press & The Monthly Review Society, 1970.

Aldrete, Gregory S. *Floods of the Tiber in Ancient Rome*. Baltimore: Johns Hopkins University Press, 2007.

Alexander, David. 'Celebrity Culture, Entertainment Values ... And Disaster'. In Fred Krüger, Greg Bankoff, Terry Cannon, Benedikt Orlowski and E. Lisa F. Schipper (eds.), *Cultures and Disasters: Understanding Cultural Framings in Disaster Risk Reduction*, pp. 179–92. London: Routledge, 2015.

Alley, Rewi. *Man Against Flood: A Story of the 1954 Flood on the Yangtse and of the Reconstruction That Followed It*. Peking: New World Press, 1956.

American Red Cross. *Report of the China Famine Relief, October, 1920–September, 1921*. Shanghai: The Commercial Press, 1921.

Anderson, E. N. *The Food of China*. New Haven: Yale University Press, 1990.

Food and Environment in Early and Medieval China. Philadelphia: University of Pennsylvania Press, 2014.

Archer, C. S. *Hankow Return*. Boston: Houghton Mifflin Co., 1941.

Arnold, David. *Colonizing the Body: State Medicine and Epidemic Disease in Nineteenth Century India*. Berkeley: University of California Press, 1993.

Arthington, Angela H. *Environmental Flows: Saving Rivers in the Third Millennium*. Berkeley: University of California Press, 2012.

Atwell, William S. 'Volcanism and Short-Term Climatic Change in East Asian and World History, c. 1200–1699'. *Journal of World History*, 12 (2001), 29–98.

Auden W. H. and Christopher Isherwood. *Journey to a War*. London: Faber and Faber, 1939.

Baker, John Earl. *Explaining China*. New York: Van Nostrand, 1927.

'Transportation in China.' *Annals of the American Academy of Political and Social Science* 152 (November 1930), 160–72.

Ball, Philip. *The Water Kingdom: A Secret History of China*. London: Bodley Head, 2016.

Bankoff, Greg. 'Bodies on the Beach: Domesticates and Disasters in the Spanish Philippines 1750–1898 '. *Environment and History*, 13 (2007), 285–306.

'Cultures of Disaster, Cultures of Coping: Hazard as a Frequent Life Experience in the Philippines'. In Christof Mauch and Christian Pfister (eds.), *Natural Disasters, Cultural Responses: Case Studies toward a Global Environmental History*, pp. 265–84. Lanham, MD: Lexington Books, 2009.

Cultures of Disaster: Society and Natural Hazard in the Philippines. London and New York: Routledge Curzon, 2003.

'Designed by Disaster: Seismic Architecture and Cultural Adaptation to Earthquakes'. In Fred Krüger, Greg Bankoff, Terry Cannon, Benedikt Orlowski and E. Lisa F. Schipper (eds.), *Cultures and Disasters: Understanding Cultural Framings in Disaster Risk Reduction*. London: Routledge, 2015.

'Learning About Disasters from Animals'. In Heike Egner, Marén Schorch and Martin Voss (eds.), *Learning and Calamities: Practices, Interpretations, Patterns*, pp. 42−55. New York and London: Routledge, 2014.

Bankoff, Greg, Uwe Lübken and Jordan Sand. *Flammable Cities: Urban Conflagration and the Making of the Modern World*. Madison: The University of Wisconsin Press, 2012.

Barrett, William E. *The Red Lacquered Gate: The Early Days of the Columban Fathers and the Courage of Its Founder Fr. Edward Galvin*. New York: Sheed and Ward, 1967.

Bayley, Peter B. 'Understanding Large River-Floodplain Ecosystems'. *Bioscience* 45: 3 (1995): 153−8.

Benton, Gregor. *Mountain Fires: The Red Army's Three-Year War in South China, 1934−1938*. Berkeley: University of California Press, 1992.

New Fourth Army: Communist Resistance Along the Yangtze and the Huai, 1938−1941 Berkeley: University of California Press, 1999.

Berg, A. Scott. *Lindbergh*. London and New York: Simon and Schuster, 1998.

Bernard, Andreas. *Lifted: A Cultural History of the Elevator*. New York: New York University Press, 2014.

Bickers, Robert. *Britain in China: Community Culture and Colonialism, 1900−1949*. Manchester: Manchester University Press, 1999.

Empire Made Me: An Englishman Adrift in Shanghai New York: Columbia University Press, 2003.

Biehler, Dawn Day. *Pests in the City: Flies, Bedbugs, Cockroaches, and Rats*. Washington: University of Washington Press, 2013.

Billingsley, Phil. *Bandits in Republican China*. Stanford: Stanford University Press, 1988.

Bird, Isabella. *The Yangtze Valley and Beyond*. Hong Kong: Earnshaw Books, 2008 [1899].

Birrell, Anne. *Chinese Mythology: An Introduction*. Baltimore and London: Johns Hopkins University Press, 1993.

'The Four Flood Myth Traditions of Classical China'. *T'oung Pao* 83 1997, 213−59.

Blair, Danny and W. F. Rannie. '"Wading to Pembina": 1849 Spring and Summer Weather in the Valley of the Red River of the North and Some Climatic Implications'. *Great Plains Research: A Journal of Natural and Social Sciences*, 4: 1(1994), 3−26.

Blakiston, Thomas. *Five Months on the Yang-tsze: With a Narrative of Its Upper Waters and Notices of the Present Rebellions in China*. London: John Murray, 1862.

Boecking, Felix and Monika Scholz. 'Did the Nationalist Government Manipulate the Chinese Bond Market? A Quantitative Perspective on Short-Term Price Fluctuations of Domestic Government Bonds, 1932−1934'. *Frontiers of History in China*, 10 (2015), 126−44.

Borowy, Iris. 'Thinking Big: League of Nations Efforts towards a Reformed National Health System in China'. In Iris Borowy (ed.), *Uneasy Encounters: The Politics of Medicine and*

Health in China 1900—1937, pp. 205—28. Frankfurt and New York: Peter Lang, 2009.

Bradshaw, C. J. A, N. S. Sodi, K. S. H. Peh and B. W. Brook. 'Global Evidence that Deforestation Amplifies Flood Risk and Severity in the Developing World'. *Global Change Biology* 13 (2007), 2379—95.

Brady, Anne-Marie. *Friend of China: The Myth of Rewi Alley*. London: Routledge Curzon, 2003.

Braudel, Fernand. *The Mediterranean and the Mediterranean World in the Age of Philip II*, trans. Siân Reynolds. New York: Harper and Row, 1972.

Brook, Timothy. *The Troubled Empire: China in the Yuan and Ming Dynasties*. Cambridge, MA: Harvard University Press, 2010.
　　'Nine Sloughs: Profiling the Climate History of the Yuan and Ming Dynasties, 1260—1644'. *Journal of Chinese History* 1: 1 (2017).

Brookes, Andrew. *Channelized Rivers: Perspectives for Environmental Management*. Chichester: John Wiley & Sons, 1988.

Bryrne, E. G. 'Yangtze Notes — Hankow 1910'. In Henling Thomas Wade (ed.), *With Boat and Gun in the Yangtze Valley*, pp. 199—200. Shanghai: Shanghai Mercury, 1910.

Buck, John Lossing. *Chinese Farm Economy: A Study of 2866 Farms in Seventeen Localities and Seven Provinces in China*. Chicago: University of Chicago Press, 1930.

Buck, John Lossing (ed.). *The 1931 Flood in China: An Economic Survey*. Nanking: The University of Nanking, 1932.

Buck, Pearl S. *The First Wife and Other Stories*. London: The Albatross, 1947.
　　The Good Earth. New York: John Day, 1931.

Bullock, Mary Brown. *An American Transplant: The Rockefeller Foundation and Peking Union Medical College*. Berkeley: University of California Press, 1980.
　　The Oil Prince's Legacy Rockefeller Philanthropy in China. Stanford: Stanford University Press, 2011.

'Buxing de tianzai 不幸的天灾 (An Unfortunate Natural Disaster)'. *Wenhua* 文华, 24 (1931).

Campbell, Cameron. 'Public Health Efforts in China before 1949 and Their Effects on Mortality: The Case of Beijing'. *Social Science History* 21: 2 (1997), 179—281.

Camporesi, Piero. *Bread of Dreams: Food and Fantasy in Early Modern Europe*, trans. David Gentilcore Chicago: University of Chicago Press, 1989.

Carter, James. *Heart of Buddha, Heart of China: The Life of Tanxu, a Twentieth Century Monk*. Oxford: Oxford University Press, 2011.

Chabrowski, Igor Iwo. *Singing on the River: Sichuan Boatmen and Their Work Songs, 1880s—1930s*. Leiden and Boston: Brill, 2015.

Chang, Ning J. 'Tension within the Church: British Missionaries in Wuhan, 1913—28'. *Modern Asian Studies* 33 (1999): 421—44.

Chang, T. T. 'Domestication and Spread of Cultivated Rices'. In D. R. Harris and G. C. Hillman (eds.), *Foraging and Farming: The Evolution of Plant Exploitation*, pp. 408—17.

London: Unwin Hyman, 1989.

'Changjiang yidai zhi shuizai canzhuang 长江一带之水灾惨状 (The Horrors of the Floods in the Yangzi Region)'. *Dongfang Huabao 东方画报* 28: 20 (1931).

Chapman, H. Owen. 'Hodge Memorial Hospital (W. M. M. S.) Hankow Progress Report'. *The China Medical Journal XLI*, no. 5 (May 1927), 480–4.

Chapman, Owen. *The Chinese Revolution 1926–1927: A Record of the Period under Communist Control as Seen from the Nationalist Capital, Hankow*. London: Constable, 1928.

Chau, Adam Yuet. *Miraculous Response: Doing Popular Religion in Contemporary China*. Stanford: Stanford University Press, 2006.

Cheek, Timothy. *Propaganda and Culture in Mao's China: Deng Tuo and the Intelligensia*. Oxford: Clarendon Press, 1997.

Chen Bing 陈兵. 'Shi qu ludi xingzhou fuqiao lianjie 市区陆地行舟浮桥连接 (Land Connected by Pontoons in the City Area)'. *Wuhan Wenshi Ziliao 武汉文史资料* Vol. 13, pp. 142–5. Hubei sheng Wuhan shi wenshi ziliao yanjiu weiyuanhui, 1983.

Chen Gengya 陈庚雅. *Jianghe shuizai shicha ji 江河水灾视察记 (An Investigation into the Yangzi River Flood)*, reprinted in *Jindaishi Ziliao 近代史资料*. Beijing: Zhongguo shehui kexue yuan, 1987 (1935)

Chen Hesong 陈鹤松. 'Wuchang zaiqu shidi shichaji 武昌灾区实地视查记 (An Investigation of the Wuchang Disaster Area)'. *Yaxi Yabao 亚细亚报* n.d, 1931, reprinted in HSSDX, 24–7.

Chen, Janet Y. *Guilty of Indigence: The Urban Poor in China, 1900–1953*. Princeton: Princeton University Press, 2012.

Chen Tinghong 陈汀泓. 'Zaihuang yu Zhongguo nongcun renkou wenti 灾荒与中国农村人口问题 (Famine and China's Rural Population Problem)'. *Daxuesheng Yanlun 大学生言论* 4 (1934).

Chen Wu 陈武. 'Zaimin jihan jiaopo wenyi liuxing 灾民饥寒交迫瘟疫流行 (Hunger, Cold and Epidemics Amongst Disaster Refugees)'. *Wuhan Wenshi Ziliao 武汉文史资料*, Vol. 13, pp. 145–6. Hubei sheng Wuhan shi wenshi ziliao yanjjiu weiyuanhui, 1983.

Chen Yuan-tsung. *Return to the Middle Kingdom: One Family, Three Revolutionaries, and the Birth of Modern China*. New York and London: Union Square Press, 2008.

Chou Huafei 仇华飞. '1931 nian Zhong-Mei xiaomai jiekuan deshi yanjiu 1931年中美小麦借款得失研究 (The Advantages and Disadvantages of the 1931 Sino-American Wheat Loan)'. *Jianghai Xuekan 江海学刊*, no. 2 (2001), 144–9.

Christian, David. *Maps of Time: An Introduction to Big History*. Berkeley: University of California Press, 2011.

Clancey, Gregory. *Earthquake Nation: The Cultural Politics of Japanese Seismicity, 1868–1930*. Berkeley: University of California Press, 2006.

Clarke, Philip A. 'Australian Aboriginal Ethnometeorology and Seasonal Calendars'. *History and Anthropology*, 20: 2 (2009), 79–106.

Classen, Constance, David Howes and Anthony Synnott. *Aroma: The Cultural History of Smell*. London: Routledge, 1994.

Clubb, O. Edmund. *Communism in China: As Reported from Hankow in 1932*. New York: Columbia University Press, 1968.

'The Floods of China, a National Disaster'. *Journal of Geography* 31 (January/December 1932), 199−206.

Cohen, Alvin P. 'Coercing the Rain Deities in Ancient China'. *History of Religions* 17: 3/4 (1978), 244−65.

Cohen, Paul. *History in Three Keys: The Boxers as Event, Experience, and Myth*. New York: Columbia University Press, 1997.

Conkin, Paul. *Revolution Down on the Farm: the Transformation of American Agriculture since 1929*. Lexington: University of Kentucky Press, 2008.

Corbin, Alain. *The Foul and the Fragrant: Odor and the French Social Imagination*, trans. Miriam Kochan. Cambridge, MA: Harvard University Press, 1988.

Village Bells: Sound and Meaning in the 19th-Century French Countryside, trans. Martin Thom. New York: Columbia University Press, 1998.

Cornaby, William Arthur. *A String of Chinese Peach-Stones*. London: Charles H. Kelly, 1895.

'Morning Walks Around Hanyang'. *The East of Asia Magazine* 3 (1904), 232−7.

Courtney, Chris. 'At War with Water: The Maoist State and the 1954 Yangzi Flood'. *Modern Asian Studies* (in press).

Crabtree, Andrew. 'The Deep Roots of Nightmares'. In Fred Krüger, Greg Bankoff, Terry Cannon, Benedikt Orlowski and E. Lisa F. Schipper (eds.), *Cultures and Disasters: Understanding Cultural Framings in Disaster Risk Reduction*. London: Routledge, 2015.

Crawford, Dorothy H. *Deadly Companions: How Microbes Shaped Our History*. Oxford: Oxford University Press, 2007.

Cronon, William. 'A Place for Stories: Nature, History, and Narrative'. *The Journal of American History* 18: 4 (March 1992), 1347−76.

Crosby, Alfred. *Ecological Imperialism: The Biological Expansion of Europe, 900−1900*. Cambridge: Cambridge University Press, 1986.

Crossley, Pamela. *The Wobbling Pivot − China since 1800: An Interpretive History*. Chichester: Wiley-Blackwell, 2010.

Crow, Carl. *Four Hundred Million Customers*. New York: Harper & Brothers, 1937.

Curtin, Philip D. *Disease and Empire: The Health of European Troops in the Conquest of Africa* Cambridge: Cambridge University Press, 1998.

Davis, J. A. *The Chinese Slave Girl: A Story of a Woman's Life in China*. Chicago: Student Missionary Campaign Library, 1880.

Davis, Mike. *Late Victorian Holocausts: El Niño Famines and the Making of the Third World*. London and New York: Verso, 2001.

De Bary, William. *Sources of Chinese Tradition*. New York: Columbia University Press, 2000.

De Visser, Marinus Willem. *The Dragon in China and Japan*. Amsterdam: J. Müller, 1913.

de Waal, Alex. 'AIDS, Hunger and Destitution: Theory and Evidence for the "New Variant Famines" Hypothesis in Africa'. In Stephen Devereux (ed.), *The New Famine: Why Famines Exist in an Era of Globalization*, pp. 90–126. London and New York: Routledge, 2007.

Famine Crimes: Politics and the Disaster Relief Industry in Africa. Oxford: African Rights, 1997.

Famine That Kills: Darfur, Sudan, 1984–1985. Oxford: Clarendon Press, 1989.

Dean, Britten. 'Sino-British Diplomacy in the 1860s: The Establishment of the British Concession at Hankou'. *Harvard Journal of Asiatic Studies* 32 (1972), 71–96.

Death, R. G. 'The Effect of Floods on Aquatic Invertebrate Communities'. In Jill Lancaster and Robert A. Briers (eds.), *Aquatic Insects: Challenges to Populations*, pp. 103–21. Wallingford: CAB International, 2008.

DeLanda, Manuel. *A New Philosophy of Society: Assemblage Theory and Social Complexity*. London: Continuum, 2006.

Del Moral, Roger and Lawrence R. Walker. *Environmental Disasters, Natural Recovery and Human Responses*. Cambridge: Cambridge University Press, 2007.

Del Ninno, Carlo, Paul A. Dorosh, Lisa C. Smith and Dilip K. Roy. *The 1998 Floods in Bangladesh: Disaster Impacts, Household Coping Strategies, and Response*. Washington, DC: International Food Policy Research Institute, 2001.

Deng Tuo 邓拓 [published as Deng Yunte 邓云特]. *Zhongguo jiuhuang shi 中国救荒史 (A History of Chinese Famine Relief)*. Beijing: Shangwu yinshu guan, 2011 (1937).

Devereux, Stephen. 'Sen's Entitlement Approach: Critiques and Countercritiques'. *Oxford Development Studies* 29: 3 (2001), 245–63.

Devereux, Stephen and Paul Howe. 'Famine Intensity and Magnitude Scales: A Proposal for an Instrumental Definition of Famine'. *Disasters* 28: 4 (2004), 353–72.

Diaz, Henry and George Kiladis. 'Atmospheric Teleconnections Associated with the Extreme Phase of the Southern Oscillation'. In Henry Diaz and Vera Markgraf (eds.), *El Niño: Historical and Paleoclimatic Aspects of the Southern Oscillation*, pp. 7–28. Cambridge: Cambridge University Press, 1992.

Dikötter, Frank. *Exotic Commodities: Modern Objects and Everyday Life in China*. New York: Columbia University Press, 2006.

Mao's Great Famine: The History of China's Most Devastating Catastrophe, 1958–62. London: Bloomsbury Publishing, 2010.

Sex Culture and Modernity in China: Medical Science and the Construction of Sexual Identities in the Early Republican Period. London: Hurst and Co, 1995.

Di Lei 迪雷. 'Xin Zhongguo weida de jianshe shiye-Jingjiang fenhong gongcheng 新中国伟大的建设事业—荆江分洪工程 (New China's Great Construction Project–Engineering the Jingjiang [Yangzi] Flood Diversion).' *Luxing Zazhi* 26: 6 (1952), 25–30.

Ding Ling 丁玲. 'Shui 水 (Water)'. In *Ding Ling Quanji 丁玲全集 (The Collected Works of Ding Ling)*, Vol. 3. edited by 张炯 Zhang Jiong. Shijiazhuang: Hebei renmin chubanshe, 2001 (1933).

Dodgen, Randall A. *Controlling the Dragon: Confucian Engineers and the Yellow River in Late Imperial China*. Honolulu: University of Hawai'i Press, 2001.

Doolittle, Justus. *Social Life of the Chinese*. New York: Harper and Brothers, 1867.

Douglass, Mike. 'The Urban Transition of Disaster Governance in Asia'. In Michelle Ann Miller and Mike Douglass (eds.), *Disaster Governance in Urbanising Asia*, pp. 13–43. Singapore: Springer, 2015.

Duan Weili, He Bin, Daniel Nover, Fan Jingli, Yang Guishan, Chen Wen, Meng Huifang and Liu Chuanming. 'Floods and Associated Socioeconomic Damages in China over the Last Century'. *Natural Hazards* 82 (2016), 401–13.

Duara, Prasenjit. *Culture, Power and the State: Rural Northern China, 1900–1942*. Stanford: Stanford University Press, 1991.

　　The Global and Regional in China's Nation Formation. London and New York: Routledge, 2009.

　　'Transnationalism and the Predicament of Sovereignty: China, 1900–1945'. *American Historical Review* 102: 4 (1997), 1030–52.

　　'Knowledge and Power in the Discourse of Modernity: The Campaigns against Popular Religion in Early Twentieth Century China'. *The Journal of Asian Studies* 50: 1 (February 1991), 67–83.

　　'The Regime of Authenticity: Timelessness, Gender, and National History in Modern China'. *History and Theory* 37 (1998), 287–308.

Dyson, Tim and Cormac Ó Gráda. *Famine Demography: Perspectives from the Past and Present*. Oxford: Oxford University Press, 2006.

Ebrey, Patricia. *Chinese Civilization: A Sourcebook*. New York: The Free Press, 1993.

Edgerton-Tarpley, Kathryn. *Tears from Iron: Cultural Responses to Famine in Nineteenth-Century China*. Berkeley: University of California Press, 2008.

Edkins, Jenny. *Trauma and the Memory of Politics*. Cambridge: Cambridge University Press, 2003.

　　Whose Hunger: Concepts of Famine, Practices of Aid. Minneapolis: University of Minnesota Press, 2000.

Elgin, James Bruce Earl of. *Letters and Journals of James, Eighth Earl of Elgin*. Edited by Theodore Walrond. London: John Murray, 1872.

El Niño and La Niña. www.el-nino.com (Accessed 7 October 2015).

Elliot Smith, Grafton. *The Evolution of the Dragon*. Manchester: Manchester University Press, 1919.

Elvin, Mark. *The Pattern of the Chinese Past: A Social and Economic Interpretation*. Stanford: Stanford University Press, 1973.

The Retreat of the Elephants: An Environmental History of China. New Haven: Yale University Press, 2004.

'Three Thousand Years of Unsustainable Growth: China's Environment from Archaic Times to the Present'. *East Asian History* 6 (1993), 7–46.

'Who Was Responsible for the Weather? Moral Meteorology in Late Imperial China'. *Osiris* 13, no. 2nd Series (1998), 213–37.

Enarson, Elaine. 'Preface'. In Elaine Enarson and P. G. *Women, Gender and Disaster: Global Issues and Initiatives*, pp. xiv–xiii. Los Angeles: SAGE, 2009.

Ens Manning, Kimberley and Felix Wemheuer. *Eating Bitterness: New Perspectives on China's Great Leap Forward and Famine.* Vancouver: University of British Columbia Press, 2011.

Erikson, Kai T. *In the Wake of the Flood: With a Preface & Postscript on Buffalo Creek.* London: George Allen and Unwin, 1979.

'Fabiao Linbai kan zai baogao 发表林白勘灾报告 (Lindbergh's Disaster Report Published).' *Dongbei Wenhua 东北文化* 169 (1931).

Fang Fang 方方. 'Zhudong songhuan huilai de zujie－E Zujie 主动送还回来的租界—俄租界 (Foreign Concession Retrocession－The Russian Concession)'. *Wuhan Wenshi Ziliao 武汉文史资料* Wuhan daxue, 2009.

Fang Qiumei 方秋梅. 'Difang bizhi, shizheng pianshi yu yi jiu san yi nian Hankou da shuizai 堤防弊制, 市政偏失与一九三一年汉口大水灾 (Systemic Faults in the Dike Network－Municipal Governance Failures and the 1931 Hankou Flood)'. *Renwen Luncong 人文论丛*, 2008.

Fan Kai 范锴. *Hankou Congtan 汉口丛谈 (Collected Writings on Hankou).* Wuhan: Hubei renmin chubanshe, 1990 (1822).

Fang Weide 方玮德. 'Da Yu zan 大禹赞 (In Praise of Yu the Great)'. *Xuesheng Wenyi Congkan 学生文艺丛 1002*; 1: 2 (1924).

Fei Chengkang 费成康. *Zhongguo zujie shi 中国租界史 (A History of China's Foreign Concessions).* Shanghai: Shehui kexueyuan chubanshe, 1992.

Fei Xiaotong. *From the Soil: The Foundations of Chinese Society.* Berkeley: University of California Press, 1992.

Feng Jin. *Making of a Family Saga: The Ginling College.* New York: State University of New York Press, 2009.

Feng Shuidong, Tan Hongzhuan and Benjamin Abauku. 'Social Support and Posttraumatic Stress Disorder among Flood Victims in Hunan, China'. *Annals of Epidemiology* 17: 10 (October 2007), 827–33.

Fiat, Antoine. *Life of Blessed John Gabriel Perboyre, Priest of the Congregation of the Mission.* Baltimore: John Murphy and Company, 1894.

Fitkin, Gretchen Mae. *The Great River: The Story of A Voyage on the Yangtze Kiang.* Shanghai: North China Daily News and Herald, 1922.

Flad, Rowan K. and Pochan Chen. *Ancient Central China Centers and Peripheries along the*

Yangzi River Cambridge: Cambridge University Press, 2013.

Foucault, Michel. *The History of Sexuality, Vol. One: An Introduction*, trans. Robert Hurley. New York: Vintage Books, 1990 (1978).

French, Paul. *Carl Crow: A Tough Old China Hand*. Hong Kong: Hong Kong University Press, 2006.

Fuller, Pierre. '"Barren Soil, Fertile Minds" : North China Famine and Visions of the "Callous Chinese" Circa 1920'. *The International History Review* 33: 2 (September 2011), 453‒72.

——'Struggling with Famine in Warlord China: Social Networks, Achievements, and Limitations, 1920‒21'. PhD thesis, University of California Irvine, 2011.

——'North China Famine Revisited: Unsung Native Relief in the Warlord Era, 1920‒21'. *Modern Asian Studies* 47: 3 (2013), 820‒50.

Fullerton, Carol and Robert Ursano. 'Psychological and Psychopathological Consequences of Disasters'. In Juan Jose López-Ibor, George Christodoulou, Mario Maj, Norman Sartorius and Ahmed Okasha (eds.), *Disasters and Mental Health*, pp. 13‒36. Chichester: John Wiley & Sons, 2005.

Gao Yan. 'The Retreat of the Horses: The Manchus, Land Reclamation and Local Ecology in Eighteenth and Nineteenth Century Jianghan Plain'. In Tsuijung Liu (ed.), *Environmental History in East Asia: Interdisciplinary Perspectives*, pp. 100‒25. London: Routledge, 2014.

——'Transformation of the Water Regime: State, Society and Ecology of the Jianghan Plain in Late Imperial and Modern China'. PhD thesis, Carnegie Mellon University, 24 April 2012.

Geil, William Edgar. *A Yankee on the Yangtze: Being a Narrative of a Journey from Shanghai through the Central Kingdom to Burma*. London: Hodder and Stoughton, 1904.

Gemmer, Marco, Jiang Tong, Su Buda and Zbigniew W. Kundzewicz. 'Seasonal Precipitation Changes in the Wet Season and Their Influence on Flood/ Drought Hazards in the Yangtze River Basin, China'. *Quaternary International* 186 (2008), 12‒21.

Godschalk, David R., David J. Brower and Timothy Beatley. *Catastrophic Coastal Storms: Hazard Mitigation and Development Management*. Durham and London: Duke University Press, 1989.

Goldberg, Jay M., Victor J. Wilson and Kathleen E. Cullen. *The Vestibular System: A Sixth Sense*. Oxford: Oxford University Press, 2012.

Goossaert, Vincent. 'The Beef Taboo and the Sacrificial Structure of Late Imperial Chinese Society'. In Roel Sterckx (ed.), *Of Tripod and Palate: Food, Politics, and Religion in Traditional China*, 237‒48. New York: Palgrave Macmillan, 2005.

Goossaert, Vincent and David A. Palmer. *The Religious Question in Modern China*. Chicago and London: University of Chicago Press, 2011.

Gorman, Hugh S. *The Story of N: A Social History of the Nitrogen Cycle and the Challenge of Sustainability*. New Brunswick, NJ: Rutgers University Press, 2013.

Gottschang, Thomas R. 'Economic Change, Disasters, and Migration: The Historical Case of Manchuria'. *Economic Development and Cultural Change* 35 (1987), 461‒90.

Gough, W. A. T. Jiang, H. T. Kung and Y. J. Wu. 'The Variation of Floods in the Middle Reaches of the Yangtze River and Its Teleconnection with El Niño Events'. *Advances in Geosciences* (February 2006), 201−5.

Gross, Miriam. *Chasing Snails: Anti-Schistosomiasis Campaigns in the People's Republic of China*. PhD thesis, University of California, San Diego, 2010.

　　Farewell to the God of Plague Chairman Mao's Campaign to Deworm China. Berkeley: University of California Press, 2016.

Grove, Richard. 'The Great El Niño of 1789−93 and Its Global Consequences: Reconstructing an Extreme Climate Event in World Environmental History'. *The Medieval History Journal* 10: 75 (2007), 76−98.

Grove, Richard and John Chappell. *El Niño − History and Crisis: Studies from the Asia Pacific Region* Cambridge: White Horse Press, 2000.

Guan Xuezhai 管雪斋. 'Shuishang san dian zhong 水上三点钟 (On the Water at Three O'Clock)'. *Yaxi Yabao* 亚细亚报, 1931 n.d. reprinted in HSSDX, 27−33.

Guo Jingrong 郭镜蓉. 'Wuhan zaihou pian pian lu 武汉灾后片片录 (Scenes in Wuhan After the Disaster)'. *Guowen Zhoukan* 国闻周报 8: 36 (1931).

Hall-Matthews, David. *Peasants, Famine and the State in Colonial Western India*. Basingstoke: Palgrave Macmillan, 2005.

Han Yuanyuan 韩媛媛. 'Jingjiang fenhong gongcheng sanbuqu 荆江分洪工程三部曲 (The Jingjiang Flood Diversion Trilogy)'. *Zhongguo Dang'an* 中国档案, 2010.

'Hankou pifa wujia zhishubiao 汉口批发物价指数表 (Index of Wholesale Prices in Hankou)'. *Shanghai Wujia Yuebao* 上海物价月报 13: 5 (1937).

Hargett, James M. *Riding the River Home: A Complete Annotated Translation of Fan Chengda's (1126−1193) Diary of a Boat Trip to Wu*. Hong Kong: The Chinese University Press, 2008.

Harris, Marvin. 'The Cultural Ecology of India's Sacred Cattle'. *Current Anthropology* 7 (1966), 51−66.

Harrison, Mark. *Disease and the Modern World: 1500 to the Present Day*. Cambridge: Polity Press, 2004.

Hartman, Chester and Gregory D. Squires. 'Pre-Katrina, Post-Katrina'. In Chester Hartman and Gregory D. Squires (eds.), *There Is No Such Thing as a Natural Disaster: Race, Class, and Hurricane Katrina*, pp. 1−11. New York and London: Routledge, 2006.

Hayes, L. Newton. *The Chinese Dragon*. 3. Shanghai: Commercial Press, 1923.

Harrison, Henrietta. *The Making of the Republican Citizen: Political Ceremonies and Symbols in China 1911−1929*. Oxford: Oxford University Press, 2000.

　　'A Penny for the Little Chinese: The French Holy Childhood Association in China, 1843−1951'. *American Historical Review* 113: 1 (2008), 72−92.

Henriot, Christian. 'A Neighbourhood under Storm: Zhabei and Shanghai Wars'. *European Journal of East Asian Studies* 9: 2 (2010), 291−319.

Hershatter, Gail. 'Modernizing Sex, Sexing Modernity'. In Christina K. Gilmartin, Gail Hershatter, Lisa Rofel and Tyrene White (eds.), *Engendering China: Women, Culture, and the State*, pp. 147–74. Cambridge, MA: Harvard University Press, 1994.

Hodges, K. V. 'Tectonics of the Himalaya and Southern Tibet from Two Perspectives'. *Geological Society of America Bulletin* 112 (2000), 324–50.

Hong Liangji. 'China's Population Problem'. In William Theodore de Bary (ed.), *Sources of Chinese Tradition*, pp. 174–6. New York: Columbia University Press, 2001.

Hooda, Peter and Henry Jeya. 'Geophagia and Human Nutrition'. In Jeremy M. MacClancy, Jeya Henry and Helen Macbeth. (eds.), *Consuming the Inedible: Neglected Dimensions of Food Choice*, pp. 89–98. New York and Oxford: Berghahn Books, 2007.

Hou Houpei 侯厚培. 'Shuizai hou Wuhan zhi zhongyao chukou shangye 水灾后武汉之重要出口商业 (Wuhan's Important Export Businesses After the Flood)'. *Guoji Maoyi Daobao 国际贸易导报* 4: 2 (1932).

Hsu, Francis. 'A Cholera Epidemic in a Chinese Town'. In David Paul Benjamin (ed.), *Health, Culture, and Community: Case Studies of Public Reactions to Health Programs*, pp. 135–54. New York: Russell Sage Foundation, 1955.

Hsu, Immanuel. *The Rise of Modern China*, 4th edn. New York: Oxford University Press, 1990.

Hu Xuehan 胡学汉. 'Zaimin jihan jiaopo wenyi liuxing 灾民饥寒交迫瘟疫流行 (Hunger, Cold, and Epidemics Amongst the Refugees)'. *Wuhan Wenshi Ziliao 武汉文史资料*, Vol. 13, 145. Hubei sheng Wuhan shi wenshi ziliao yanjiu weiyuanhui, 1983.

Huang Xuelei. *Shanghai Filmmaking Crossing Borders, Connecting to the Globe, 1922–1938*. Leiden and Boston: Brill, 2014.

Hubei sheng zhi: Minzheng 湖北省志: 民政 (Hubei Provincial Gazeteer: Civil Administration). Hubei renmin chubanshe, Wuhan, 1990.

Hubei sheng zhi: Dashi ji 湖北省志: 大事记 (Hubei Provincial Gazeteer: Important Events). Hubei renmin chubanshe, Wuhan, 1990.

Huc, Évariste Régis. *A Journey through the Chinese Empire*, Vol. II. New York: Harper and Brothers, 1871.

Huntington, Ellsworth. *The Character of Races as Influenced by Physical Environment, Natural Selection and Historical Development*. New York: Scribner's, 1924.

Imperial Maritimes Customs Service. *Special Catalogue of the Chinese Collection of Exhibits for the International Fisheries Exhibition, London 1883*. Shanghai: Statistical Department of the Inspector General, 1883.

Isaacman, Allen F. and Barbara S. Isaacman. *Dams, Displacement, and the Delusion of Development: Cahora Bassa and Its Legacies in Mozambique, 1965–2007*. Athens, OH: Ohio University Press, 2013.

Isaacs, Harold. *The Tragedy of the Chinese Revolution*. London: Secker and Warburg, 1938.

Jachertz, Ruth and Alexander Nützenadel. 'Coping with Hunger? Visions of a Global Food System, 1930–1960'. *Journal of Global History* 6 (2011), 99–119.

Jackson, Innes. *China Only Yesterday*. London: Faber and Faber, 1938.

Jackson, Jeffrey H. *Paris Under Water: How the City of Light Survived the Great Flood of 1910*. New York: Palgrave Macmillan, 2010.

Jahn, Samia AI Azharia. 'Drinking Water from Chinese Rivers: Challenges of Clarification'. *Journal of Water Supply, Research, and Technology – AQUA* 50 (2001), 15–27.

Janku, Andrea. '"Heaven-Sent Disasters" in Late Imperial China: The Scope of the State and Beyond'. In Christof Mauch and Christian Pfister (eds.), *Natural Disasters, Cultural Responses: Case Studies Toward a Global Environmental History*, pp. 233–64. Lanham, MD: Lexington Books, 2009.

'From Natural to National Disaster: The Chinese Famine of 1928–1930'. In Andrea Janku, Gerrit J. Schenk and Franz Mauelshagen (eds.), *Historical Disasters in Context: Science, Religion, and Politics*, pp. 227–60. New York: Routledge, 2012.

The Internationalization of Disaster Relief in Early Twentieth-century China. In Mechthild Leutner and Goikhman Izabella (eds.), *State, Society and Governance in Republican China* Vol. 43, pp. 6–28. Berlin: Chinese History and Society, 2013.

Jernigan, Thomas R. *Shooting in China*. Shanghai: Methodist Publishing House, 1908.

Ji Xun 芰薰. 'Hankou renrou shichang – Shajia xiang 汉口人肉市场-沙家巷 (Hankou's Meat Market – Shajia Lane)'. *Guangming* 光明, 1936.

Jiang Tong, Zhang Qiang, Zhu Deming and Wu Yijin. 'Yangtze Floods and Droughts (China) and Teleconnections with ENSO Activities (1470–2003)'. *Quaternary International* no. 144 (2006), 29–37.

Jie Shan. 介山 'Hankou zhi kuli 汉口之苦力 (Hankou Coolies)'. *Shenghuo* 生活 19, 1926.

Jobin, William. *Dams and Disease: Ecological Design and Health Impacts of Large Dams, Canals and Irrigation Systems*. London and New York: E & FN Spon, 2003.

Johnson, Lonnie. *Broken Levee Blues*. OKeh 8618, 1928.

Jordan, Donald A. *China's Trial by Fire: The Shanghai War of 1932*. Ann Arbor: University of Michigan Press, 2001.

Junk, Wolfgang, Peter B. Bayley and Richard. E. Sparks. 'The Flood Pulse Concept in River-Floodplain Systems'. In D. P. Dodge (ed.), *Proceedings of the International Large River Symposium (LARS)*. Canadian Special Publication of Fisheries and Aquatic Sciences 106 (1989), 110–27.

Kelleher, Margaret. *The Feminization of Famine: Expressions of the Inexpressible?* Durham: Duke University Press, 1997.

Kellman, Martin C. and Rosanne Tackaberry. *Tropical Environments: The Functioning and Management of Tropical Ecosystems*. New York: Routledge, 1997.

Kilcourse, Carl. *Taiping Theology: The Localization of Christianity in China, 1843–64*. New York: Palgrave Macmillan, 2016.

Knapp, Ronald G. *China's Old Dwellings*. Honolulu: University of Hawai'i Press, 2000.

China's Vernacular Architecture: House Form and Culture. Honolulu: University of

Hawai'i Press, 1989.

Kong Xiangcheng 孔祥成. 'Minguo Jiangsu shourong jizhi jiqi jiuzhu shixiao yanjiu – yi 1931 Jiang-Huai shuizai wei li 民国江苏收容机制及其救助实效研究——以1931年江淮水灾为例 (The Mechanisms and Effectivenesss of Relief in Republican Jiangsu – Using the Example of the 1931 Jiang-Huai Flood)'. *Zhongguo Nongshi* 中国农史, March 2003, 92–101.

'Kongzi danchen yu shuizai 孔子诞辰与水灾 (The Birthday of Confucius and Flood Disasters)'. *Guowen Zhoukan* 国闻周报 8: 35 (1931).

Koslofsky, Craig. *Evening's Empire: A History of the Night in Early Modern Europe.* Cambridge: Cambridge University Press, 2011.

Kotey, Phyllis. 'Judging Under Disaster: The Effect of Hurricane Katrina on the Criminal Justice System'. In Jeremy I. Levitt and Matthew C. Whitaker (eds.), *Hurricane Katrina: America's Unnatural Disaster*, pp. 105–31. Lincoln and London: University of of Nebraska Press, 2009.

Kuang Lu 匡庐. 'Shuizai 水灾 (Flood Disaster)'. *Beidou* 北斗 2: 1 (1932), 129–44.

Kueh, Y. Y. *Agricultural Instability in China, 1931–1990: Weather, Technology, and Institutions.* Oxford: Oxford University Press, 1995.

Kuhlmann, Dirk. 'Negotiating Cultural and Religious Identities in the Encounter with the 'Other': Global and Local Perspectives in the Historiography of Late Qing/Early Republican Christian Missions'. In Thomas Jansen, Thoralf Klein and Christian Meyer (eds.), *Globalization and the Making of Religious Modernity in China: Transnational Religions, Local Agents, and the Study of Religion, 1800-Present.* Leiden: Brill, 2014.

Kum, Ayean. 'Some Chinese Methods of Shooting and Trapping Game'. In *With a Boat and Gun in the Yangtze Valley.* Shanghai: Shanghai Mercury, 1910.

Kuo, Huei-Ying. *Networks beyond Empires: Chinese Business and Nationalism in the Hong Kong-Singapore Corridor, 1914–1941.* Leiden and Boston: Brill, 2014.

Kutak, Robert I. 'The Sociology of Crises: The Louisville Flood of 1937'. *Social Forces* 17: 1 (1938).

Lake, Phillip. S. *Drought and Aquatic Ecosystems: Effects and Responses.* Oxford: Wiley-Blackwell, 2011.

'Flow-generated Disturbances and Ecological Responses: Floods and Droughts'. In Paul J. Wood, David M. Hannah and Jonathan P. Sadler (eds.), *Hydroecology and Ecohydrology: Past, Present and Future*, pp. 75–92. Chichester: John Wiley & Sons, 2007.

Lambers, Hans, F. Stuart Chapin III and Thijs L. Pons. *Plant Physiological Ecology.* New York: Springer-Verlag, 1998.

Lander, Brian. 'State Management of River Dikes in Early China: New Sources on the Environmental History of the Central Yangzi Region'. *T'oung Pao* 100 (2014), 325–62.

Lanfranchi, Sania Sharawi. *Casting off the Veil: The Life of Huda Shaarawi, Egypt's First Feminist.* London and New York: I. B. Tauris, 2012.

Lary, Diana. 'Drowned Earth: The Strategic Breaching of the Yellow River Dyke, 1938'. *War and History* 8: 2, (2001), 191−207.

Laufer, Berthold. *The Domestication of the Cormorant in China and Japan*. Chicago: Field Museum Press, 1931.

Lee, James Z. and Feng Wang. *One Quarter of Humanity: Malthusian Mythology and Chinese Realities*. Cambridge, MA: Harvard University Press, 1999.

Lee, Laurie. *I Can't Stay Long*. Harmondsworth: Penguin, 1975.

Leow, Rachel. '"Do You Own Non-Chinese Mui Tsai?" Re-examining Race and Female Servitude in Malaya and Hong Kong, 1919−1939'. *Modern Asian Studies* 46: 06 (November 2012), 1736−63.

Lescot, Patrick. *Before Mao: The Untold Story of Li Lisan and the Creation of Communist China*. New York: Harper Collins, 2004.

Lewis, Mark Edward. *China between Empires: The Northern and Southern Dynasties*. Cambridge, MA: Harvard University Press, 2009.

 The Early Chinese Empires: Qin and Han. Cambridge, MA, Harvard University Press, 2009.

Li Hui-lin. 'The Domestication of Plants in China: Ecogeographical Considerations'. In David N. Keightley (ed.), *The Origins of Chinese Civilization*, pp. 21−63. Berkeley: University of California Press, 1983.

Li Huaiyin. *Village China under Socialism and Reform: A Micro-History, 1948−2008*. Stanford: Stanford University Press, 2009.

Li, Lillian M. 'Life and Death in a Chinese Famine: Infanticide as a Demographic Consequence of the 1935 Yellow River Flood'. *Comparative Study of Society and History* 33: 3 (1991), 466−510.

 Fighting Famine in North China: State, Market, and Environmental Decline, 1690s−1990s. Stanford: Stanford University Press, 2007.

Li Qin 李勤. 'San shi nian dai shuizai dui zaimin shehui xinli de yingxiang – yi Liang Hu diqu wei li 三十年代水灾对灾民社会心理的影响—以两湖地区为例 (The Impact of 1930's Flooding Upon the Social Pschology of Refugees – Using Hubei and Hunan as an Example)'. *Jianghan Luntan 江汉论坛* 3 (2007), 101−3.

Li Wenhai 李文海, Cheng Xiao 程啸, Liu Yangdong 刘仰东 and Xia Mingfang 夏明方. *Zhongguo jindai shi da zaihuang 中国近代十大灾荒 (The Ten Great Disasters in Modern Chinese History)*. Shanghai: Shanghai renmin chubanshe, 1994.

Li Xia 黎霞. 'Fuhe rensheng: Minguo shiqi Wuhan matou gongren yanjiu 负荷人生: 民国时期武汉码头工人研究 (A Burdened Life: Dockers in Republican Wuhan)'. Doctoral thesis, Huazhong shifan daxue, 2007.

 'Matou gongren qunti yu jindai Wuhan chengshi hua 码头工人群体与近代武汉城市化 (Docker Organisations and Urbanisation in Modern Wuhan)'. *Hubei Daxue Xuebao 湖北大学学报* 37 (March 2010), 25−9.

Liang, M. T. 'Combating the Famine Dragon'. *News Bulletin (Institute of Pacific Relations)*, April 1928.

Likens, Gene E. *River Ecosystem Ecology: A Global Perspective*. Amsterdam: Academic Press, 2010.

'Linbai suo she zhi Zhongguo shuizai zhaopian 林白所摄之中国水灾照片 (Lindbergh's Pictures of the Flood)'. *Dongfang Zazhi 东方杂志*, 29: 2 (1932).

Lindbergh, Anne Morrow. *North to the Orient*. Orlando, FL: Harcourt Brace and Co., 2004 (1935).

Lipkin, Zwia. *Useless to the State 'Social Problems' and Social Engineering in Nationalist Nanjing, 1927–1937*. Cambridge MA: Harvard University Press, 2006.

Little, Archibold. *Through the Yang-tse Gorges or Trade and Travel in Western China*. London: Samson Low, Marston and Co, 1898.

Liu Fudao 刘富道. *Tianxia diyi jie: Wuhan Hanzheng jie 天下第一街: 武汉汉正街* (The First Street Under Heaven: Wuhan's Hanzheng Street). Wuhan: Chong wen shu ju, 2007.

Liu, Lydia. *Translingual Practice: Literature, National Culture, and Modernity–China, 1900–1937*. Stanford: Stanford University Press, 1995.

Liu Sijia 刘思佳. 'Hankou Zhongshan Gongyuan bainian huikan 汉口中山公园百年回看 (Looking Back on One Hundred Years of Sun Yat-sen Park).' *Wuhan Wenshi Ziliao武汉文史资料* 9 (2010), 39–45.

'Liu Wendao tan Hankou shi muqian jianshe gaikuang 刘文岛谈汉口市目前建设概况 (Liu Wendao Discusses Wuhan's Recent Urban Planning)'. *Daolu Yuekan 道路月刊*, 33: 3, 1931.

Liu, Ts'ui-jung. 'A Retrospection of Climate Changes and Their Impact in Chinese History'. In Carmen Meinert(ed.), *Nature, Environment and Culture in East Asia: The Challenge of Climate Change*. Leiden and Boston: Brill, 2013.

'Dike Construction in Ching-chou: A Study Based on the 'T'i-fang chin' Section of the Ching-chou fu-chih'. *Papers on China* 23 (1970), 1–28.

Lora-Wainwright, Anna. *Fighting for Breath: Cancer, Healing and Social Change in a Sichuan Village*. Honolulu: University of Hawai'i Press, 2013.

Lu Hanchao. *Beyond the Neon Lights: Everyday Shanghai in the Early Twentieth Century*. Berkeley: University of California Press, 1999.

Street Criers: A Cultural History of Chinese Beggars. Stanford: Stanford University Press, 2005.

Lu, Tracey Lie Dan. *The Transition from Foraging to Farming and the Origin of Agriculture in China*, BAR International Series, Vol. 774. Oxford: Hadrian Books, 1999.

Lu Xuegan 吕学赶, and Renmin Tang 唐仁民. 'Hankou Zhongshan Gongyuan dongwuyuan de pianduan huiyi 汉口中山公园动物园的片段回忆 (Some Memories of the Hankou Sun Yat-sen Park Zoo)'. *Wuhan Wenshi Ziliao 武汉文史资料* 9 (2006), 4–8.

Luo Han 罗汉. *Minchu Hankou zhuzhici jinzhu 民初汉口竹枝词今注* (Early Republican

Bamboo Branch Verses). Edited by Xu Mingting 徐 明 庭. Beijing: Zhongguo Dang'an Chubanshe, 2001.

Lynn, Madeleine. *Yangtze River: The Wildest, Wickedest River on Earth*. Oxford: Oxford University Press, 1997.

Ma Zhao. *Runaway Wives, Urban Crimes, and Survival Tactics in Wartime Beijing, 1937– 1949*. Cambridge, MA: Harvard University Press, 2015.

Macintyre, Kate. 'Famine and the Female Mortality Advantage'. In Tim Dyson and Cormac Ó Gráda (eds.), *Famine Demography: Perspectives from the Past and Present*, pp. 240–43. Oxford: Oxford University Press, 2006.

Mackenzie, Donald A. *Myths of China and Japan*. London: Gresham Publishing Company, 1923.

Mackinnon, Stephen. 'Refugee Flight at the Outset of the Anti-Japanese War'. In Diana Lary and Stephen MacKinnon (eds.), *The Scars of War: The Impact of Warfare on Modern China*, pp. 118–35. Vancouver: University of British Columbia Press, 2001.
Wuhan, 1938: War, Refugees, and the Making of Modern China. Berkeley: University of California Press, 2008.
'Wuhan's Search for Identity in the Republican Period'. In Joseph W. Esherick (ed.), *Remaking the Chinese City: Modernity and National Identity, 1900–1950*. Honolulu: University of Hawai'i Press, 2000.

MacPherson, Kerrie. 'Cholera in China, 1820–1930: An Aspect of the Internationalization of Infectious Disease'. In Mark Elvin and Ts'ui-jung Liu (eds.), *Sediments of Time: Environment and Society in Chinese History*, 487–519. Cambridge: Cambridge University Press, 1998.

Major, John S. 'Characteristics of Late Chu Religion'. In Constance A. Cook and John S. Major (eds.), *Defining Chu: Image and Reality in Ancient China*, 121–44. Honolulu: University of Hawai'i Press, 1999.

Mallory, Walter H. *China: Land of Famine*. Worcester, MA: Commonwealth Press, 1926.

Mann, Susan. *Local Merchants and the Chinese Bureaucracy, 1750–1950*. Stanford: Stanford University Press, 1987.

Marks, Robert. *China: Its Environment and History*. Lanham, MD: Rowman and Littlefield, 2012.

Martin, G. Neil. *The Neuropsychology of Smell and Taste*. London and New York: Psychology Press, 2013.

Massumi, Brian. *Parables of the Virtual: Movement, Affect, Sensation*. Durham: Duke University Press, 2002.

Matt, Susan J. and Peter N. Stearns. *Doing Emotions History*. Urbana: University of Illinois Press, 2014.

Matthews, William J. *Patterns in Freshwater Fish Ecology*. London: Chapman and Hall, 1998.

Maxwell, James, M. 'The History of Cholera in China'. *The China Medical Journal*, XLI: 7

341

(July 1927).

Maze, Frederick. *Documents Illustrative of the Origin, Development, and Activities of the Chinese Customs Service: Volume 4 – Inspector General's Circulars 1924 to 1931.* Shanghai, 1939.

McCord, Edward A. *Military Force and Elite Power in the Formation of Modern China.* London and New York: Routledge, 2014.

McCully, Patrick. *Silenced Rivers: The Ecology and Politics of Large Dams.* London: Zed Books, 1998.

McNeill, John. *Mosquito Empires: Ecology and War in the Greater Caribbean, 1620–1914.* Cambridge: Cambridge University Press, 2010.

'China's Environmental History in World Perspective'. In Mark Elvin and Ts'uijung Liu (eds.), *Sediments of Time: Environment and Society in Chinese History*, 31–52. Cambridge: Cambridge University Press, 1998.

The Great Acceleration: An Environmental History of the Anthropocene since 1945. Cambridge, MA: The Belknap Press of Harvard University Press, 2014.

Something New Under the Sun: An Environmental History of the Twentieth Century. London: Allen Lane, 2000.

Meissner, Daniel J. *Chinese Capitalists versus the American Flour Industry, 1890–1910.* Lewiston: The Edwin Meller Press, 2005.

Meyer-Fong, Tobie. *What Remains: Coming to Terms with Civil War in 19th Century China.* Stanford: Stanford University Press, 2013.

Middleton, Beth A. (ed.). *Flood Pulsing in Wetlands: Restoring the Natural Hydrological Balance.* New York: John Wiley & Sons, 2002.

Mikhail, Alan. *Nature and Empire in Ottoman Egypt: An Environmental History.* Cambridge: Cambridge University Press, 2011.

Mitsch, William J. and James G. Gosselink. *Wetlands.* 4. Hoboken, NJ: John Wiley & Sons, 2007.

Mitter, Rana. *A Bitter Revolution: China's Struggle with the Modern World.* Oxford: Oxford University Press, 2004.

China's War with Japan, 1937–1945: The Struggle for Survival. London: Penguin, 2013.

Morris, Christopher. *The Big Muddy: An Environmental History of the Mississippi and Its Peoples from Hernando de Soto to Hurricane Katrina.* Oxford: Oxford University Press, 2012.

Mühlhahn, Klaus. 'The Concentration Camp in Global Historical Perspective'. *History Compass* 8: 6 (2010), 543–61.

Criminal Justice in China: A History. Cambridge, MA: Harvard University Press, 2009.

Mukherjee, Janam. *Hungry Bengal: War, Famine and the End of Empire.* Oxford: Oxford University Press, 2015.

Muscolino, Micah. *The Ecology of War in China: Henan Province, the Yellow River, and*

Beyond, 1938–1950. Cambridge: Cambridge University Press, 2015.

Nathan, Andrew James. *A History of the China International Famine Relief Commission*. Cambridge, MA.: Harvard University Press, 1965.

National Flood Relief Commission. *Report of the National Flood Relief Commission 1931– 1932*. Shanghai, 1933.

National Government of the Republic of China. 'Emergency Law for the Suppression of Crimes Against the Safety of the Republic'. In *The Search for Modern China: A Document Collection*, pp. 275–277. New York: W. W. Norton, 1999.

Nedostup, Rebecca. *Superstitious Regimes: Religion and the Politics of Chinese Modernity*. Cambridge, MA: Harvard University Asia Center, 2009.

Needham, Joseph, Kenneth Girdwood Robinson and Ray Huang. *Science and Civilisation in China: The Social Background Part 2 – General Conclusions and Reflections*, Vol. 7. Cambridge: Cambridge University Press, 2004.

Needham, Joseph, Gwei-djen Lu and Hsing-Tung Huang. *Science and Civilisation in China: Vol. 6 Pt. I: Botany*. Cambridge: Cambridge University Press, 1986.

Newell, Barry and Robert Wasson. 'Social System vs Solar System: Why Policy Makers Need History'. In S. Castelein and A. Otte (eds.), *Conflict and Cooperation Related to International Water Resources: Historical Perspectices*, 3–17. Grenoble: UNESCO, 2002.

Notestein, Frank W. 'A Demographic Study of 38, 256 Rural Families in China'. *The Milbank Memorial Fund Quarterly* 16: 1 (January 1938), 57–79.

O'Daniel, Patrick. *When the Levee Breaks: Memphis and the Mississippi Valley Flood of 1927*. Charleston and London: The History Press, 2013.

Ó Gráda, Cormac. *Black '47 and Beyond: The Great Irish Famine in History, Economy, and Memory*. Princeton: Princeton University Press, 1999.

Eating People Is Wrong, and Other Essays on Famine, Its Past, and Its Future. Princeton and Oxford: Princeton University Press, 2015.

Famine: A Short History. Princeton: Princeton University Press, 2009.

'Great Leap into Famine: A Review Essay'. *Population and Development Review* 37: 1 (March 2011), 191–210.

Ó Gráda, Cormac and Joel Mokyr. 'Famine Disease and Famine Mortality: Lessons from the Irish Experience, 1845–1850'. In Cormac Ó Gráda and Tim Dyson (eds.), *Famine Demography: Perspectives from the Past and Present*, 19–43. Oxford: Oxford University Press, 2002.

Oliver-Smith, Anthony. 'Anthropological Research on Hazards and Disaster'. *Annual Review of Anthropology* 25 (1996): 303–28.

Orchard, Dorothy Johnson. 'Man-Power in China I'. *Political Science Quarterly* 50: 4 (1935): 561–83.

Osborne, Anne. 'Highlands and Lowlands: Economic and Ecological Interactions in the Lower Yangzi Region under the Qing'. In Mark Elvin and Ts'uijung Liu (ed.), *Sediments of*

Time: Environment and Society in Chinese History, pp. 203–34. Cambridge: Cambridge University Press, 1998.

Ouyang Tieguang 欧阳铁光. 'Zaihuang yu nongmin de shengcun weiji – yi 20 shiji 30 niandai qianqi Changjiang zhong xiayou diqu wei zhongxīn 灾荒与农民的生存危机—以20世纪30年代前期长江中下游地区为中心 (Disasters and the Crisis Survival of Peasants in the Middle and Lower Yangzi in the 1930s)'. *Huaihua Xueyuan Xuebao* 怀化学院学报 7 (2006).

Ouyang Wen 欧阳文. 'Xia siling guibai Longwang 夏司令跪拜龙王 (Commander Xia Kneels and Prays to the Dragon King)'. In *Wuhan Wenshi Ziliao* 武汉文史资料, Vol. 13, 144–5. Hubei sheng Wuhan shi wenshi ziliao yanjjiu weiyuanhui, 1983.

Overmyer, Daniel L. *Local Religion in North China in the Twentieth Century: The Structure and Organization of Community Rituals and Beliefs.* Leiden: Brill, 2009.

Oxenham, E. L. 'History of Han Yang and Hankow'. *China Review* 1: 6 (1873). 'On the Inundations of the Yang-tse-Kiang'. *Journal of the Royal Geographical Society of London* 45 (1875).

Paltemaa, Lauri. *Managing Famine, Flood, and Earthquake in China: Tianjin, 1958–1985.* New York: Routledge, 2016.

Paranjape, Makarand R. '"Natural Supernaturalism?" The Tagore-Gandhi Debate on the Bihar Earthquake'. *The Journal of Hindu Studies* 4: 2 (2011), 176–204.

Peckham, Robert. *Epidemics in Modern Asia.* Cambridge: Cambridge University Press, 2016.

Pedersen, Susan. *The Guardians: The League of Nations and the Crisis of Empire.* Oxford: Oxford University Press, 2015.

Percival, William Spencer. *The Land of the Dragon: My Boating and Shooting Excursions to the Gorges of the Upper Yangtze.* London: Hurst and Blackett, 1889.

Perdue, Peter C. *Exhausting the Earth: State and Peasant in Hunan, 1500–1850.* Cambridge, MA: Harvard University Press, 1987.

Pfister, Christian. 'Learning from Nature-Induced Disasters Theoretical Considerations and Case Studies from Western Europe'. In Christof Mauch and Christian Pfister (eds.), *Natural Disasters, Cultural Responses Case Studies Toward a Global Environmental History*, 17–40. Lanham, MD: Lexington Books, 2009.

Pi Mingxiu 皮明庥 (ed.). *Wuhan tongshi: Minguo juan – shang* 武汉通史：民国卷-上 (*A Comprehensive History of Wuhan: The Republican Period – Part One).* Wuhan: Wuhan Chubanshe, 2006.

Wuhan tongshi: Minguo juan – xia 武汉通史：民国卷-下 (*A Comprehensive History of Wuhan: The Republican Period – Part Two).* Wuhan: Wuhan chubanshe, 2006.

Wuhan tongshi: Wan Qing juan – shang 武汉通史：晚清卷-下 (*A Comprehensive History of Wuhan: The Late Qing – Part One).* Wuhan: Wuhan chubanshe, 2006.

Wuhan tongshi: wan Qing juan – xia 武汉通史：晚清卷-下 (*A Comprehensive History of Wuhan: The Late Qing – Part Two).* Wuhan: Wuhan chubanshe, 2006.

Wuhan tongshi: Zhonghua Renmin Gongheguo – shang 武汉通史: 中华人民共和国-上 (*A Comprehensive History of Wuhan: People's Republic of China – Part one*). Wuhan: Wuhan chubanshe, 2006.

Pi Zuoqiong 皮作琼. 'Senlin yu shuizai 森林与水灾. (Forests and Floods)' *Dongfang Zazhi* 东方杂志 20, no. 18 (1923).

Pickens, Claude. 'Rev. Claude L. Pickens, Jr. collection on Muslims in China' Album 3, ca. 1932–1947 Harvard-Yenching Library.

Pietz, David A. *Engineering the State: The Huai River and Reconstruction in Nationalist China, 1927–1937*. London: Routledge, 2002.

The Yellow River: The Problem of Water in Modern China. Cambridge, MA: Harvard University Press, 2015.

Pomeranz, Kenneth. 'Water to Iron, Widows to Warlords: The Handan Rain Shrine in Modern Chinese History'. *Late Imperial China* 12: 1 (June 1991), 62–99.

Poon, Shuk-Wah. 'Cholera, Public Health, and the Politics of Water in Republican Guangzhou'. *Modern Asian Studies* (December 2012), 131.

Negotiating Religion in Modern China: State and Common People in Guangzhou: 1900–1937. Hong Kong: The Chinese University Press, 2011.

Quinn, W. H. and V. T. Neal. 'The Historical Record of El Niño Events.' In Raymond Bradley and Philip Jones (eds.), *Climate since A.D. 1500*, 623–48. London: Routledge, 1992.

Rahav, Shakhar. *The Rise of Political Intellectuals in Modern China: May Fourth Societies and the Roots of Mass-Party Politics*. Oxford: Oxford University Press, 2015.

Rajchman, Ludwik. *Report of the Technical Agent of the Council on His Mission to China*. Geneva: Council Committee on Technical Co-operation Between the League of Nations and China, 1934.

Rangasami, Amrita. '"Failure of Exchange Entitlements" Theory of Famine: A Response'. *Economic and Political Weekly* 20: 42 (October 1985), 1797–1801.

Reeves, Caroline. 'The Red Cross Society of China, Past, Present, and Future'. In Jennifer Ryan, Lincoln C. Chen and Anthony J Saich (eds.), *Philanthropy for Health in China*, pp. 214–23. Bloomington: Indiana University Press, 2014.

Reice, Seth R. *The Silver Lining: The Benefits of Natural Disasters*. Princeton: Princeton University Press, 2001.

'Renhuo! Tianzai!! Waihuan!!! 人祸! 天灾!! 外患!!! (Human-Made Calamity! Natural Disaster!! Foreign Aggression!!!)'. *Ziqiang Zhoubao* 自强周报 1, no. 1 (1931).

Rensselaer, Catharina Van. *A Legacy of Historical Gleanings*. Albany, NY: J. Munsell, 1875.

Richards, John F. *The Unending Frontier: An Environmental History of the Early Modern World*. Berkeley: University of California Press, 2003.

Richards, Louis. *Comprehensive Geography of the Chinese Empire and Dependencies*, trans. M. Kennelly. Shanghai: Tusewei Press, 1908.

Ricklefs, M. C., Bruce Lockhart, Albert Lau, Portia Reyes and Maitrii Aung-Thwin. *A New*

History of Southeast Asia. New York: Palgrave Macmillan, 2010.

Rogaski, Ruth. *Hygienic Modernity: Meanings of Health and Disease in Treaty-Port China*. Berkeley: University of California Press, 2004.

Ross, Stephen T. *Ecology of North American Freshwater Fishes*. Berkeley: University of California Press, 2013.

Rowe, William T. 'Bao Shichen and Agrarian Reform in Early Nineteenth-Century China'. *Frontiers in the History of China* 9: 1 (2014), 1–31.

Crimson Rain: Seven Centuries of Violence in a Chinese County. Stanford: Stanford University Press, 2007.

Hankow: Commerce and Society in a Chinese City, 1796–1889. Stanford: Stanford University Press, 1984.

Hankow: Conflict and Community in a Chinese City, 1796–1895. Stanford: Stanford University Press, 1989.

'Water Control and the Qing Political Process: The Fankou Dam Controversy'. *Modern China* 14: 4 (October 1988), 353–87.

Rozario, Kevin. *The Culture of Calamity: Disaster and the Making of Modern America*. Chicago: University of Chicago Press, 2007.

Sapio, Flora. *Sovereign Power and the Law in China*. Leiden: Brill, (2010).

Sautman, Bary. 'Myths of Descent, Racial Nationalism and Ethnic Minorities in the People's Republic of China'. In Frank Dikötter (ed.), *The Construction of Racial Identities in China and Japan: Historical and Contemporary Perspectives*, 75–95. London: C. Hurst & Co, 1997.

Schubert, S. D., M. J. Suarez, P. J. Region, R. D. Koster and J. T. Bacmeister. 'On the Cause of the 1930s Dust Bowl'. *Science* 303 (2004), 1855–9.

Scott, James C. *The Moral Economy of Peasants: Rebellion and Subsistence in South East Asia*. New Haven: Yale University Press, 1976.

Seigworth, Gregory and Melissa Gregg (eds.). *The Affect Theory Reader*. Durham: Duke University Press, 2010.

Sen, Amartya. *Poverty and Famines: An Essay on Entitlement and Deprivation*. Delhi: Oxford University Press, 1981.

Sha Qingqing 沙青青. 'Xinyang yu quanzheng: 1931 nian Gaoyou "da Chenghuang" fengchao zhi yanjiu, 信仰与权争: 1931年高邮"打城隍"风潮之研究 (Faith and the Fight for Power: The 1931 "Beat the City God" Movement in Gaoyou)'. *Jindai Shi Yanjiu (近代史研究)*, 1 (2010), 115–27.

Shang Ruobing 商若冰. '"Gaibang" tanmi "丐帮" 探秘 (Secrets of "Beggar Guilds")'. In Xiao Zhihua 肖志华 and Yan Changhong 严昌洪 (eds.), *Wuhan Zhanggu武汉掌故*. Wuhan: Wuhan chubanshe, 1994.

Shapiro, Judith. *Mao's War against Nature: Politics and the Environment in Revolutionary China*. Cambridge: Cambridge University Press, 2001.

Shaw, Rajib, Juan M. Pulhin, and Joy J. Pereira. *Climate Change Adaptation and Disaster Risk Reduction: An Asian Perspective*. Bingley: Emerald, 2010.

She Ying 社英. 'Funu ying fu jiuji shuizai zhi zeren 妇女应负救济水灾之责任 (Women Should Take Responsibility for Flood Relief)'. *Funu Gongming 妇女共鸣*, 1931.

Shiroyama, Tomoko. *China during the Great Depression: Market, State, and the World Economy, 1929–1937*. Cambridge, MA: Harvard University Press, 2008.

'Shourong 收容 (Refuge)' HSSDX pp. 52–7.

Shu, H. J. 'Some Attempts at Sanitary Reform at Hankow since the Revolution on 1911'. *Zhonghua Yixue Zazhi 中华医学杂志*, 2, no. 1 (1916), 43–9.

Shuiye Xingji 水野幸吉. [Mizuno Kokichi]. *Hankou – Zhongyang Zhina shiqing 汉口—中央支那事情* (Hankou – Central China Affairs). Shanghai: wuming gongsi, 1908. This is the translation of the Japanese original published the previous year.

'Shuizai hou zhi liangshi wenti 水灾后之粮食问题 (The Post-Flood Food Problem)'. *Nanjing Shi Zhengfu Gongbao 南京市政府公报* 95 (1931).

Simoons, Frederick J. *Eat Not This Flesh: Food Avoidances from Prehistory to the Present*. Madison and London: University of Wisconsin Press, 1994.

Skinner, G. William. 'Regional Urbanization in Nineteenth-Century China'. In G. William Skinner (ed.). *The City in Late Imperial China*, pp. 211–49. Stanford: Stanford University Press, 1977.

Smil, Vaclav. *China's Past, China's Future: Energy, Food, Environment*. New York: Routledge Curzon, 2004.

Smith, Arthur. *Chinese Characteristics*, 96. New York: Revell, (1894).

Smith, Joanna Handlin. *The Art of Doing Good: Charity in Late Ming China*. Berkeley: University of California Press, 2009.

Smith, Mark M. *Sensory History*. Oxford: Berg, 2007.
Sensing the Past: Seeing, Hearing, Smelling, Tasting, and Touching in History. Berkeley: University of California Press, 2007.

Snyder-Reinke, Jeffrey. *Dry Spells: State Rainmaking and Local Governance in Late Imperial China*. Cambridge, MA: Harvard University Asia Center, 2009.

Spence, Jonathan D. *God's Chinese Son: The Taiping Heavenly Kingdom of Hong Xiuquan*, 17. New York: W. W. Norton & Company, 1996.

Stark, Miriam T. (ed.). *Archeology of Asia*. Oxford: Blackwell, 2006.

Sterckx, Roel. *The Animal and the Daemon in Early China*. New York: State University of New York Press, 2002.

Stroebe, George. 'The General Problem of Relief from Floods'. *The China Weekly Review* 31 October 1931.

Su Shi'an 苏世安 'Gong'anju cheng nanmin taoji Guishan ji Binggongchang bei yan hou qingxing wen 公安局呈难民逃集龟山及兵工厂被淹后情形文 (Police Report on Refugees Sheltering on Turtle Mountain Following the Inundation of the [Hanyang] Arsenal)'

HSSDX, 293–4.

Sun Yat-sen. *The International Development of China*. Shanghai: Commercial Press, 1920.

Suryadinata, Leo. *Prominent Indonesian Chinese: Biographical Sketches*. Singapore: Institute of Southeast Asian Studies, 1995.

Sutton, Donald S. ʻShamanism in the Eyes of Ming and Qing Elitesʼ. In Kwang-Ching Liu and Richard Hon-Chun Shek (eds.), *Heterodoxy in Late Imperial China*, pp. 209–37. Honolulu: University of Hawaiʻi Press, 2004.

Tang Jian 唐健 (ed.). *Hong'an xian zhi 红安县志* (Hong'an County Gazetteer). Shanghai: Shanghai Renmin Chubanshe, 1992.

Tao Dinglai 陶鼎来 (Oral Testimony), Li Senlin 李森林 and Zhou Yeqing 周叶青. ʻTao Shuzeng yu 1954 nian Wuhan da hongshui 陶述曾与1954年武汉大洪水 (Tao Shuzeng and the 1954 Wuhan Flood). *Wuhan Wenshi Ziliao 武汉文史资料* 12 (2005), 20–3.

Tao Jingliang. ʻThe Features of the Three Gorges Damʼ. In Shui-Hung Luk and Joseph Whitney (eds.), *Megaproject: A Case Study of China's Three Gorges Dam*. Armonk, NY: M. E. Sharpe, 1993.

Tao Zhifu 陶直夫 [Junrui Qian 钱俊瑞]. ʻYi jiu san yi nian da shuizai zhong Zhongguo nongcun jingji de pochan 一九三一年大水灾中中国农村经济的破产 (The Bankruptcy of the Chinese Rural Economy During the Great 1931 Flood)ʼ. *Xin Chuangzao 新创造* 1: 2 (1932).

Tawney, Richard Henry. *The Attack And Other Papers*. New York: Books for Libraries Press, 1981.

Taylor, Jeremy E. ʻThe Bund: Littoral Space of Empire in the Treaty Ports of East Asiaʼ. *Social History* 27: 2 (2002), 125–42.

Thaxton, Ralph. *Catastrophe and Contention in Rural China: Mao's Great Leap Forward Famine and the Origins of Righteous Resistance in Da Fo Village*. Cambridge: Cambridge University Press, 2008.

Thomas, Amanda J. *The Lambeth Cholera Outbreak of 1848–1849: The Setting, Causes, Course and Aftermath of an Epidemic in London*. Jefferson, NC: McFarland and Company, 2010.

Thorbjarnarson, John, and Xiaoming Wang. *The Chinese Alligator: Ecology, Behavior, Conservation, and Culture*. Baltimore: Johns Hopkins University Press, 2010.

Tian Min. *Mei Lanfang and the Twentieth-Century International Stage: Chinese Theatre Placed and Displaced*. New York: Palgrave Macmillan, 2012.

Tian Ziyu 田子渝. *Wuhan Wusi Yundong shi 武汉五四运动史* (The History of the May Fourth Movement in Wuhan). Wuhan: Changjiang chubanshe, 2009.

Tilt, Bryan. *Dams and Development in China: The Moral Economy of Water and Power*. New York: Columbia University Press, 2015.

Todd, Oliver J. *Two Decades in China*. Ch'eng Wen Publishing Company, 1971.

Toole, Micheal J. ʻRefugees and Migrantsʼ. In Jim Whitman (ed.), *The Politics of Emerging and Resurgent Infectious Diseases*, pp. 110−29. London: Macmillan, 2000.

Trescott, Paul B. 'Henry George, Sun Yat-Sen and China: More than Land Policy Was Involved'. *The American Journal of Economics and Sociology* 53 (1994).

Tu Chang-Wang [涂长望]. 'On the Relation between the Great Flood of 1931, the Drought of 1934 and the Centres of Action in the Far East'. *Guoli Zhongyang Yanjiu Yuan Qixiang Yanjiusuo Jikan "国立中央研究院" 气象研究所集刊* 10 (1937).

Tu Deshen 涂德深, and Yang Zhichao 杨志超. 'Wuhan Longwang Miao de bianqian 武汉 龙王庙的变迁 (The Transformation of Wuhan's Dragon King Temple [Area])'. *Hubei Wenshi Ziliao 湖北文史资料* 3 (2002).

Turvey, Samuel. *Witness to Extinction: How We Failed to Save the Yangtze River Dolphin*. Oxford: Oxford University Press, 2008.

Tyner, James. *Genocide and the Geographical Imagination: Life and Death in Germany, China, and Cambodia*. Lanham, MD: Rowman & Littlefield, 2012.

Upward, Bernard. *The Sons of Han: Stories of Chinese Life and Mission Work*. London: London Missionary Society, 1908.

Valdés, Helena Molin. 'A Gender Perspective on Disaster Risk Reduction'. In Elaine Enarson and P. G. Dhar Chakrabarti (eds.), *Women, Gender and Disaster: Global Issues and Initiatives*, 18−28. Los Angeles: SAGE, (2009).

Van de Ven, Hans J. *Breaking with the past: The Maritime Customs Service and the Global Origins of Modernity in China*. New York: Columbia University Press, 2014.

'Globalizing Chinese History, '. *History Compass* 2 (2004), 1−5.

War and Nationalism in China 1925−1945. London: Routledge Curzon, 2003.

Van Dijk, Albert, Meine Van Noordwijk, Ian Calder, Sampurno Bruijnzeel, Jaap Schellekens and Nick Chappell. 'Forest-Flood Relation Still Tenuous – Comment on "Global Evidence that Deforestation Amplifies Flood Risk and Severity in the Developing World" by C. J. A. Bradshaw, N. S. Sodi, K. S.-H. Peh and B. W. Brook'. *Global Change Biology* 15 (2009), 110−15.

Van Slyke, Lyman P. *Yangtze: Nature, History and the River*. New York: Addison-Wesley, 1988.

Vermeer, Eduard B. 'Population and Ecology along the Frontier in Qing China'. In Mark Elvin and T'sui-jung Liu (eds.), *Sediments of Time: Environment and Society in Chinese History*, pp. 235−79. Cambridge: Cambridge University Press, 1998.

Vishnyakova, Vera Vladimirovna. *Two Years in Revolutionary China, 1925−1927*. Cambridge, MA: Harvard University Press, 1971.

Von Glahn, Richard. 'Household Registration, Property Rights, and Social Obligations in Imperial China: Principles and Practices'. In Keith Breckenridge and Simon Szreter (eds.), *Registration and Recognition: Documenting the Person in World History*, pp. 39−66. Oxford: Oxford University Press, 2012.

Wade, Henling Thomas. *With Boat and Gun in the Yangtze Valley*. Shanghai: Shanghai

Mercury, 1910.

Wagstaff, Adam, Magnus Lindelow, Shiyong Wang and Shuo Zhang. *Reforming China's Rural Health Care System*. Washington, DC: The World Bank, 2009.

Wakeman, Frederic. *Policing Shanghai, 1927–1937*. Berkeley: University of California Press, 1995.

——— *Spymaster: Dai Li and the Chinese Secret Service*. Berkeley: University of California Press, 2003.

Walsh, James A. *Observations in the Orient: The Account of a Journey to Catholic Mission Fields in Japan, Korea, Manchuria, China, Indo-China, and the Philippines*. Ossining and New York: Catholic Foreign Mission Society of America, 1919.

Wang Guowei 王国威. 'Fu xiu difang tanwu fen fei 复修堤防贪污分肥 (The Rehabilitation of the Dyke Network Spoiled by Corruption)'. *Wuhan Wenshi* Ziliao 武汉文史资料, Vol. 13, 146–7. Hubei sheng Wuhan shi wenshi ziliao yanjjiu weiyuanhui, 1983.

Wang Huazhen 汪华贞. 'Hankou tebie shi furu jiuji yuan de guoqu xianzai he jianglai 汉口特别市妇孺救济院的过去现在和将来 (Hankou Special City Women and Children's Relief Institution, Past, Present, and Future)'. *Xin Hankou* 新汉口 1, no. 4 (1929).

Wang Jianzhu, Huang Jianhui, Wu Jianguo, Han Xingguo and Lin Guanghui. 'Ecological Consequences of the Three Gorges Dam: Insularization Affects Foraging Behavior and Dynamics of Rodent Populations'. *Frontiers in Ecology and the Environment* 8: 1 (February 2010), 13–19.

Wang Jianzhu, Gu Binhe, Huang Jianhui, Han Xingguo, Lin Guanghui, Zheng Fawen and Li Yuncong. 'Terrestrial Contributions to the Aquatic Food Web in the Middle Yangtze River'. *PLoS ONE* 9: 7 (2014).

Wang Lin 王林. 'Ping 1931 nian Jiang-Huai shuizai jiuji zhong de meimai jiekuan, 评 1931 年江淮水灾救济中的美麦借款 (Analysis of the American Wheat Loan during the 1931 Jiang-Huai Flood)'. *Shangong Shifan Daxue Xuebao* 山东师范大学学报, 56, no. 1 (2011), 77–81.

Wang Weiyin 王维骃. 'Jiuji shuizai zhong zhi xiaomai wenti 救济水灾中之小麦问题 (The Flood Relief Wheat Problem)'. *Gongshang Banyuekan* 工商半月刊 21 (1931).

Wang Wensheng. *White Lotus Rebels and South China Pirates*. Cambridge, MA: Harvard University Press, 2014.

Warren, James. 'A Tale of Two Decades: Typhoons and Floods, Manila and the Provinces, and the Marcos Years'. *The Asia Pacific Journal: Japan Focus* 11 (2013), 1–11.

Watson, Philip. *Grand Canal, Great River: The Travel Diary of a Twelfth-Century Poet*. London: Francis Lincoln Limited, 2007.

Watts, Michael J. and Hans G. Bohle. 'The Space of Vulnerability: The Causal Structure of Hunger and Famine'. *Progress in Human Geography* 17: 1 (1993), 43–67.

Weatherley, Robert. *Making China Strong: The Role of Nationalism in Chinese Thinking on Democracy and Human Rights*. Basingstoke and New York: Palgrave Macmillan, 2014.

Webb, James L. A. *Humanity's Burden: A Global History of Malaria*. Cambridge: Cambridge University Press, 2009.

Weber, Max. *The Protestant Ethic and the Spirit of Capitalism*. London: Routledge, 2005 (1905).

'Wei daishou gongfei qu nei nanmin zaikuan qishi 为代收共匪区内难民灾款启 (Collecting Funds for the Refugees in the Communist Bandit Area)'. *Jiuguo Zhoukan 救国周刊* 1, no. 5 (1932).

Wei, Shang. 'A Lamentation for the Yellow River: The Three Gate Gorge Dam (Sanmenxia)'. In Dai Qing (ed.), *The River Dragon Has Come!: The Three Gorges Dam and the Fate of China's Yangtze River and Its People*, 143–59. Armonk, NY: M. E. Sharpe, 1998.

Wei Yuan 魏源. 'Hubei difang yi 湖北堤防议 (Dykes in Hubei)'. In *Wei yuan quan ji 魏源全集 (The Collected Works of Wei Yuan)*, Vol. 12, 368–9. Changsha: Yuelu shushe, 2004 (Qing).

'Huguang shuili lun 湖广水利论 (Water Conservancy in Huguang)'. In *Wei yuan quan ji 魏源全集 (The Collected Works of Wei Yuan)*, Vol. 12 365–7. Changsha: Yuelu shushe, 2004 (Qing).

Weyl, Walter E. 'The Chicago of China'. *Harper's Monthly Magazine* (1918 October), 716–24.

WFZZ, *Dang lingdao renmin zhansheng le hongshui 党领导人民战胜了洪水 (The Party Leads the People to Victory over the Flood)*. Wuhan: Hubei renmin chubanshe, 1954.

Wheatcroft, S. G. 'Towards Explaining Soviet Famine of 1931–33: Political and Natural Factors in Perspective'. *Food & Foodways* 12 (2004), 107–36.

White, Gilbert F. *Human Adjustment to Floods*. Chicago: Department of Geography, University of Chicago, 1945.

Natural Hazards: Local, National, Global. New York: Oxford University Press, 1974.

White, Richard. *It's Your Misfortune and None of My Own: A New History of the American West*. Norman: University of Oklahoma Press, 1991.

White, Walter. *A Man Called White: The Autobiography of Walter White*. New York: Viking Press, 1948.

Who's Who in China: Biographies of Chinese Leaders. Shanghai: Shanghai China Weekly Review, 1936.

Wilbur, C. Martin. *The Nationalist Revolution in China, 1923–1928*. Cambridge: Cambridge University Press, 1983.

The Cambridge History of China: Vol. 12: Republican China, 1912–1949, Part One, edited by Denis Twitchet and John Fairbank. Cambridge: Cambridge University Press.

Wilde, Oscar. *The Soul of Man under Socialism*. New York: Max N. Maisel, 1914 (1891).

Will, Pierre-Étienne. *Bureaucracy and Famine in Eighteenth-Century China*, trans. Elborg Forster. Stanford: Stanford University Press, 1990.

'State Intervention in the Administration of a Hydraulic Infrastructure: The Example of

Hubei Province in Late Imperial Times'. In Stuart R. Schram (ed.), *The Scope of State Power in China*, pp. 295−347. Hong Kong: Chinese University Press, 1985.

'Un cycle hydraulique en Chine: la province du Hubei du XVIe au XIXe siècles (A Hydraulic Cycle in China: Hubei Province from the Sixteenth to Nineteenth Centuries)'. *Bulletin de l'école Française d'Extreme Orient* 68 (1980), 261−88.

Will, Pierre-Étienne and R. Bin Wong. *Nourish the People: The State Civilian Granary System in China, 1650−1850*. Ann Arbor: Center for Chinese Studies, 1991.

Willmott, Donald E. *The National Status of the Chinese in Indonesia 1900−1958*. Ithaca, NY: Cornell University Press, 1961.

Winchester, Simon. *The River at the Centre of the World: A Journey Up the Yangtze, and Back in Chinese Time*. London: Penguin, 1998.

Wisner, Ben, Piers Blaikie, Terry Cannon and Ian Davis. *At Risk: Natural Hazards, People's Vulnerability and Disasters*. London and New York: Routledge, 1994.

Wittfogel, Karl A. *Oriental Despotism: A Comparative Study of Total Power*. New Haven: Yale University Press, 1957.

Wolf, Arthur. 'Gods, Ghosts, and Ancestors'. In Arthur Wolf (ed.), *Religion and Ritual in Chinese Society*, 131−82. Stanford: Stanford University Press, 1974.

Worcester, G. R. G. *The Junkman Smiles*. London: Chatto and Windus, 1959.

The Junks and Sampans of the Yangtze. Annapolis: Naval Institute Press, 1971.

Worster, Donald. *Dust Bowl: The Southern Plains in the 1930s*. Oxford: Oxford University Press, 1979.

Wright, Arnold. *Twentieth Century Impressions of Hong-kong, Shanghai, and Other Treaty Ports of China*. London: Lloyd's Greater Britain Publishing Company, 1908.

Wu Jianguo, Huang Jianhui, Han Xingguo, Gao Xianming, He Fangliang, Jiang Mingxi, Jiang Zhigang, Richard B. Primack and Shen Zehao. 'The Three Gorges Dam: An Ecological Perspective'. *Frontiers in Ecology and the Environment* 2 (2004), 241−8.

Wu Jingchao 吴景超. 'China-Land of Famine (Walter H. Mallory)'. *Shehui Xuekan 社会学刊* 11 (1929).

Wu Liande 伍连德 and Wu Changyao 伍长耀 *Haigang jianyi guanli chu baogao shu 海港检疫管理处报告书* (Port Quarantine Service Report), II. Shanghai: Shanghai tushuguan cangshu, 1932.

[Wu Lien-Teh], J. W. H. Chun, R. Pollitzer and C. Y. Wu. *Cholera: A Manual for the Medical Profession in China*. Shanghai: National Quarantine Service, 1934.

Wu Ruifeng 吴锐锋. 'Tianzai renhuo zhong de nongmin jiaoyu 天灾人祸中的农民教育 (Educating Farmers during a Natural Disaster and Human-Made Calamity)'. *Nongmin Jiaoyu 农民教育 (Farmers Education)* 2, no. 8 (1932).

Wuchang xian zhi 武昌县志 (Wuchang County Gazetteer). Wuhan: Wuhan daxue chubanshe, 1989.

Wuhan shi zhi: Minzheng zhi 武汉市志: 民政志 (Wuhan City Gazetteer: Civil Administration).

Wuhan: Wuhan daxue chubanshi, 1991.

Wuhan shi zhi: Junshi zhi 武汉市志: 军事志 (Wuhan City Gazetteer: Military Affairs). Wuhan: Wuhan daxue chuban she, 1992.

Wuhan shi zhi: Shehui zhi 武汉市志: 社会志 (*Wuhan City Gazetteer: Social Life*). Wuhan: Wuhan daxue chubanshe, 1997.

'Wuhan yi cheng canghai' 武汉已成沧海 (The City of Wuhan Becomes a Sea). *Guowen Zhoukan* 国闻周报, 8 (1931).

Xia Mingfang 夏明方. *Minguo shiqi ziran zaihai yu nongcun shehui* 民国时期自然灾害与乡村社会 (*Natural Disasters and Rural Society in Republican China*). Beijing: Zhonghua shuju, 2000.

Xiao Yaonan 萧耀南. *Hubei difang jiyao* 湖北堤防纪要 (A Study of Hubei's Dykes). Wuchang, 1924.

Xie Chuheng 谢楚珩. 'Hankou shuizai shidi shicha ji 汉口水灾实地视察记 (An Investigation of the Hankou Flood)' *Xinminbao* 新民报 n.d. 1931, reprinted in HSSDX: 22–4.

Xie Qianmao 谢茜茂. *Yi jiu san yi nian Hankou dashui ji* 一九三一年汉口大水记 (*A Record of the Great 1931 Hankou Flood*). Hankou: Hankou Jianghan yinshuguan, 1931.

Xu Huandou 徐焕斗 (ed.). *Hankou xiaozhi* 汉口小志 (Hankou gazetteer). Wuhan: Aiguo tushu gongsi, 1915.

Xu Mingting 徐明庭. 'Fangxun xianduan Longwang Miao 防汛险段龙王庙 (Flood Control Danger Area the Dragon King Temple)'. In Xiao Zhihua 肖志华 and Yan Changhong 严昌洪 (eds.), *Wuhan Zhanggu*, 武汉掌故, 287. Wuhan: Wuhan chubanshe, 1994.

Yan Changhong 严昌洪. 'Dashui chongle Longwang Miao – jindai Wuhan da shuizai 大水冲了龙王庙—近代武汉大水灾 (A Flood Inundates the Dragon King Temple – Modern Wuhan's Flood Disasters)'. In Xiao Zhihua 肖志华 and Yan Changhong 严昌洪 (eds.), *Wuhan Zhanggu* 武汉掌故, 233–6. Wuhan: Wuhan chubanshe, 1994.

Yan Wenmin. 'The Origin of Rice Agriculture, Pottery and Cities'. In Yoshinori Yashuda (ed.), *The Origins of Pottery and Agriculture*. New Delhi: Lustre Press and Roli Books, 2002.

Yan Yizhou 严仪周 (ed.). *Macheng xian zhi* 麻城县志 (Macheng County Gazetteer). Beijing: Hongqi chubanshe, 1993.

Yan Yunxiang. *The Flow of Gifts: Reciprocity and Social Networks in a Chinese Village*. Stanford: Stanford University Press, 1996.

Yang Chunbo 杨春波. 'Yisan can'an yu shouhui Ying zujie de douzheng 一三惨案与收回英租界的斗争 (The January 3rd Massacre and the Fight for the Retrocession of the British Concession)'. *Wuhan Wenshi Ziliao* 武汉文史资料 14, 1983.

Yang Guoan 杨国安. 'Qing dai Liang-Hu Pingyuan de shecang yu nongcun shehui 清代两湖平原的社仓与农村社会 (Social Organisation and Rural Society on the Hubei-Hunan Plains in the Qing Dynasty)'. In Chen Feng 陈锋 (ed.), *Ming Qing yilai Changjiang liuyu shehui fazhan shi lun* 明清以来长江流域社会发展史论 (Social Development in the Yangzi River Area during the Ming and Qing Dynasties), pp. 335-81. Wuhan: Wuhan daxue chubanshe, 2006.

Yao Ting 耀庭 (Oral Testimony) and Yu Chun 玉纯. '30 wan ren 75 tian dazao jianguochu zui da shuili gongcheng 3万人75天打造建国初最大水利工程 (Thirty Thousand People in Seventy Five Days Construct the Biggest Water Conservancy Project in the Early Communist Period)'. *Wenshi Bolan* 文史博览, August 2009.

Ye Diaoyuan 叶调元. *Hankou zhuzhici jiaozhu* 汉口竹枝词校注 (Hankou Bamboo Branch Verses), edited by Xu Mingting 徐明庭 and Ma Changsong 马昌松. Wuhan: Hubei Renmin Chubanshe, 1985 (Late Qing).

Ye Zhiguo. 'Big Is Modern: The Making of Wuhan as a Mega-City in Early Twentieth Century China, 1889-1957'. PhD thesis, University of Minnesota, 2010.

Yeh Wen-hsin. *Shanghai Splendor: Economic Sentiments and the Making of Modern China, 1843-1949*. Berkeley: University of California Press, 2007.

Yi Si. 'The World's Most Catastrophic Dam Failures: The August 1975 Collapse of the Banqiao and Shimantan Dams'. In Dai Qing (ed.), *The River Dragon Has Come!: The Three Gorges Dam and the Fate of China's Yangtze River and Its People*, pp. 25-38. Armonk, NY: M. E. Sharpe, 1998.

Yin Hongfu and Li Changan. 'Human Impact on Floods and Flood Disasters on the Yangtze River'. *Geomorphology* no. 41 (2001), 105-9.

Yin Hongfu, Liu Guangrun, Pi Jianguo, Chen Guojin and Li Changan. 'On the River-Lake Relationship of the Middle Yangtze Reaches'. *Geomorphology* 85 (2007), 197-207.

Yin Liangwu. 'The Long Quest For Greatness: China's Decision to Launch the Three Gorges Project'. PhD thesis, Washington University, 1996.

Yip, Ka-Che. 'Disease, Society and the State: Malaria and Healthcare in Mainland China'. In Ka-Che Yip (ed.), *Disease, Colonialism, and the State: Malaria in Modern East Asian History*, 103-120. Hong Kong: Hong Kong University Press, 2009.

Health and National Reconstruction in Nationalist China: The Development of Modern Health Services, 1928-1937. Ann Arbor: Association for Asian Studies, 1995.

'Health and Nationalist Reconstruction: Rural Health in Nationalist China, 1928-1937'. *Modern Asian Studies* 26: 2 (May 1992), 395-415.

Yorke, Gerald. *China Changes*. London: Jonathan Cape, 1935.

Young, Sera L. *Craving Earth: Understanding Pica the Urge to Eat Clay, Starch, Ice and Chalk*. New York: Columbia University Press, 2011.

Yu, Anthony C. (trans.). *The Monkey and the Monk: An Abridgment of the Journey to the West*. Chicago: University of Chicago Press, 2008.

Yu Fengling, Chen Zhongyuan and Ren Xianyou. 'Analysis of Historical Floods on the Yangtze River, China: Characteristics and Explanations'. *Geomorphology* 113 (2009): 210-16.

Yu, Shiyong, Zhu Cheng and Wang Fubao. 'Radiocarbon Constraints on the Holocene Flood

Deposits of the Ning-Zhen Mountains, Lower Yangtze River area of China'. *Journal of Quaternary Science* 18 (2003), 521–5.

Yuan Jicheng 袁继成–(ed.). *Hankou zujie zhi* 汉口租界志 (Hankou Foreign Concessions Gazetteer) Wuhan: Wuhan Chubanshe, 2003.

Yue Qianhou 岳谦厚 and Dong Yuan 董媛. 'Zai lun 1931 nian E—Yu—Wan sansheng da shui 再论1931年鄂豫皖三省大水 (Further Discussion of the Flood Disaster in the E-Yu-Wan Area)'. *Anhui Shixue* 安徽史学 5 (2012), 116–26.

Yun Daiying 恽代英. *Yun Daiying wenji* 恽代英文集 (Yun Daiying Anthology). Beijing: Renmin chubanshe, 1984.

'Zaizhen zhong zhi zhi'an 灾赈中之治安 (Public Order During Disaster Relief)'. In HSSDX: 41

Zaman, Mohammed Q. 'Rivers of Life: Living with Floods in Bangladesh'. *Asian Survey* 33: 10 (1993), 37–44.

Zanasi, Margherita. *Saving the Nation: Economic Modernity in Republican China*. Chicago: University of Chicago Press, 2006.

Zeng Xianhe 曾宪和. 'Nanmin ku 难民苦 (The Bitterness of Refugees)'. *Gaonong Qikan* 高农期刊 1: 1 (1931), 26–27.

Zhang Bo 章博. 'Lun zhengfu zai zaihuang jiuji zhong de zuoyong – yi Wuhan 1931 nian shuizai wei ge'an de kaocha 论政府在灾荒救济中的作用—以武汉1931年水灾为个案的考察 (Analysis of the Effectiveness of Government Disaster Relief – Using the Wuhan flood 1931 as a Case Study).,' *Jianghan Luntan* 江汉论坛 (December 2006), 87–90.

Zhang Jiayan. *Coping with Calamity: Environmental Change and Peasant Response in Central China, 1736–1949*. Vancouver: University of British Columbia Press, 2014.

'Environment, Market, and Peasant Choice: The Ecological Relationships in the Jianghan Plain in the Qing and the Republic'. *Modern China* 32: 1 (2006), 31–63.

'Water Calamities and Dike Management in the Jianghan Plain in the Qing and the Republic'. *Late Imperial China* 27: 1 (June 2006), 66–108.

Zhang Qiang, Xu Chongyu, Tong Jiang and Wu Yijin. 'Possible Influence of ENSO on Annual Maximum Streamflow of the Yangtze River, China'. *Journal of Hydrology* no. 333 (2007), 265–74.

Zhang Taishan 张泰山. *Minguo shiqi de chuanran bing yu shehui* 民国时期的传染病与社会 (Infection and Society in Republican China). Shanghai: Shehui kexue wenxian chuban she, 2008.

Zhang, X., Wang D., Liu R., Wei Z., Hua Y., Wang Y., Chen Z. and Wang, L. 'The Yangtze River Dolphin or Baiji (Lipotes Vexillifer): Population Status and Conservation Issues in the Yangtze River, China'. *Aquatic Conservation: Marine and Freshwater Ecosystems* 13 (2003), 51–64.

Zhao Qiguang. 'Chinese Mythology in the Context of Hydraulic Society'. *Asian Folktales Studies* 48: 2 (1989), 239.

Zhe Fu 哲夫, Yu Lansheng 余兰生 and Di Yuedong 翟跃东 (eds.). *Wan Qing-Minchu Wuhan yingxiang* 晚清民初武汉映像 *(Images of late Qing and Early Republican Wuhan)*. Shanghai: Sanlian shudian, 2010.

Zheng Daolin 郑道霖. 'Shijie hongwanzi hui Si xian fen hui 世界红卍字会泗县分会. (World Red Swastika Society Si County Committee)'. *Q120-4-302* (December 1931). [SMA]

Zheng Peiwei 郑培为 and Liu Guiqing 刘桂清. *Zhongguo wusheng dianying juben* 中国无声电影剧本 *Chinese Silent Film Scripts*. Beijing: Zhongguo dianying chubanshe, 1996.

'Zhongguo Hongshizihui Hankou fenhui cheng yanmai gongzuo wen 中国红十字会汉口分会呈掩埋工作文 (The Chinese Red Cross Society Hankou Branch Working Paper on Burials)'. 28 September 1931. In HSSDX: 167.

Zhongguo jingji xue she 中国经济学社 (China Economics Society). 'Jiuzai yijian shu 救灾意见书 (Opinion on Disaster Relief)' *Dongfang Zazhi* 东方杂志 28: 22 (1931).

Zito, Angela. 'City Gods, Filiality and Hegemony in Late Imperial China'. *Modern China* 17 (1987). 333–71.

Zong Yongqiang and Chen Xiqing. 'The 1998 Flood on the Yangtze, China'. *Natural Hazards* 22 (2000): 165–84.

索 引

Maze, Frederick, Inspector General of Chinese Maritime Customs Service 梅乐和，中国海关总税务司，117

McCord, Edward 爱德华·麦考德，12，52，110，218

McNeill, John 约翰·麦克尼尔，29，69，241

medicine 医药：biomedicine 生物医学，81，86，154，155，185；medical improvements 医疗进步，244；miasmatic theory 瘴气致病论，141；patent medicine 专利药，185；traditional Chinese medicine 中医，42，81，141，184，185，202

Mei Lanfang, opera artist 梅兰芳，京剧艺术家，171

Mekong River 湄公河，19

merchants 商人，30，34，37，44，181，204，206

meteorology 气象学：气象学，5，35，41，52—55，62，112，189，193；1931年高温，79，139；1931年暴风雨，123，125；湿热，123，145；scientific meteorology 气象科学，93；world weather system 世界天气系统，235

Mianyang, polder flooded 沔阳，圩田被淹，82

Mid-Autumn Festival, pilgrimages 中秋节，祭拜，110

milling industry 面粉加工业，175，177

Ming dynasty 明朝，31—33，72，81

missionaries 传教士：反对贩卖儿童运动，215；天主教，78，102，167，180，191，215；慈善机构，171，214；民族气象学，102—103；medical 医疗，62，73，78，116，224；新教徒，102，166，191；救援人员，144

Mississippi. See also floods 密西西比河，18，24，参见洪水

Mitsch, William and James Gosselink 威廉·米奇和詹姆斯·戈斯林克，18

Mizuno Kokichi, diplomat 水野幸吉，外交官，38，51

monsoons 季风，21，63，95

moral aetiology 道德病因学，184

moral meteorology 道德气象学，12，92，112，116，184

mortality 死亡率：20世纪30年代中国因病死亡率，77；1931年的，5，192，249；1931年疾病的，5，76，194；1931年溺死，59；1931年触电而亡，138；1931年疟疾，81；1931难民收容所/难民营，224；1931年乡村和收容所，77，193；1931年饥饿，76；gendered 性别化，212；methodological difficulties 方法上的困难/问题，87，249；modern Chinese disaster death toll 近代中国灾害死亡人数，9；underreporting of female fatalities 漏报女性死亡人数，213

mosquitoes 蚊子，9，26，58，81，124，139

Motoichiro Takahashi, Christian poet 高桥本一郎，基督教诗人，172

Mühlhahn, Klaus 克劳斯·穆尔哈恩，227

Mukherjee, Janam 贾纳姆·穆克吉，227

Muscolino, Micah 穆盛博，28，85

Mussolini, Benito, donating tools 贝尼托·墨索里尼，作为捐赠工具，176

N

Naga, serpent deity 那伽，蛇神，95

Nanjing 南京，6，12，83，111，200

Nanjing Survey 南京调查，61，63，64，68，76，84，159，249

National Economic Council 国家经济委员会，233

National Flood Relief Commission (NFRC) 国民政府救济水灾委员会：急赈阶段，181—186；雇佣路易·艾黎，238；工赈委员会，158；财政，167；基础设施，203；工赈，186—191；组织与成员，157—162；专业偏见，192；贩卖儿童，216；宗教分歧，166

Nationalists 国民党：联盟政治，157—159；武汉政府，107—109；反迷信立法，110；禁牛屠宰立法，71；儿童奴役立法，215；集中营，229；经济问题，177；内部分歧，239；军事管制，220；卖淫立法，211；救济政策，166；国家建设，162；关税政策，175；小麦贷款，15；小麦谈判，175

native place associations 同乡会，199，201

Nedostup, Rebecca 张倩雯，93，110

New Orleans 新奥尔良，33，42，43，209，223

译后记

大概在 2021 年初，肖峰先生联系我，询问是否有兴趣翻译一本关于 1931 年长江水灾的英文著作。我是历史地理学出身，博士论文研究对象是水利史，而思考水利的视角又以生态史、环境史为切入点，因此对历史上的水问题有条件反射式的敏感与兴趣。当看到克里斯·考特尼（陈学仁）先生的这部书时，立即被其主题所吸引，很快答应尝试翻译。随着阅读的深入，我越来越认可作者的灾害分析模式，即作者在解析中国传统社会的灾害成因时，没有很明显的社会成因论，也没有完全依据"科学"的自然原因解释说，认为这场灾害是自然环境与人类社会共同作用的结果。对于一向习惯从环境史（生态史）视角看中国历史演变与发展的我而言，这种研究是十分对胃口的，因此十分认同作者对灾害成因中的致灾机制（The Disaster Regime）的解释论证。在经过沉浸式阅读后，最终完成了本书的翻译工作。

克里斯·考特尼是英国杜伦大学副教授，研究中国近现代社会与环境史，主要关注长江中游的武汉市及其农村腹地，目前研究重心转向关注现代中国城市的热量问题，关注冰厂、电风扇和空调等新兴技术如何改变武汉的文化和社会景观。本书于 2018 年在剑桥大学出版社出版，2019 年获得美国历史协会授予的费正清东亚史优秀著作奖。本书系统梳理了 1931 年长江洪水灾害的发生过程、灾害解释、灾害救济等各个方面的内容，是系统研究 1931 年中国南方大水灾的优秀著作。

　　中国以农业立国，传统时期对中国农业社会打击最严重的两大灾害分别是旱灾和水灾，尤其以旱灾的威力最为恐怖。因此，学者们在对中国传统灾害历史的研究中，绝大部分关注的对象是旱灾。对旱灾的研究，无论是中国学者还是西方汉学家也都给予了极高的关注度，其中最典型的例子即为清末的"丁戊奇荒"，积累了大量中外学术成果；而对于大型水灾的研究，由于发生区域往往相对没有旱灾广泛，习惯上有"旱灾一大片，水灾一条线"的说法，因此关注某次具体水灾的学术研究成果明显不如旱灾的多，研究深度上也不如旱灾全面而系统。考特尼这本书关注李文海先生等人归纳的"近代十大灾荒"中的 1931 年江淮大水，将考察的区域聚焦于长江中游的武汉地区，为我们系统了解那场大洪水提供了明确的观察对象。武汉所处的地理位置，以及中国在 1931 年这一内外交困（内战与日本入侵）的特殊时间背景，让该研究汇聚了诸多复杂元素，增加了解析此次灾害本体的难度，但也为作者提供了丰富而立体的多元观察视角。

　　考特尼先生强调长江中游地区存有湿地文化传统，这种传统伴随着人类开发湿地、利用湿地，并与自然互动的历史。长江因受季风气候影响，定期有江水泛滥，会形成一定范围的洪泛区，很长一段时间内这一缓冲地带是人类与周边自然生态要素共同的生活家园。随着人类开发湿地的进程加快，洪水的脉冲被压制，当释放之时即形成灾难性的洪水灾害。这是长江中游洪水的大背景，也是 1931 年洪水的客观自然因素，但自然条件并不能完全解释灾害发生的程度与影响效果。所以，考特尼先生认为这场造成将近 200 万人丧生（数据仍有争议）的灾害的内在致灾机制中，还包括复杂的人类社会响应。如政治的动态变化对灾害救济的影响，难民收容所中的传染病流行带来的更大规模人口死亡等原因，也需要给予特别的重视和关注。在书中，考特尼先生还特别强调对灾害的微观研究，借助时人的感性记忆与照片等景观呈现，以及灾害中人们对声音的感受等，试图让读者一起进入灾害的感官现场，置身灾害的历史现场之中。这种研究方法在目前的中国灾害史研究中，也是十分细腻的尝试。此外，考特尼先生将 1931 年的水灾救济放在全球国际关系视野下来考察，帮助我们理解了国民政府救济水灾委员会在灾害期间做出的各种尝试与努力，及运行的内在逻辑。另外，考特尼先生还将 1929 年的美国经济危机与中国水灾救济之间的内在关系呈现得十分清晰，正如他认为的那样，1931 年的水灾救济完全是一个国际协作工作，这种工作有多重内在原因与复杂背景。而作者对这一背景的呈现，不只是将其当作舞台式的布景，而是深入分析这种国际背景与当时水灾之间的内在关系。这种剖析性呈现，的确能帮助我们更深刻地理解 20 世纪 30 年代中国的国内外形势，从而更真切地理解历史并共情。考特尼先生除对 1931 年水灾进行系统梳理研究，也关注了 1954 年的长江水灾，进行对比讨论，还对中国水利工程推进中的环境隐患提出忧虑与担心。总之，本书为我们了解 1931 年及此后长江水灾的历史，提供了细致的史实与启发性的思考。

　　作者十分重视记录灾害感知的材料，并强调呈现灾感对灾害史研究的重要性。对此本人有切身感受，也十分认同。2019年年初，我带学生在云南开展灾害田野调查，在德宏盈江县，对当地县志中记载的、发生在1969年8月1日凌晨2点南永村的一次重大泥石流灾害事件产生兴趣。此次灾害造成近百人死亡。县志关于此次灾害记载的信息十分简短，只用几百字将灾害的发生时间、地点、伤亡人数，以及救灾情况进行了勾勒。而灾害的细节问题，特别是受灾过程中的个体感受与经历，没有被呈现。虽然距离灾害发生的时间虽已过去了50年，但经历此次灾害的幸存者很多都还健在，出于想把这些幸存者的灾害经历记录下来，并为在灾害事件中逝去的人们留下一些只言片语的简单想法，我们进入灾害历史现场，开展了系统的田野调查。

刚进村，我们就被那场泥石流灾害的规模所震撼，村子上方矗立的四五块巨石（目测石头高度四五米，直径七八米）还在提醒人们那次灾害的惨烈程度。如今，村民还主要在原先的泥石流堆积层上开展农业生产，当地原先可以种植水稻的农田，在灾后由于厚厚的泥沙堆积（目测当时农田周边开挖的泥沙堆积层厚度一般也都在5到7米），现今只能种马铃薯和甘蔗。经历此次灾害的很多幸存者普遍已年过古稀，虽已过半个世纪，但老人们听说有人想了解那段历史，特别是当知道他们的经历可以被记录下来，并进入"书本"时，都迫切想要倾诉。在访谈中，叙述灾害过程时，访谈老人的讲述存在明显的性别差异，男性对灾害历史的口述表现得更"冷静"，像是在诉说发生在别人身上的事情；而女性更为"感性"，讲述过程中多位还忍不住落泪，动情时甚至哽咽哭泣，讲述的细节也更为细腻。通过老人们的叙述，我们甚至可以清晰地"复盘"泥石流灾害的发生过程：首先进入村子的是清水，清水灌入屋内，冲走了村民家中的物件，一些村民说开始时人们还在清水里收抢东西；很快，村子里就涌入了大量的泥沙，速度极快，很多村民都来不及反应就被泥沙掩盖了，房屋大量倒塌；各种石头、树根等硬物继泥沙而来，许多村民在此过程中遇难。在幸存下来的村民中，不少人讲述了他们被从泥沙中拉出时的感受，包括泥沙掩盖在脸上、灌入口鼻时的压迫感。灾害过后的凌晨，当天刚微微亮，本地救援即迅速被组织起来。一些幸存者描述，由于被救之前浸泡在泥水中，早晨才发现自己腿上吸满了蚂蟥，蚂蟥又粗又大，贪婪地吸食着人的血液。

在这种沉浸式的灾害访谈中，幸存者所传达的综合性、有画面感的灾害"历史现场"，犹如电影画面一般呈现在我们面前，这种灾感描述，能很快将外来者拉入历史画面中。长期以来，这种性质的灾害史料在灾害史研究中却是缺位的。我们通过与幸存者访谈的形式接触灾害历史，与考特尼先生采用底层民众在水灾过程中的感官史料的灾害史研究路径，有异曲同工之处。也希望中国灾害史研究能更多关注和挖掘关于灾害现场感知的史料，并取得更细致的研究成果。

或许是受资料限制，也可能是固有观念影响，考特尼先生在分析新中国成立以来的问题时，会带一定的预设评判。另外，作为一部研究中国近代史的专著，考特尼先生参考的学术成果（除基本史料外）更多还是以西方学者的研究为主，对中国学者的研究关注略少，而部分西方论著在呈现真实的近现代中国历史上明显带有一些偏见。当然，这只是我个人的阅读感受。

最后，由于本书是我个人首次尝试翻译英文著作，在语句、行文上多有不足，这些问题不应该影响到原著的学术价值，而只是我本人能力不足之体现。译文中的问题，也敬请读者批评指正。感谢研究生查明伟在翻译索引部分所做的工作，并再次感谢肖峰先生的信任与认真编校。

2022 年 7 月 29 日

耿金 于昆明

守望思想　　逐光启航

光启
LUMINAIRE

龙王之怒：1931 年长江水灾

[英] 陈学仁 著

耿　金 译

责任编辑　肖　峰
营销编辑　池　淼　赵宇迪
装帧设计　徐　翔

出版：上海光启书局有限公司
地址：上海市闵行区号景路 159 弄 C 座 2 楼 201 室　201101
发行：上海人民出版社发行中心
印刷：江阴市机关印刷服务有限公司
制版：南京展望文化发展有限公司

开本：890mm×1240mm　　1/32
印张：12.25　字数：260,000　插页：3
2023 年 4 月第 1 版　　2025 年 1 月第 3 次印刷
定价：98.00 元
ISBN：978-7-5452-1972-2 / P · 1

图书在版编目 (CIP) 数据

龙王之怒：1931 年长江水灾 / (英) 陈学仁著；耿
金译 . —上海：光启书局，2023（2025.1 重印）
书名原文：The Nature of Disaster in China: The
1931 Yangzi River Flood
ISBN　978-7-5452-1972-2

Ⅰ . ①龙⋯　Ⅱ . ①陈⋯　②耿⋯　Ⅲ . ①长江流域—水
灾—历史　Ⅳ . ① P426.616

中国国家版本馆 CIP 数据核字（2023）第 018237 号

本书如有印装错误，请致电本社更换 021-53202430